GROUPES
ET ALGÈBRES
DE LIE

T0091755

CHEZ LE MÊME ÉDITEUR

ÉLÉMENTS DE MATHÉMATIQUE, par N. BOURBAKI.

Algèbre, chapitres 4 à 7. 1981, 432 pages.

Algèbre, chapitre 10. *Algèbre homologique.* 1980, 416 pages, 3 figures.

Espaces vectoriels topologiques. Chapitres 1 à 5. 1981, 400 pages.

Groupes et algèbres de Lie. Chapitres 4, 5 et 6. 1981, 288 pages.

Groupes et algèbres de Lie. Chapitre 9. 1982, 144 pages.

Algèbre commutative. Chapitres 8 et 9. 1983.

N. BOURBAKI

ÉLÉMENTS DE
MATHÉMATIQUE

GROUPES ET ALGÈBRES DE LIE

Chapitre 9

Groupes de Lie réels compacts

MASSON
Paris New York Barcelone Milan Mexico Rio de Janeiro
1982

Tous droits de traduction, d'adaptation et de reproduction par tous procédés réservés pour tous pays. La loi du 11 mars 1957 n'autorisant, aux termes des alinéas 2 et 3 de l'article 41, d'une part, que les « copies ou reproductions strictement réservées à l'usage privé du copiste et non destinées à une utilisation collective » et, d'autre part, que les analyses et les courtes citations dans un but d'exemple et d'illustration, « toute représentation ou reproduction intégrale, ou partielle, faite sans le consentement de l'auteur ou de ses ayants droit ou ayants cause, est illicite » (alinéa 1er de l'article 40).
Cette représentation ou reproduction, par quelque procédé que ce soit, constituerait donc une contrefaçon sanctionnée par les articles 425 et suivants du Code pénal.

© *Masson, Paris, 1982*
ISBN : 2-225-76461-1

MASSON S.A. — 120, bd Saint-Germain, 75280 Paris Cedex 06
MASSON PUBLISHING USA Inc. — 133 East 58th Street, New York, N.Y. 10022
TORAY-MASSON S.A. — Balmes 151, Barcelona 8
MASSON ITALIA EDITORI S.p.A. — Via Giovanni Pascoli 55, 20133 Milano
MASSON EDITORES — Dakota 383, Colonia Napoles, Mexico 18 DF
EDITORA MASSON DO BRASIL LTDA — Rua da Quitanda, 20/S.301, Rio de Janeiro R. J.

CHAPITRE IX

Groupes de Lie réels compacts [1]

Dans tout ce chapitre, l'expression « groupe de Lie » signifie « groupe de Lie de dimension finie sur le corps des nombres réels », l'expression « algèbre de Lie » signifie, sauf mention du contraire, « algèbre de Lie de dimension finie sur le corps des nombres réels », l'expression « algèbre de Lie réelle » (resp. *« algèbre de Lie complexe »*) *signifie « algèbre de Lie de dimension finie sur le corps des nombres réels* (resp. *« ... complexes »).*

On note G_0 *la composante neutre d'un groupe topologique* G. *On note* C(G) *le centre d'un groupe* G, D(G) *son groupe dérivé,* $N_G(H)$ *ou* N(H) (resp. $Z_G(H)$ *ou* Z(H)) *le normalisateur* (resp. *centralisateur*) *d'une partie* H *d'un groupe* G.

§ 1. ALGÈBRES DE LIE COMPACTES

1. Formes hermitiennes invariantes

Dans ce numéro, la lettre k désigne l'un des corps **R** ou **C**. Soient V un k-espace vectoriel de dimension finie, Φ une forme hermitienne positive séparante [2] sur V, G un groupe, $\mathfrak{g}$ une **R**-algèbre de Lie, $\rho : G \to \mathbf{GL}(V)$ un homomorphisme de groupes, $\varphi : \mathfrak{g} \to \mathfrak{gl}(V)$ un homomorphisme de **R**-algèbres de Lie.

a) La forme Φ est invariante par G (resp. $\mathfrak{g}$) si et seulement si $\rho(g)$ est *unitaire* pour Φ quel que soit $g \in G$ (resp. $\varphi(x)$ est *antihermitien* [3] pour Φ quel que soit $x \in \mathfrak{g}$).

[1] Dans tout ce chapitre les renvois à A, VIII se réfèrent à la nouvelle édition (à paraître).

[2] Rappelons (A, IX, à paraître) qu'une forme hermitienne H sur V est dite *séparante* (ou non dégénérée) si pour tout élément non nul u de V il existe $v \in V$ tel que $H(u, v) \neq 0$.

[3] On dit que $a \in \mathrm{End}(V)$ est *antihermitien* pour Φ si l'adjoint a^* de a relativement à Φ est égal à $-a$. Lorsque $k = \mathbf{C}$ (resp. $k = \mathbf{R}$), cela signifie aussi que l'endomorphisme ia de V (resp. de $\mathbf{C} \otimes_{\mathbf{R}} V$) est hermitien.

En effet, notons a^* l'adjoint relativement à Φ d'un endomorphisme a de V ; pour g dans G, x dans $\mathfrak{g}$, u et v dans V, on a

$$\Phi(\rho(g)\,u, \rho(g)\,v) = \Phi(\rho(g)^*\rho(g)\,u, v)\,,$$
$$\Phi(\varphi(x)\,u, v) + \Phi(u, \varphi(x)\,v) = \Phi((\varphi(x) + \varphi(x)^*).u, v)\,;$$

pour que $\Phi(\rho(g)\,u, \rho(g)\,v) = \Phi(u, v)$ pour tous u, v dans V, il est donc nécessaire et suffisant que $\rho(g)^*\rho(g) = \mathrm{Id}_V$; de même, pour que $\Phi(\varphi(x)\,u, v) + \Phi(u, \varphi(x)\,v) = 0$ pour tous u, v dans V, il est nécessaire et suffisant que $\varphi(x) + \varphi(x)^* = 0$, d'où l'assertion annoncée.

b) Si la forme Φ est invariante par G (resp. $\mathfrak{g}$), l'orthogonal d'un sous-espace stable de V est stable ; en particulier, la représentation ρ (resp. φ) est alors semi-simple (*cf.* A, IX) ; de plus, pour tout $g \in G$ (resp. tout $x \in \mathfrak{g}$), l'endomorphisme $\rho(g)$ (resp. $\varphi(x)$) de V est alors semi-simple, à valeurs propres de valeur absolue 1 (resp. à valeurs propres imaginaires pures) ; en effet $\rho(g)$ est unitaire (resp. $i\varphi(x)$ est hermitien, *cf.* A, IX).

c) Supposons $k = \mathbf{R}$. Si G est un groupe de Lie connexe, ρ un morphisme de groupes de Lie, $\mathfrak{g}$ l'algèbre de Lie de G et φ l'homomorphisme déduit de ρ, alors Φ est invariante par G si et seulement si elle est invariante par $\mathfrak{g}$ (III, § 6, n° 5, cor. 3).

d) Pour qu'il existe sur V une forme hermitienne positive séparante invariante par G, il faut et il suffit que le sous-groupe $\rho(G)$ de $\mathbf{GL}(V)$ soit relativement compact (INT, VII, § 3, n° 1, prop. 1).

2. Groupes de Lie réels commutatifs connexes

Soit G un groupe de Lie (réel) commutatif connexe. L'application exponentielle

$$\exp_G : L(G) \to G$$

est un morphisme de groupes de Lie, surjectif à noyau discret (III, § 6, n° 4, prop. 11), donc fait de L(G) un revêtement connexe de G.

a) Les conditions suivantes sont équivalentes : G est simplement connexe, $\exp_G$ est un isomorphisme, G est isomorphe à $\mathbf{R}^n$ ($n = \dim G$). Si on transporte alors à G par l'isomorphisme $\exp_G$ la structure d'espace vectoriel de L(G), on obtient sur G une structure d'espace vectoriel, qui est la seule compatible avec la structure de groupe topologique de G. Les groupes de Lie commutatifs simplement connexes sont appelés groupes (de Lie) *vectoriels* ; sauf mention expresse du contraire, on les munit toujours de la structure de $\mathbf{R}$-espace vectoriel définie ci-dessus.

b) Notons $\Gamma(G)$ le noyau de $\exp_G$. D'après TG, VII, p. 4, th. 1, le groupe G est compact si et seulement si $\Gamma(G)$ est un *réseau* de L(G), c'est-à-dire (*loc. cit.*) si le rang du $\mathbf{Z}$-module libre $\Gamma(G)$ est égal à la dimension de G. Inversement, si L est un $\mathbf{R}$-espace vectoriel de dimension finie et Γ un réseau de L, le groupe topologique quotient L/Γ est un groupe de Lie commutatif compact connexe.

Les groupes de Lie commutatifs compacts connexes sont appelés *tores réels*, ou (dans ce chapitre) *tores*.

c) Dans le cas général, soit E le sous-espace vectoriel de L(G) engendré par Γ(G), et soit V un sous-espace supplémentaire. Alors G est produit direct de ses sous-groupes de Lie exp(E) et exp(V) ; le premier est un tore, le second est vectoriel. Enfin tout sous-groupe compact de G est contenu dans exp(E) (puisque sa projection dans exp(V) est nécessairement réduite à l'élément neutre) ; le sous-groupe exp(E) est donc l'unique sous-groupe compact *maximal* de G.

Prenons par exemple $G = \mathbf{C}^*$; identifions L(G) à **C** de sorte que l'application exponentielle de G soit $x \mapsto e^x$. Alors $\Gamma(G) = 2\pi i\mathbf{Z}$, $E = i\mathbf{R}$, donc $\exp(E) = \mathbf{U}$; si on prend $V = \mathbf{R}$, on a $\exp(V) = \mathbf{R}_+^*$, et on retrouve l'isomorphisme $\mathbf{C}^* \to \mathbf{U} \times \mathbf{R}_+^*$ construit en TG, VIII, p. 4.

d) Notons enfin que $\exp_G : L(G) \to G$ est un revêtement universel de G, donc que Γ(G) s'identifie naturellement au groupe fondamental de G.

3. Algèbres de Lie compactes

PROPOSITION 1. — *Soit* $\mathfrak{g}$ *une algèbre de Lie* (*réelle*). *Les conditions suivantes sont équivalentes :*

(i) $\mathfrak{g}$ *est isomorphe à l'algèbre de Lie d'un groupe de Lie compact.*

(ii) *Le groupe* Int($\mathfrak{g}$) (III, § 6, n° 2, déf. 2) *est compact.*

(iii) $\mathfrak{g}$ *possède une forme bilinéaire invariante* (I, § 3, n° 6) *qui est symétrique, positive et séparante.*

(iv) $\mathfrak{g}$ *est réductive* (I, § 6, n° 4, déf. 4) ; *pour tout* $x \in \mathfrak{g}$, *l'endomorphisme* ad x *est semi-simple, à valeurs propres imaginaires pures.*

(v) $\mathfrak{g}$ *est réductive et sa forme de Killing* B *est négative.*

(i) ⇒ (ii) : si $\mathfrak{g}$ est l'algèbre de Lie du groupe de Lie compact G, le groupe Int($\mathfrak{g}$) est séparé et isomorphe à un quotient du groupe compact G_0 (III, § 6, n° 4, cor. 4), donc est compact.

(ii) ⇒ (iii) : si le groupe Int($\mathfrak{g}$) est compact, il existe sur $\mathfrak{g}$ une forme bilinéaire symétrique qui est positive, séparante, et invariante par Int($\mathfrak{g}$) (n° 1), donc aussi invariante pour la représentation adjointe de $\mathfrak{g}$.

(iii) ⇒ (iv) : si (iii) est satisfaite, la représentation adjointe de $\mathfrak{g}$ est semi-simple (n° 1), donc $\mathfrak{g}$ est réductive ; de plus les endomorphismes ad x, pour $x \in \mathfrak{g}$, possèdent les propriétés indiquées (n° 1).

(iv) ⇒ (v) : pour tout $x \in \mathfrak{g}$, on a $B(x, x) = \mathrm{Tr}((\mathrm{ad}\, x)^2)$; par suite, $B(x, x)$ est la somme des carrés des valeurs propres de ad x, et est par conséquent négative si celles-ci sont imaginaires pures.

(v) ⇒ (i) : supposons $\mathfrak{g}$ réductive, donc produit d'une sous-algèbre commutative $\mathfrak{c}$ et d'une sous-algèbre semi-simple $\mathfrak{s}$ (I, § 6, n° 4, prop. 5). La forme de Killing de $\mathfrak{s}$ est la restriction à $\mathfrak{s}$ de la forme B, donc est négative et séparante si B est négative. Le sous-groupe Int($\mathfrak{s}$) de $\mathbf{GL}(\mathfrak{s})$ est fermé (c'est la composante neutre de Aut($\mathfrak{s}$),

III, § 10, n° 2, cor. 2) et laisse invariante la forme positive séparante $-B$; il est donc compact, et $\mathfrak{s}$ est isomorphe à l'algèbre de Lie du groupe de Lie compact $\mathrm{Int}(\mathfrak{s})$. Par ailleurs, comme $\mathfrak{c}$ est commutative, elle est isomorphe à l'algèbre de Lie d'un tore T. Ainsi $\mathfrak{g}$ est isomorphe à l'algèbre de Lie du groupe de Lie compact $\mathrm{Int}(\mathfrak{s}) \times T$.

DÉFINITION 1. — *On appelle algèbre de Lie* compacte [1] *toute algèbre de Lie qui possède les propriétés* (i) *à* (v) *de la proposition* 1.

Les algèbres de Lie compactes sont donc les algèbres produit d'une algèbre commutative par une algèbre semi-simple compacte. En d'autres termes, pour qu'une algèbre de Lie soit compacte, il faut et il suffit qu'elle soit réductive et que son algèbre dérivée soit compacte.

L'algèbre de Lie d'un groupe de Lie compact est compacte.

PROPOSITION 2. — *a) Le produit d'un nombre fini d'algèbres de Lie est une algèbre de Lie compacte si et seulement si chaque facteur est compact.*

b) Une sous-algèbre d'une algèbre de Lie compacte est compacte.

c) Soit $\mathfrak{h}$ *un idéal d'une algèbre de Lie compacte* $\mathfrak{g}$. *Alors l'algèbre* $\mathfrak{g}/\mathfrak{h}$ *est compacte et l'extension* $\mathfrak{h} \to \mathfrak{g} \to \mathfrak{g}/\mathfrak{h}$ *est triviale.*

Les assertions *a*) èt *b*) résultent de la caractérisation (iii) de la prop. 1. La partie *c*) résulte de *a*) et du fait que dans une algèbre de Lie réductive, tout idéal est facteur direct (I, § 6, n° 4, cor. à la prop. 5).

PROPOSITION 3. — *Soit* G *un groupe de Lie dont le groupe des composantes connexes est fini. Les conditions suivantes sont équivalentes :*

(i) *L'algèbre de Lie* L(G) *est compacte.*

(ii) *Le groupe* Ad(G) *est compact.*

(iii) *Il existe sur* L(G) *une forme bilinéaire symétrique positive séparante invariante pour la représentation adjointe de* G.

* (iv) G *possède une métrique riemannienne invariante par translations à droite et à gauche.* *

(i) ⇒ (ii) : si L(G) est compacte, le groupe $\mathrm{Ad}(G_0) = \mathrm{Int}(L(G))$ est compact ; comme il est d'indice fini dans Ad(G), ce dernier groupe est compact.

(ii) ⇒ (iii) : cela résulte du n° 1.

(iii) ⇒ (i) : comme $\mathrm{Int}(L(G)) \subset \mathrm{Ad}(G)$, cela résulte de la caractérisation (iii) de la proposition 1.

* (iii) ⇔ (iv) : cela résulte de III, § 3, n° 13. *

[1] On notera qu'un espace vectoriel topologique réel ne peut être un espace topologique compact que s'il est réduit à 0.

4. Groupes dont l'algèbre de Lie est compacte

THÉORÈME 1 (H. Weyl). — *Soit* G *un groupe de Lie connexe dont l'algèbre de Lie est semi-simple compacte. Alors* G *est compact et son centre est fini.*

Comme G est semi-simple, son centre D est discret. De plus, le groupe quotient G/D est isomorphe à Ad(G) (III, § 6, n° 4, cor. 4), donc compact (prop. 3). Enfin, le groupe G/D est égal à son groupe dérivé (III, § 9, n° 2, cor. à la prop. 4). Le théorème résulte alors de INT, VII, § 3, n° 2, prop. 5.

PROPOSITION 4. — *Soit* G *un groupe de Lie connexe d'algèbre de Lie compacte. Il existe un tore* T, *un groupe de Lie compact semi-simple simplement connexe* S, *un groupe vectoriel* V *et un morphisme surjectif de noyau fini* $f : V \times T \times S \to G$. *Si* G *est compact, le groupe* V *est réduit à l'élément neutre.*

Soit C (resp. S) un groupe de Lie simplement connexe dont l'algèbre de Lie est isomorphe au centre (resp. à l'algèbre dérivée) de L(G). Alors C est un groupe vectoriel, S un groupe compact de centre fini (th. 1) et G s'identifie au quotient de $C \times S$ par un sous-groupe discret D, qui est central (INT, VII, § 3, n° 2, lemme 4). Comme la projection de D dans S est d'image centrale, donc finie, $D \cap C$ est d'indice fini dans D. Soient C′ le sous-espace vectoriel de C engendré par $D \cap C$, et V un sous-espace supplémentaire. Alors le groupe $T = C'/(D \cap C)$ est un tore, et G est isomorphe au quotient du groupe produit $V \times T \times S$ par un groupe fini.

Si G est compact, il en est de même de $V \times T \times S$ (TG, III, p. 29, cor. 2), donc de V, ce qui entraîne $V = \{e\}$.

COROLLAIRE 1. — *Soit* G *un groupe de Lie compact connexe. Alors* $C(G)_0$ *est un tore,* D(G) *un groupe de Lie connexe semi-simple compact et le morphisme* $(x, y) \mapsto xy$ *de* $C(G)_0 \times D(G)$ *dans* G *est un revêtement fini.*

Avec les notations de la prop. 4, on a $V = \{e\}$ et les sous-groupes $f(T)$ et $f(S)$ de G sont compacts, donc fermés. Il suffit donc de montrer que $f(T) = C(G)_0$, $f(S) = D(G)$. Or, on a $L(G) = L(f(T)) \times L(f(S))$; comme S est semi-simple et T commutatif, cela implique $L(f(T)) = \mathscr{C}(L(G)) = L(C(G)_0)$ (III, § 9, n° 3, prop. 8) et $L(f(S)) = \mathscr{D}L(G) = L(D(G))$ (III, § 9, n° 2, cor. de la prop. 4), d'où l'assertion annoncée.

COROLLAIRE 2. — *Le centre et le groupe fondamental d'un groupe de Lie compact connexe semi-simple sont finis. Son revêtement universel est compact.*

Avec les notations de la prop. 4, les groupes V et T sont réduits à l'élément neutre ; S est donc un revêtement universel de G, et le groupe fondamental de G est isomorphe à Ker f, donc fini. Le centre D de G est discret car G est semi-simple, donc D est fini.

COROLLAIRE 3. — *Le groupe fondamental d'un groupe de Lie compact connexe* G *est un* **Z**-*module de type fini, de rang égal à la dimension de* C(G).

En effet, avec les notations du cor. 1, le groupe fondamental de $C(G)_0$ est isomorphe à $\mathbf{Z}^n$, avec $n = \dim C(G)_0$, et le groupe fondamental de D(G) est fini (cor. 2).

Corollaire 4. — *Soit* G *un groupe de Lie compact connexe. Les conditions suivantes sont équivalentes :*

(i) G *est semi-simple;*

(ii) C(G) *est fini;*

(iii) $\pi_1(G)$ *est fini.*

Si G *est simplement connexe, il est semi-simple.*

Cela résulte des cor. 1 à 3.

Corollaire 5. — *Soit* G *un groupe de Lie compact connexe. Alors* Int(G) *est la composante neutre du groupe de Lie* Aut(G) (III, § 10, n° 2).

Soit $f \in \mathrm{Aut}(G)_0$. Alors f induit un automorphisme f_1 de $C(G)_0$ et un automorphisme f_2 de D(G), et on a $f_1 \in \mathrm{Aut}(C(G)_0)_0$, $f_2 \in \mathrm{Aut}(D(G))_0$. Puisque $\mathrm{Aut}(C(G)_0)$ est discret (TG, VII, p. 15, prop. 5), on a $f_1 = \mathrm{Id}$; puisque D(G) est semi-simple, il existe, d'après III, § 10, n° 2, cor. 2 au th. 1, un élément g de D(G) tel que $f_2(x) = gxg^{-1}$ pour tout $x \in D(G)$. Pour tout $x \in C(G)_0$, on a $gxg^{-1} = x = f_1(x)$; comme $G = C(G)_0 . D(G)$, il en résulte que $gxg^{-1} = f(x)$ pour tout $x \in G$, donc $f = \mathrm{Int}\, g$.

Proposition 5. — *Soit* G *un groupe de Lie d'algèbre de Lie compacte.*

a) Supposons G *connexe. Alors* G *possède un plus grand sous-groupe compact* K; *celui-ci est connexe. Il existe un sous-groupe vectoriel* (n° 2) *central fermé* N *de* G *tel que* G *soit le produit direct* N × K.

b) Supposons le groupe des composantes connexes de G *fini. Alors :*

(i) *Tout sous-groupe compact de* G *est contenu dans un sous-groupe compact maximal.*

(ii) *Si* K_1 *et* K_2 *sont deux sous-groupes compacts maximaux de* G, *il existe* $g \in G$ *tel que* $K_2 = gK_1g^{-1}$.

(iii) *Soit* K *un sous-groupe compact maximal de* G. *Alors* $K \cap G_0$ *est égal à* K_0; *c'est le plus grand sous-groupe compact de* G_0.

(iv) *Il existe un sous-groupe vectoriel central fermé* N *de* G_0, *distingué dans* G, *tel que, pour tout sous-groupe compact maximal* K *de* G, G_0 *soit le produit direct de* K_0 *par* N *et* G *le produit semi-direct de* K *par* N.

a) Reprenons les notations de la prop. 4. La projection de Ker f sur V est un sous-groupe fini du groupe vectoriel V, donc est réduite à l'élément neutre. Il s'ensuit que Ker f est contenu dans T × S, donc que G est le produit direct du groupe vectoriel $N = f(V)$ et du groupe compact $K = f(T \times S)$. Tout sous-groupe compact de G a une projection dans N réduite à l'élément neutre, donc est contenu dans K. Cela démontre *a*).

b) Supposons maintenant G/G_0 fini. D'après *a*), G_0 est le produit direct de son plus grand sous-groupe compact M par un sous-groupe vectoriel P; le sous-groupe

M de G est évidemment distingué. Soit $\mathfrak{n}$ un sous-espace vectoriel de L(G), supplémentaire de L(M) et stable pour la représentation adjointe de G (n° 1 et n° 3, prop. 3); c'est un idéal de L(G) et on a $L(G) = L(M) \times \mathfrak{n}$. Soit N le sous-groupe intégral de G d'algèbre de Lie $\mathfrak{n}$; d'après III, § 6, n° 6, prop. 14, il est distingué dans G. La projection de L(G) sur L(P), de noyau L(M), induit un isomorphisme de $\mathfrak{n}$ sur L(P); il en résulte que la projection de G_0 sur P induit un morphisme étale de N sur P; comme P est simplement connexe, c'est un isomorphisme, et N est un groupe vectoriel. Le morphisme $(x, y) \mapsto xy$ de $M \times N$ dans G_0 est un morphisme étale injectif (puisque $M \cap N$ est réduit à l'élément neutre), donc un isomorphisme. Il s'ensuit que N est un sous-groupe *fermé* de G et que le quotient G/N est compact, puisque G_0/N est compact et que G/G_0 est fini (TG, III, p. 29, cor. 2).

D'après INT, VII, § 3, n° 2, prop. 3, tout sous-groupe compact de G est contenu dans un sous-groupe compact maximal, ceux-ci sont conjugués, et pour tout sous-groupe compact maximal K de G, G est produit semi-direct de K par N. Comme G_0 contient N, il est alors produit semi-direct de N par $G_0 \cap K$; il s'ensuit que $G_0 \cap K$ est connexe, donc égal à K_0, puisque $K/(G_0 \cap K)$ est isomorphe à G/G_0, donc fini; enfin, K_0 est évidemment le plus grand sous-groupe compact de G_0 d'après *a*).

COROLLAIRE. — *Si* N *satisfait aux conditions de b)* (iv), *et si* K_1 *et* K_2 *sont deux sous-groupes compacts maximaux de* G, *il existe* $n \in N$ *tel que* $nK_1n^{-1} = K_2$.

Il existe en effet d'après (ii) un élément $g \in G$ tel que $gK_1g^{-1} = K_2$; d'après (iv), il existe $n \in N$ et $k \in K_1$ tels que $g = nk$. L'élément n possède alors la propriété exigée.

§ 2. TORES MAXIMAUX DES GROUPES DE LIE COMPACTS

1. Sous-algèbres de Cartan des algèbres compactes

Lemme 1. — *Soient* G *un groupe de Lie,* K *un sous-groupe compact de* G, *et* F *une forme bilinéaire invariante sur* L(G). *Soient* $x, y \in L(G)$. *Il existe un élément k de* K *tel que pour tout* $u \in L(K)$, *on ait* $F(u, [(\mathrm{Ad}\, k)(x), y]) = 0$.

La fonction $v \mapsto F((\mathrm{Ad}\, v)(x), y)$ de K dans **R** est continue, donc possède un minimum en un point $k \in K$. Soit $u \in L(K)$ et posons

$$h(t) = F((\mathrm{Ad}\, \exp(tu).k)(x), y), \quad t \in \mathbf{R}.$$

On a $h(t) \geqslant h(0)$ pour tout t; par ailleurs, d'après III, § 3, n° 12, prop. 44, on a

$$\frac{dh}{dt}(0) = F([u, (\mathrm{Ad}\, k)(x)], y) = F(u, [(\mathrm{Ad}\, k)(x), y]),$$

d'où le lemme (FVR, I, p. 20, prop. 7).

THÉORÈME 1. — *Soit* $\mathfrak{g}$ *une algèbre de Lie compacte. Les sous-algèbres de Cartan de* $\mathfrak{g}$ (VII, § 2, n° 1, déf. 1) *sont ses sous-algèbres commutatives maximales; en particulier,* $\mathfrak{g}$ *est la réunion de ses sous-algèbres de Cartan. Le groupe* $\mathrm{Int}(\mathfrak{g})$ *opère transitivement sur l'ensemble des sous-algèbres de Cartan de* $\mathfrak{g}$.

Comme $\mathfrak{g}$ est réductive, ses sous-algèbres de Cartan sont commutatives (VII, § 2, n° 4, cor. 3 au th. 2). Inversement, soit $\mathfrak{t}$ une sous-algèbre commutative de $\mathfrak{g}$. D'après § 1, n° 3, prop. 1, ad x est semi-simple pour tout $x \in \mathfrak{t}$; d'après VII, § 2, n° 3, prop. 10, il existe une sous-algèbre de Cartan de $\mathfrak{g}$ contenant $\mathfrak{t}$. Cela démontre la première assertion du théorème.

Soient maintenant $\mathfrak{t}$ et $\mathfrak{t}'$ deux sous-algèbres de Cartan de $\mathfrak{g}$. Prouvons qu'il existe $u \in \mathrm{Int}(\mathfrak{g})$ tel que $u(\mathfrak{t}) = \mathfrak{t}'$. D'après la prop. 1 du § 1, n° 3, on peut supposer que $\mathfrak{g}$ est de la forme L(G), où G est un groupe de Lie compact connexe, et choisir une forme bilinéaire symétrique invariante séparante F sur $\mathfrak{g}$. Soit x (resp. x') un élément régulier de $\mathfrak{g}$ tel que $\mathfrak{t} = \mathfrak{g}^0(x)$ (resp. $\mathfrak{t}' = \mathfrak{g}^0(x')$) (VII, § 3, n° 3, th. 2). Appliquant le lemme 1 avec K = G, on voit qu'il existe $k \in G$ tel que $[(\mathrm{Ad}\, k)(x), x']$ soit orthogonal à $\mathfrak{g}$ pour F, donc nul; on a alors $(\mathrm{Ad}\, k)(x) \in \mathfrak{g}^0(x') = \mathfrak{t}'$, donc $\mathfrak{g}^0((\mathrm{Ad}\, k)(x)) = \mathfrak{t}'$ puisque $(\mathrm{Ad}\, k)(x)$ est régulier. On en conclut que $(\mathrm{Ad}\, k)(\mathfrak{t}) = \mathfrak{t}'$, d'où le théorème.

COROLLAIRE. — *Soient* $\mathfrak{t}$ *et* $\mathfrak{t}'$ *deux sous-algèbres de Cartan de* $\mathfrak{g}$, $\mathfrak{a}$ *une partie de* $\mathfrak{t}$, *et* u *un automorphisme de* $\mathfrak{g}$ *qui applique* $\mathfrak{a}$ *dans* $\mathfrak{t}'$. *Il existe un élément* v *de* $\mathrm{Int}(\mathfrak{g})$ *tel que* $u \circ v$ *applique* $\mathfrak{t}$ *sur* $\mathfrak{t}'$, *et coïncide avec* u *sur* $\mathfrak{a}$.

Posons $G = \mathrm{Int}(\mathfrak{g})$, et considérons le fixateur $Z_G(\mathfrak{a})$ de $\mathfrak{a}$ dans G; c'est un sous-groupe de Lie de G, dont l'algèbre de Lie $\mathfrak{z}_{\mathfrak{g}}(\mathfrak{a})$ est formée des éléments de $\mathfrak{g}$ qui commutent à tous les éléments de $\mathfrak{a}$ (III, § 9, n° 3, prop. 7). Alors $\mathfrak{t}$ et $u^{-1}(\mathfrak{t}')$ sont deux sous-algèbres de Cartan de l'algèbre de Lie compacte $\mathfrak{z}_{\mathfrak{g}}(\mathfrak{a})$. D'après le th. 1, il existe un élément v de $Z_G(\mathfrak{a})$ tel que $v(\mathfrak{t}) = u^{-1}(\mathfrak{t}')$; un tel élément répond à la question.

2. Tores maximaux

Soit G un groupe de Lie. On appelle *tore* de G tout sous-groupe fermé qui est un tore (§ 1, n° 2), c'est-à-dire tout sous-groupe compact connexe commutatif. Les éléments maximaux de l'ensemble ordonné par inclusion des tores de G sont appelés les *tores maximaux* de G.

THÉORÈME 2. — *Soit* G *un groupe ae Lie compact connexe.*

a) Les algèbres de Lie des tores maximaux de G *sont les sous-algèbres de Cartan de* L(G).

b) Soient T_1 *et* T_2 *deux tores maximaux de* G. *Il existe* $g \in G$ *tel que* $T_2 = gT_1g^{-1}$.

c) G *est la réunion de ses tores maximaux.*

Soit $\mathfrak{t}$ une sous-algèbre de Cartan de L(G); le sous-groupe intégral de G d'algèbre de Lie $\mathfrak{t}$ est fermé (VII, § 2, n° 1, cor. 4 à la prop. 4) et commutatif (th. 1), donc est un tore de G. Si T est un tore maximal de G, son algèbre de Lie est commutative, donc contenue dans une sous-algèbre de Cartan de L(G) (th. 1). Il en résulte que les tores maximaux de G sont exactement les sous-groupes intégraux de G associés aux sous-algèbres de Cartan de G, d'où *a*). L'assertion *b*) résulte alors du th. 1, puisque l'homomorphisme canonique $G \to \mathrm{Int}(L(G))$ est surjectif (III, § 6, n° 4, cor. 4 à la prop. 10).

Notons X la réunion des tores maximaux de G, et soit T un tore maximal de G. L'application continue $(g, t) \mapsto gtg^{-1}$ de $G \times T$ dans G a pour image X, qui est donc *fermé* dans G ; pour démontrer *c*), il suffit donc de prouver que X est ouvert dans G ; comme X est invariant par automorphismes intérieurs, il suffit de montrer que pour tout $a \in T$, X est un voisinage de *a*. Raisonnons par récurrence sur la dimension de G et distinguons deux cas :

1) *a n'est pas central dans* G. Soit alors H la composante neutre du centralisateur de *a* dans G ; c'est un sous-groupe compact connexe de G distinct de G, qui contient T, donc *a*. Comme Ad *a* est semi-simple (§ 1, n° 1), l'algèbre de Lie de H est le nilespace de $\mathrm{Ad}\, a - 1$; il résulte alors de VII, § 4, n° 2, prop. 4, que la réunion Y des conjugués de H est un voisinage de *a*. D'après l'hypothèse de récurrence, on a $H \subset X$, donc $Y \subset X$; ainsi X est un voisinage de *a*.

2) *a est central dans* G. Il suffit de prouver que $a \exp x$ appartient à X pour tout *x* dans L(G). Or tout élément *x* de L(G) appartient à une sous-algèbre de Cartan de G (th. 1) ; le sous-groupe intégral T′ correspondant contient $\exp x$; comme il est conjugué à T, il contient *a* et donc $a \exp x$, d'où l'assertion cherchée.

Corollaire 1. — *a*) *L'application exponentielle de* G *est surjective.*

b) *Pour tout* $n \geqslant 1$, *l'application* $g \mapsto g^n$ *de* G *dans lui-même est surjective.*

En effet, exp(L(G)) contient tous les tores maximaux de G, d'où *a*). L'assertion *b*) résulte alors de la formule $(\exp x)^n = \exp nx$ pour *x* dans L(G).

Remarque 1. — Il existe une partie *compacte* K de L(G) telle que $\exp_G(K) = G$. En effet, si T est un tore maximal de G, il existe un compact $C \subset L(T)$ tel que $\exp_T(C) = T$; il suffit de prendre $K = \bigcup_{g \in G} (\mathrm{Ad}\, g)(C)$.

Corollaire 2. — *L'intersection des tores maximaux de* G *est le centre de* G.

Soit *x* un élément du centre de G ; d'après le th. 2, *c*), il existe un tore maximal T de G contenant *x* ; alors *x* appartient à tous les conjugués de T, donc à tous les tores maximaux de G. Inversement, si *x* appartient à tous les tores maximaux de G, il commute à tout élément de G d'après le th. 2, *c*).

Corollaire 3. — *Soit* $g \in G$, *et soit* C *son centralisateur. Alors g appartient à* C_0 ; *le groupe* C_0 *est la réunion des tores maximaux de* G *contenant g.*

Il existe un tore maximal T de G contenant *g* (th. 2, *c*)), et donc contenu dans C_0. Par ailleurs, le groupe C_0 est un groupe de Lie compact connexe, donc réunion de ses tores maximaux (th. 2, *c*)) ; ceux-ci contiennent tous *g* (cor. 2), donc sont exactement les tores maximaux de G contenant *g*.

COROLLAIRE 4. — *Soit* $g \in G$. *Si* g *est régulier* (VII, § 4, n° 2, déf. 2), *il appartient à un seul tore maximal, qui est la composante neutre de son centralisateur. Sinon, il appartient à une infinité de tores maximaux.*

Comme Ad g est semi-simple, la dimension du nilespace de Ad $g - 1$ est aussi celle du centralisateur C de g. D'après *loc. cit.*, prop. 8, et le th. 1, g est régulier si et seulement si C_0 est un tore maximal de G. On conclut alors par le cor. 3.

COROLLAIRE 5. — *a) Soit* S *un tore de* G. *Le centralisateur de* S *est connexe ; c'est la réunion des tores maximaux de* G *contenant* S.

b) Soit $\mathfrak{s}$ *une sous-algèbre commutative de* L(G). *Le fixateur de* $\mathfrak{s}$ *dans* G *est connexe ; c'est la réunion des tores maximaux de* G *dont l'algèbre de Lie contient* $\mathfrak{s}$.

Pour démontrer *a*), il suffit de prouver que si un élément g de G centralise S, il existe un tore maximal de G contenant S et g. Or, si C est le centralisateur de g, on a $g \in C_0$ (cor. 3) et $S \subset C_0$; si T est un tore maximal du groupe de Lie compact connexe C_0 contenant S, on a $g \in T$ (cor. 2), d'où *a*). L'assertion *b*) résulte de *a*) appliqué à l'adhérence du sous-groupe intégral d'algèbre de Lie $\mathfrak{s}$, compte tenu de III, § 9, n° 3, prop. 9.

Remarque 2. — Il résulte du cor. 5 qu'un tore maximal de G en est un sous-groupe commutatif maximal. La réciproque n'est pas vraie : par exemple, dans le groupe $\mathbf{SO}(3, \mathbf{R})$, les tores maximaux sont de dimension 1, et ne peuvent donc contenir le sous-groupe des matrices diagonales, qui est isomorphe à $(\mathbf{Z}/2\mathbf{Z})^2$. Par ailleurs, si $g \in \mathbf{SO}(3, \mathbf{R})$ est une matrice diagonale non scalaire, g est un élément régulier de $\mathbf{SO}(3, \mathbf{R})$ dont le centralisateur n'est pas connexe (*cf.* cor. 4).

COROLLAIRE 6. — *Les tores maximaux de* G *sont leurs propres centralisateurs, et sont les fixateurs de leurs algèbres de Lie.*

Soient T un tore maximal de G et C son centralisateur ; comme L(T) est une sous-algèbre de Cartan de L(G), on a L(T) = L(C), donc C = T puisque C est connexe (cor. 5).

COROLLAIRE 7. — *Soient* T *et* T′ *deux tores maximaux de* G, A *une partie de* T *et* s *un automorphisme de* G *qui applique* A *dans* T′. *Il existe* $g \in G$ *tel que* $s \circ (\mathrm{Int}\, g)$ *applique* T *sur* T′ *et coïncide avec* s *sur* A.

Soit C le centralisateur de A. Alors T et $s^{-1}(T')$ sont deux tores maximaux de C_0 ; tout élément g de C_0 tel que $(\mathrm{Int}\, g)(T) = s^{-1}(T')$ répond à la question.

COROLLAIRE 8. — *Soient* H *un groupe de Lie compact,* T *un tore maximal de* H. *On a alors* $H = N_H(T) . H_0$, *et l'injection de* $N_H(T)$ *dans* H *induit un isomorphisme de* $N_H(T)/N_{H_0}(T)$ *sur* H/H_0.

Soit $h \in H$. Alors $h^{-1}Th$ est un tore maximal de H_0, donc (th. 2) il existe $g \in H_0$ tel que $hg \in N_H(T)$; ainsi h appartient à $N_H(T) . H_0$, d'où la première assertion. La seconde en résulte immédiatement.

Remarques. — 3) Soit G un groupe de Lie connexe d'algèbre de Lie compacte. Appelons *sous-groupes de Cartan* de G les sous-groupes intégraux dont les algèbres de Lie sont les sous-algèbres de Cartan de L(G) (les sous-groupes de Cartan d'un groupe compact connexe sont donc ses tores maximaux). Le théorème 2 et ses corollaires sont encore valides pour G, en y remplaçant partout l'expression « tore maximal » par « sous-groupe de Cartan ». Cela résulte aussitôt du fait qu'en vertu de la prop. 5 du § 1, n° 4, G est le produit direct d'un groupe vectoriel V par un groupe compact connexe K et que les sous-groupes de Cartan de G sont les produits de V par les tores maximaux de K. Notons d'ailleurs qu'il résulte alors du cor. 6 ci-dessus qu'on peut aussi définir les sous-groupes de Cartan de G comme les fixateurs des sous-algèbres de Cartan de L(G).

* 4) On peut aussi démontrer la partie *c*) du théorème 2 de la façon suivante. Munissons G d'une métrique riemannienne invariante (§ 1, n° 3, prop. 3). Alors, pour tout élément g de G, il existe une géodésique maximale passant par g et l'élément neutre de G (théorème de Hopf-Rinow), et on vérifie que l'adhérence d'une telle géodésique est un sous-tore de G. *

3. Tores maximaux des sous-groupes et des groupes quotients

PROPOSITION 1. — *Soient* G *et* G′ *deux groupes de Lie compacts connexes.*

a) Soit $f: \mathrm{G} \to \mathrm{G}'$ *un morphisme surjectif de groupes de Lie. Les tores maximaux de* G′ *sont les images par* f *des tores maximaux de* G. *Si le noyau de* f *est central dans* G (par exemple discret), *les tores maximaux de* G *sont les images réciproques par* f *des tores maximaux de* G′.

b) Soit H *un sous-groupe fermé connexe de* G. *Tout tore maximal de* H *est l'intersection avec* H *d'un tore maximal de* G.

c) Soit H *un sous-groupe fermé connexe distingué de* G. *Les tores maximaux de* H *sont les intersections avec* H *des tores maximaux de* G.

a) Soit T un tore maximal de G ; alors L(T) est une sous-algèbre de Cartan de L(G) (n° 2, th. 2, *a*)), donc L(f(T)) une sous-algèbre de Cartan de L(G′) (VII, § 2, n° 1, cor. 2 à la prop. 4) ; il en résulte que f(T) est un tore maximal de G′ (n° 2, th. 2, *a*)). Si Ker f est central dans G, il est contenu dans T (cor. 2 au th. 2), donc $\mathrm{T} = f^{-1}(f(\mathrm{T}))$.

Inversement, soit T′ un tore maximal de G′ ; montrons qu'il existe un tore maximal T de G tel que $f(\mathrm{T}) = \mathrm{T}'$. Soit T_1 un tore maximal de G ; alors $f(\mathrm{T}_1)$ est un tore maximal de G′ et il existe $g' \in \mathrm{G}'$ tel que $\mathrm{T}' = g'f(\mathrm{T}_1)\,g'^{-1}$ (th. 2, *b*)) ; si $g \in \mathrm{G}$ est tel que $f(g) = g'$, on a $\mathrm{T}' = f(\mathrm{T})$, avec $\mathrm{T} = g\mathrm{T}_1 g^{-1}$.

b) Soit S un tore maximal de H ; c'est un tore de G et il existe donc un tore maximal T de G contenant S. Alors $\mathrm{T} \cap \mathrm{H}$ est un sous-groupe commutatif de H contenant S, donc égal à S (n° 2, remarque 2).

c) D'après § 1, n° 3, prop. 2, *c*), L(G) est produit direct de L(H) par un idéal ; les sous-algèbres de Cartan de L(H) sont donc les intersections avec L(H) des sous-algèbres de Cartan de L(G). Pour tout tore maximal T de G, $\mathrm{T} \cap \mathrm{H}$ contient donc un tore maximal S de H et on a $\mathrm{S} = \mathrm{T} \cap \mathrm{H}$ (n° 2, remarque 2).

Remarques. — 1) La proposition 1 se généralise aussitôt aux groupes connexes à algèbre de Lie compacte. En particulier, si G est un groupe de Lie connexe dont l'algèbre de Lie est compacte, les sous-groupes de Cartan de G (*cf.* remarque 3, n° 2) ne sont autres que les images réciproques des tores maximaux du groupe de Lie compact connexe Ad(G) (par l'homomorphisme canonique de G sur Ad(G)).

2) Soient G un groupe de Lie compact connexe, $\tilde{\mathrm{D}}(\mathrm{G})$ le revêtement universel du groupe D(G) et $f : \tilde{\mathrm{D}}(\mathrm{G}) \to \mathrm{G}$ le morphisme composé des morphismes canoniques de $\tilde{\mathrm{D}}(\mathrm{G})$ sur D(G) et de D(G) dans G. Alors l'application $\mathrm{T} \mapsto f^{-1}(\mathrm{T})$ est une bijection de l'ensemble des tores maximaux de G sur l'ensemble des tores maximaux de $\tilde{\mathrm{D}}(\mathrm{G})$; la bijection réciproque associe au tore maximal $\tilde{\mathrm{T}}$ de $\tilde{\mathrm{D}}(\mathrm{G})$ le tore maximal $\mathrm{C}(\mathrm{G})_0.f(\tilde{\mathrm{T}})$ de G.

4. Sous-groupes de rang maximum

Nous appellerons rang d'un groupe de Lie connexe G et noterons rg G, le rang de son algèbre de Lie. D'après le th. 2, *a*), le rang d'un groupe de Lie compact connexe est la dimension commune de ses tores maximaux.

Soient G un groupe de Lie compact connexe et H un sous-groupe fermé de G. Si H est connexe, on a $\mathrm{rg\,H} \leqslant \mathrm{rg\,G}$ (puisque les tores maximaux de H sont des tores de G). D'après le th. 2, *c*), dire que H est *connexe et de rang maximum* (c'est-à-dire de rang rg G) signifie que H est *réunion de tores maximaux* de G. On déduit alors aussitôt de la proposition 1 :

PROPOSITION 2. — *Soit* $f : \mathrm{G} \to \mathrm{G}'$ *un morphisme surjectif de groupes de Lie compacts connexes dont le noyau est central. Les applications* $\mathrm{H} \mapsto f(\mathrm{H})$ *et* $\mathrm{H}' \mapsto f^{-1}(\mathrm{H}')$ *sont des bijections réciproques l'une de l'autre entre l'ensemble des sous-groupes fermés connexes de rang maximum de* G *et l'ensemble analogue pour* G'.

PROPOSITION 3. — *Soient* G *un groupe de Lie compact connexe, et* H *un sous-groupe fermé connexe de rang maximum.*

a) La variété compacte G/H *est simplement connexe.*

b) L'homomorphisme $\pi_1(\mathrm{H}) \to \pi_1(\mathrm{G})$, *déduit de l'injection canonique de* H *dans* G, *est surjectif.*

Comme H est connexe, on a une suite exacte (TG, XI, à paraître)

$$\pi_1(\mathrm{H}) \to \pi_1(\mathrm{G}) \to \pi_1(\mathrm{G}/\mathrm{H}, \bar{e}) \to 0$$

où $\bar{e}$ est l'image dans G/H de l'élément neutre de G. Comme G/H est connexe, cela entraîne aussitôt l'équivalence des assertions *a*) et *b*). Par ailleurs, si $f : \mathrm{G}' \to \mathrm{G}$ est un morphisme surjectif de groupes de Lie compacts connexes dont le noyau est central, il revient au même de démontrer la proposition (sous la forme *a*)) pour G ou pour G' (prop. 2). On peut donc d'abord remplacer G par Ad(G), donc supposer G semi-simple, puis remplacer G par un revêtement universel (§ 1, n° 4, cor. 2), donc supposer G simplement connexe. Mais alors l'assertion *b*) est triviale.

PROPOSITION 4. — *Soient* G *un groupe de Lie compact,* H *un sous-groupe fermé connexe de* G *de rang maximum et* N *le normalisateur de* H *dans* G. *Alors* H *est d'indice fini dans* N *et est la composante neutre de* N.

En effet, l'algèbre de Lie de H contient une sous-algèbre de Cartan de L(G). D'après VII, § 2, n° 1, cor. 4 à la prop. 4, H est donc la composante neutre de N. Puisque N est compact, H est d'indice fini dans N.

Remarques. — 1) Tout sous-groupe intégral H de G tel que rg H = rg G est *fermé* : en effet, la démonstration précédente montre que H est la composante neutre de son normalisateur, qui est un sous-groupe fermé de G.

2) Avec les notations de la prop. 4, tout sous-groupe fermé H′ de G contenant H et tel que (H′ : H) soit fini normalise H, donc est contenu dans N ; de même le normalisateur de H′ est contenu dans N. En particulier, N est son propre normalisateur.

5. Le groupe de Weyl

Soient G un groupe de Lie compact connexe et T un tore maximal de G. Notons $N_G(T)$ le normalisateur de T dans G ; d'après la prop. 4 (n° 4), le groupe quotient $N_G(T)/T$ est fini. On le note $W_G(T)$ ou W(T) et on l'appelle le *groupe de Weyl* du tore maximal T de G, ou le groupe de Weyl de G relativement à T. Puisque T est commutatif, l'opération de $N_G(T)$ sur T déduite des automorphismes intérieurs de G induit par passage au quotient une opération, dite *canonique*, du groupe $W_G(T)$ sur le groupe de Lie T. D'après le cor. 6 au th. 2 du n° 2, cette opération est *fidèle* : l'homomorphisme $W_G(T) \to \operatorname{Aut} T$ qui lui est associé est *injectif.*

Si T′ est un autre tore maximal de G et si $g \in G$ est tel que Int g applique T sur T′ (n° 2, th. 2, *b*)), on déduit de Int g un isomorphisme a_g de $W_G(T)$ sur $W_G(T')$ et on a $a_g(s)(gtg^{-1}) = gs(t)g^{-1}$ pour tout $s \in W_G(T)$ et tout $t \in T$.

PROPOSITION 5. — *a*) *Toute classe de conjugaison dans* G *rencontre* T.

b) *Les traces sur* T *des classes de conjugaison de* G *sont les orbites du groupe de Weyl.*

Soit $g \in G$; d'après le th. 2 du n° 2, il existe $h \in G$ tel que $g \in hTh^{-1}$, d'où *a*). Par définition du groupe de Weyl, deux éléments d'une même orbite de $W_G(T)$ dans T sont conjugués dans G ; inversement, soient a, b deux éléments de T conjugués dans G. Il existe $h \in G$ tel que $b = hah^{-1}$; appliquant le cor. 7 au th. 2 (n° 2) avec $A = \{a\}$, $s = \operatorname{Int} h$, $T' = T$, on voit qu'il existe $g \in G$ tel que Int hg applique T dans T et a sur b. La classe de hg dans $W_G(T)$ applique alors a sur b, d'où la proposition.

COROLLAIRE 1. — *L'injection canonique de* T *dans* G *définit par passage au quotient un homéomorphisme de* $T/W_G(T)$ *sur l'espace* G/Int(G) *des classes de conjugaison de* G.

En effet, c'est une application continue et bijective entre deux espaces compacts (*cf.* TG, III, p. 29, cor. 1).

Corollaire 2. — *Soit* E *une partie de* G *stable par les automorphismes intérieurs. Pour que* E *soit ouverte* (resp. *fermée*, resp. *dense*) *dans* G, *il faut et il suffit que* $E \cap T$ *soit ouverte* (resp. *fermée*, resp. *dense*) *dans* T.

Cela résulte du cor. 1 et de ce que les applications canoniques $T \to T/W_G(T)$ et $G \to G/\mathrm{Int}(G)$ sont ouvertes (TG, III, p. 10, lemme 2).

Notons $\mathfrak{g}$ l'algèbre de Lie de G, et $\mathfrak{t}$ celle de T. On déduit de l'opération de $W_G(T)$ dans T une représentation, dite *canonique*, du groupe $W_G(T)$ dans le **R**-espace vectoriel $\mathfrak{t}$.

Proposition 6. — *a*) *Toute orbite de* G *dans* $\mathfrak{g}$ (*pour la représentation adjointe*) *rencontre* $\mathfrak{t}$.

b) *Les traces sur* $\mathfrak{t}$ *des orbites de* G *sont les orbites de* $W_G(T)$ *dans* $\mathfrak{t}$.

L'assertion *a*) résulte du th. 1 (n° 1). Soient x, y deux éléments de $\mathfrak{t}$ conjugués sous Ad(G), et soit $h \in G$ tel que $(\mathrm{Ad}\, h)(x) = y$. Appliquant le corollaire au th. 1 (n° 1) avec $\mathfrak{a} = \{x\}$, $u = \mathrm{Ad}\, h$, $\mathfrak{t}' = \mathfrak{t}$, on voit qu'il existe $g \in G$ tel que Ad hg applique $\mathfrak{t}$ sur $\mathfrak{t}$ et x sur y. On a alors $hg \in N_G(T)$ (III, § 9, n° 4, prop. 11), et la classe de hg dans $W_G(T)$ applique x sur y, d'où la proposition.

Corollaire. — *L'injection canonique de* $\mathfrak{t}$ *dans* $\mathfrak{g}$ *définit par passage au quotient un homéomorphisme de* $\mathfrak{t}/W_G(T)$ *sur* $\mathfrak{g}/\mathrm{Ad}(G)$.

Notons j cette application ; elle est bijective et continue (prop. 6). On a un diagramme commutatif

$$\begin{array}{ccc} \mathfrak{t} & \xrightarrow{\ i\ } & \mathfrak{g} \\ {\scriptstyle p}\downarrow & & \downarrow{\scriptstyle q} \\ \mathfrak{t}/W_G(T) & \xrightarrow{\ j\ } & \mathfrak{g}/\mathrm{Ad}(G) \end{array}$$

où p et q sont les applications de passage au quotient, et i l'injection canonique. Comme i et q sont propres (TG, I, p. 72, prop. 2 et TG, III, p. 28, prop. 2, *c*)) et que p est surjective, on en déduit que j est propre (TG, I, p. 73, prop. 5), donc est un homéomorphisme.

Proposition 7. — *Soit* H *un sous-groupe fermé de* G *contenant* T.

a) *Notons* $W_H(T)$ *le sous-groupe* $N_H(T)/T$ *de* $W_G(T)$; *le groupe* H/H_0 *est isomorphe au groupe quotient* $W_H(T)/W_{H_0}(T)$.

b) *Pour que* H *soit connexe, il faut et il suffit que tout élément de* $W_G(T)$ *qui a un représentant dans* H *appartienne à* $W_{H_0}(T)$.

L'assertion *a*) résulte du cor. 8 au th. 2 (n° 2), et l'assertion *b*) est un cas particulier de *a*).

6. Tores maximaux et relèvement d'homomorphismes

Soient G un groupe de Lie compact connexe, T un tore maximal de G. Considérons le groupe dérivé D(G) de G et son revêtement universel $\tilde{D}(G)$; soit $p:\tilde{D}(G) \to G$ le morphisme composé des morphismes canoniques $\tilde{D}(G) \to D(G)$ et $D(G) \to G$. Alors $\tilde{D}(G)$ est un groupe de Lie compact connexe (§ 1, n° 4, cor. 2 à la prop. 4) ; de plus, l'image réciproque $\tilde{T}$ de T par p est un tore maximal de $\tilde{D}(G)$ (n° 3, prop. 1).

Lemme 2. — *Soient* H *un groupe de Lie,* $f_T : T \to H$ *et* $\tilde{f}:\tilde{D}(G) \to H$ *des morphismes de groupes de Lie tels que, pour tout* $t \in \tilde{T}$, *on ait* $f_T(p(t)) = \tilde{f}(t)$. *Il existe un unique morphisme de groupes de Lie* $f:G \to H$ *tel que* $f \circ p = \tilde{f}$ *et que la restriction de* f *à* T *soit* f_T.

Posons $Z = C(G)_0$; d'après § 1, n° 4, cor. 1 à la prop. 4, le morphisme de groupes de Lie $g:Z \times \tilde{D}(G) \to G$ tel que $g(z, x) = z^{-1}p(x)$ est un revêtement ; son noyau est formé des couples (z, x) tels que $p(x) = z$, pour lesquels on a donc $x \in p^{-1}(Z) \subset \tilde{T}$. Puisque le morphisme $(z, x) \mapsto f_T(z^{-1})\tilde{f}(x)$ de $Z \times \tilde{D}(G)$ dans H applique Ker g dans $\{e\}$, il existe un morphisme f de G dans H tel que $f \circ p = \tilde{f}$ et $f(z) = f_T(z)$ pour $z \in Z$. Mais on a aussi $f(t) = f_T(t)$ pour $t \in p(\tilde{T})$; comme $T = Z.p(\tilde{T})$, la restriction de f à T est bien f_T.

PROPOSITION 8. — *Soient* G *un groupe de Lie compact connexe,* T *un tore maximal de* G, H *un groupe de Lie et* $\varphi : L(G) \to L(H)$ *un homomorphisme d'algèbres de Lie. Pour qu'il existe un morphisme de groupes de Lie* $f:G \to H$ *tel que* $L(f) = \varphi$, *il faut et il suffit qu'il existe un morphisme de groupes de Lie* $f_T : T \to H$ *tel que* $L(f_T) = \varphi|L(T)$; *on a alors* $f_T = f|T$.

Si $f:G \to H$ est un morphisme de groupes de Lie tel que $L(f) = \varphi$, alors la restriction f_T de f à T est l'unique morphisme de T dans H tel que $L(f_T) = \varphi|L(T)$. Inversement, soit $f_T : T \to H$ un morphisme de groupes de Lie tel que $L(f_T) = \varphi|L(T)$. Soient $\tilde{D}(G)$ et p comme ci-dessus ; l'application $L(p)$ induit un isomorphisme de $L(\tilde{D}(G))$ sur l'algèbre dérivée $\mathfrak{b}$ de L(G). Il existe un morphisme de groupes de Lie $\tilde{f}:\tilde{D}(G) \to H$ tel que $L(\tilde{f}) = (\varphi|\mathfrak{b}) \circ L(p)$ (III, § 6, n° 1, th. 1). Les morphismes $t \mapsto \tilde{f}(t)$ et $t \mapsto f_T(p(t))$ de $\tilde{T}$ dans H induisent le même homomorphisme des algèbres de Lie, donc coïncident. Appliquant le lemme 2, on en déduit l'existence d'un morphisme $f:G \to H$ tel que $L(f)$ et φ coïncident sur L(T) et $\mathfrak{b}$. Comme $L(G) = \mathfrak{b} + L(T)$, on a bien $L(f) = \varphi$.

PROPOSITION 9. — *Soient* G *un groupe de Lie compact connexe,* T *un tore maximal de* G, H *un groupe de Lie,* $f:G \to H$ *un morphisme. Alors* f *est injectif si et seulement si sa restriction à* T *est injective.*

En effet d'après le th. 2 (n° 2), le sous-groupe distingué Ker f de G est réduit à l'élément neutre si et seulement si son intersection avec T est réduite à l'élément neutre.

§ 3. FORMES COMPACTES DES ALGÈBRES DE LIE SEMI-SIMPLES COMPLEXES

1. Formes réelles

Si $\mathfrak{a}$ est une algèbre de Lie complexe, on note $\mathfrak{a}_{[\mathbf{R}]}$ (ou parfois $\mathfrak{a}$) l'algèbre de Lie réelle obtenue par restriction des scalaires. Si $\mathfrak{g}$ est une algèbre de Lie réelle, on note $\mathfrak{g}_{(\mathbf{C})}$ (ou parfois $\mathfrak{g}_{\mathbf{C}}$) l'algèbre de Lie complexe $\mathbf{C} \otimes_{\mathbf{R}} \mathfrak{g}$ obtenue par extension des scalaires. Les homomorphismes d'algèbres de Lie réelles $\mathfrak{g} \to \mathfrak{a}_{[\mathbf{R}]}$ correspondent bijectivement aux homomorphismes d'algèbres de Lie complexes $\mathfrak{g}_{(\mathbf{C})} \to \mathfrak{a}$: si $f : \mathfrak{g} \to \mathfrak{a}_{[\mathbf{R}]}$ et $g : \mathfrak{g}_{(\mathbf{C})} \to \mathfrak{a}$ se correspondent, on a $f(x) = g(1 \otimes x)$ et $g(\lambda \otimes x) = \lambda f(x)$ pour $x \in \mathfrak{g}$, $\lambda \in \mathbf{C}$.

DÉFINITION 1. — *Soit $\mathfrak{a}$ une algèbre de Lie complexe. On appelle forme réelle de $\mathfrak{a}$ toute sous-algèbre réelle $\mathfrak{g}$ de $\mathfrak{a}$ qui est une* **R**-*structure sur le* **C**-*espace vectoriel $\mathfrak{a}$* (A, II, p. 119, déf. 1).

Cela signifie donc que l'homomorphisme d'algèbres de Lie complexes $\mathfrak{g}_{(\mathbf{C})} \to \mathfrak{a}$ associé à l'injection canonique $\mathfrak{g} \to \mathfrak{a}_{[\mathbf{R}]}$ est bijectif. Une sous-algèbre réelle $\mathfrak{g}$ de $\mathfrak{a}$ est donc une forme réelle de $\mathfrak{a}$ si et seulement si les sous-espaces $\mathfrak{g}$ et $i\mathfrak{g}$ de l'espace vectoriel réel $\mathfrak{a}$ sont supplémentaires. On appelle alors *conjugaison* de $\mathfrak{a}$ relativement à la forme réelle $\mathfrak{g}$ l'application $\sigma : \mathfrak{a} \to \mathfrak{a}$ telle que

$$\sigma(x + iy) = x - iy\,, \quad x, y \in \mathfrak{g}\,. \tag{1}$$

PROPOSITION 1. — *a) Soient $\mathfrak{g}$ une forme réelle de $\mathfrak{a}$ et σ la conjugaison de $\mathfrak{a}$ relativement à $\mathfrak{g}$. On a alors :*

$$\sigma^2 = \mathrm{Id}_{\mathfrak{a}}, \quad \sigma(\lambda x + \mu y) = \bar{\lambda}\sigma(x) + \bar{\mu}\sigma(y)\,, \quad [\sigma(x), \sigma(y)] = \sigma[x, y] \tag{2}$$

pour $\lambda, \mu \in \mathbf{C}$, $x, y \in \mathfrak{a}$. Pour qu'un élément x de $\mathfrak{a}$ appartienne à $\mathfrak{g}$, il faut et il suffit que $\sigma(x) = x$.

b) Soit $\sigma : \mathfrak{a} \to \mathfrak{a}$ une application satisfaisant à (2). *Alors l'ensemble $\mathfrak{g}$ des points fixes de σ est une forme réelle de $\mathfrak{a}$, et σ est la conjugaison de $\mathfrak{a}$ relativement à $\mathfrak{g}$.*

La démonstration est immédiate.

Notons que si l'on désigne par B la forme de Killing de $\mathfrak{a}$, et si $\mathfrak{g}$ est une forme réelle de $\mathfrak{a}$, la restriction de B à $\mathfrak{g}$ est la forme de Killing de $\mathfrak{g}$; en particulier B est à valeurs réelles sur $\mathfrak{g} \times \mathfrak{g}$. Supposons $\mathfrak{a}$ *réductive* ; pour que l'algèbre de Lie réelle $\mathfrak{g}$ soit compacte, il faut et il suffit que la restriction de B à $\mathfrak{g}$ soit négative (§ 1, nº 3). On dit alors que $\mathfrak{g}$ est une *forme réelle compacte* de $\mathfrak{a}$.

2. Formes réelles associées à un système de Chevalley

Dans ce numéro, on considère une algèbre de Lie semi-simple déployée $(\mathfrak{a}, \mathfrak{h})$ sur le corps **C** (VIII, § 2, n° 1), de système de racines $R(\mathfrak{a}, \mathfrak{h}) = R$, et un système de Chevalley $(X_\alpha)_{\alpha\in R}$ de $(\mathfrak{a}, \mathfrak{h})$ (VIII, § 2, n° 4, déf. 3).

Rappelons (*loc. cit.*) que l'application linéaire $\theta : \mathfrak{a} \to \mathfrak{a}$ qui coïncide avec $-\mathrm{Id}_{\mathfrak{h}}$ sur $\mathfrak{h}$ et applique X_α sur $X_{-\alpha}$ pour tout $\alpha \in R$ est un automorphisme de $\mathfrak{a}$. Par ailleurs (*loc. cit.*, prop. 7), si α, β, $\alpha + \beta$ sont des racines, on a

$$(3) \qquad [X_\alpha, X_\beta] = N_{\alpha,\beta} X_{\alpha+\beta}$$

avec $N_{\alpha,\beta} \in \mathbf{R}^*$ et

$$(4) \qquad N_{-\alpha-\beta} = N_{\alpha,\beta}\,.$$

Notons $\mathfrak{h}_0$ le sous-espace vectoriel réel de $\mathfrak{h}$ formé des $H \in \mathfrak{h}$ tels que $\alpha(H) \in \mathbf{R}$ pour tout $\alpha \in R$. Alors $\mathfrak{h}_0$ est une **R**-structure sur l'espace vectoriel complexe $\mathfrak{h}$, on a $[X_\alpha, X_{-\alpha}] \in \mathfrak{h}_0$ pour tout $\alpha \in R$, et la restriction de la forme de Killing B de $\mathfrak{a}$ à $\mathfrak{h}_0$ est positive séparante (VIII, § 2, n° 2, remarque 2). De plus, on a

$$(5) \qquad B(H, X_\alpha) = 0\,, \quad B(X_\alpha, X_\beta) = 0 \ \text{ si } \ \alpha + \beta \neq 0\,, \quad B(X_\alpha, X_{-\alpha}) < 0$$

(VIII, § 2, n° 2, prop. 1 et n° 4, lemme 3).

PROPOSITION 2. — *a) Le sous-espace vectoriel réel $\mathfrak{a}_0 = \mathfrak{h}_0 + \sum_{\alpha\in R} \mathbf{R}X_\alpha$ de $\mathfrak{a}$ est une forme réelle de $\mathfrak{a}$, dont $\mathfrak{h}_0$ est une sous-algèbre de Cartan. Le couple $(\mathfrak{a}_0, \mathfrak{h}_0)$ est une algèbre de Lie réelle semi-simple déployée, dont (X_α) est un système de Chevalley.*

b) Soit σ la conjugaison de $\mathfrak{a}$ relativement à $\mathfrak{a}_0$. On a $\sigma \circ \theta = \theta \circ \sigma$. L'ensemble des points fixes de $\sigma \circ \theta$ est une forme réelle compacte $\mathfrak{a}_u$ de $\mathfrak{a}$, dont $i\mathfrak{h}_0$ est une sous-algèbre de Cartan.

La partie *a*) résulte immédiatement de ce qui précède. Démontrons *b*). Comme $\sigma \circ \theta$ et $\theta \circ \sigma$ sont deux applications semi-linéaires de $\mathfrak{a}$ dans $\mathfrak{a}$ qui coïncident sur $\mathfrak{a}_0$, elles coïncident. Alors $\sigma \circ \theta$ satisfait aux conditions (2) du n° 1, donc est la conjugaison de $\mathfrak{a}$ relativement à la forme réelle $\mathfrak{a}_u$ formée des $x \in \mathfrak{a}$ tels que $\sigma \circ \theta(x) = x$ (prop. 1). Posons pour tout $\alpha \in R$

$$(6) \qquad u_\alpha = X_\alpha + X_{-\alpha}\,, \quad v_\alpha = i(X_\alpha - X_{-\alpha})\,.$$

Alors le **R**-espace vectoriel $\mathfrak{a}_u$ est engendré par $i\mathfrak{h}_0$, les u_α et les v_α. Plus précisément, si on choisit une chambre C de R, on a

$$(7) \qquad \mathfrak{a}_u = i\mathfrak{h}_0 \oplus \bigoplus_{\alpha\in R_+(C)} (\mathbf{R}u_\alpha + \mathbf{R}v_\alpha)\,.$$

Il est clair que $i\mathfrak{h}_0$ est une sous-algèbre de Cartan de $\mathfrak{a}_u$, et il reste à prouver que la restriction de B à $\mathfrak{a}_u$ est négative. Or $i\mathfrak{h}_0$ et les différents sous-espaces $\mathbf{R}u_\alpha \oplus \mathbf{R}v_\alpha$ sont orthogonaux pour B, vu (5) ; la restriction de B à $i\mathfrak{h}_0$ est négative et l'on a

$$\text{(8)} \qquad B(u_\alpha, u_\alpha) = B(v_\alpha, v_\alpha) = 2B(X_\alpha, X_{-\alpha}) < 0\,, \quad B(u_\alpha, v_\alpha) = 0\,,$$

d'où la conclusion.

Remarque. — Avec les notations précédentes, on a les formules suivantes :

$$\text{(9)} \qquad [h, u_\alpha] = -\,i\alpha(h)v_\alpha\,, \quad [h, v_\alpha] = i\alpha(h)u_\alpha\,, \quad [u_\alpha, v_\alpha] = 2iH_\alpha\,, \quad (h \in \mathfrak{h})$$

$$\text{(10)} \qquad [u_\alpha, u_\beta] = \mathrm{N}_{\alpha,\beta}u_{\alpha+\beta} + \mathrm{N}_{\alpha,-\beta}u_{\alpha-\beta}\,, \qquad \alpha \neq \pm\,\beta\,,$$

$$\text{(11)} \qquad [v_\alpha, v_\beta] = -\,\mathrm{N}_{\alpha,\beta}u_{\alpha+\beta} + \mathrm{N}_{\alpha,-\beta}u_{\alpha-\beta}\,, \qquad \alpha \neq \pm\,\beta\,,$$

$$\text{(12)} \qquad [u_\alpha, v_\beta] = \mathrm{N}_{\alpha,\beta}v_{\alpha+\beta} - \mathrm{N}_{\alpha-\beta}v_{\alpha,-\beta}\,, \qquad \alpha \neq \pm\,\beta\,,$$

(dans les trois dernières formules, on convient, comme d'habitude, que $\mathrm{N}_{\gamma,\delta} = 0$ lorsque $\gamma + \delta$ n'est pas une racine).

On notera que $\sum \mathbf{R}u_\alpha$ est une sous-algèbre réelle de $\mathfrak{a}$, qui n'est autre que $\mathfrak{a}_0 \cap \mathfrak{a}_u$.

Soit Q(R) le groupe des poids radiciels de R (VI, § 1, nº 9). Rappelons qu'à tout homomorphisme $\gamma : \mathrm{Q(R)} \to \mathbf{C}^*$, on associe un automorphisme élémentaire $f(\gamma)$ de $\mathfrak{a}$ tel que $f(\gamma)(h) = h$ pour $h \in \mathfrak{h}$ et $f(\gamma)\,X_\alpha = \gamma(\alpha)\,X_\alpha$ (VIII, § 5, nº 2).

PROPOSITION 3. — *Soit $\mathfrak{g}$ une forme réelle compacte de $\mathfrak{a}$ telle que $\mathfrak{g} \cap \mathfrak{h} = i\mathfrak{h}_0$. Il existe un homomorphisme $\gamma : \mathrm{Q(R)} \to \mathbf{R}_+^*$ tel que $\mathfrak{g} = f(\gamma)(\mathfrak{a}_u)$.*

Soit τ la conjugaison de $\mathfrak{a}$ relativement à $\mathfrak{g}$. On a par hypothèse $\tau(x) = x$ pour $x \in i\mathfrak{h}_0$, donc $\tau(x) = -\,x$ pour $x \in \mathfrak{h}_0$. Pour tout $\alpha \in \mathrm{R}$, et tout $h \in \mathfrak{h}_0$, on a donc

$$[h, \tau(X_\alpha)] = [-\,\tau(h), \tau(X_\alpha)] = -\,\tau([h, X_\alpha]) = -\,\tau(\alpha(h)\,X_\alpha)\,;$$

il s'ensuit que $[h, \tau(X_\alpha)] = -\,\alpha(h)\,\tau(X_\alpha)$ pour tout $h \in \mathfrak{h}_0$, donc aussi pour tout $h \in \mathfrak{h}$. Il existe donc $c_\alpha \in \mathbf{C}^*$ tel que $\tau(X_\alpha) = c_\alpha X_{-\alpha}$. Puisque $[X_\alpha, X_{-\alpha}] \in \mathfrak{h}_0$, on a $[\tau(X_\alpha), \tau(X_{-\alpha})] = -\,[X_\alpha, X_{-\alpha}]$, donc $c_\alpha . c_{-\alpha} = 1$; de même, on tire des formules (3) et (4) que $c_{\alpha+\beta} = c_\alpha c_\beta$ lorsque α, β, $\alpha + \beta$ sont des racines. D'après VI, § 1, nº 6, cor. 2 à la prop. 19, il existe un homomorphisme $\delta : \mathrm{Q(R)} \to \mathbf{C}^*$ tel que $\delta(\alpha) = c_\alpha$ pour tout $\alpha \in \mathrm{R}$.

Montrons maintenant que chaque c_α est réel strictement positif. En effet, on a $c_\alpha \mathrm{B}(X_\alpha, X_{-\alpha}) = \mathrm{B}(X_\alpha, \tau(X_\alpha))$, et puisque $\mathrm{B}(X_\alpha, X_{-\alpha})$ est négatif, il suffit de montrer qu'on a $\mathrm{B}(z, \tau(z)) < 0$ pour tout élément non nul z de $\mathfrak{a}$; or tout élément de $\mathfrak{a}$ s'écrit $x + iy$, avec x et y dans $\mathfrak{g}$, et on a

$$\mathrm{B}(x + iy, \tau(x + iy)) = \mathrm{B}(x + iy, x - iy) = \mathrm{B}(x, x) + \mathrm{B}(y, y)\,,$$

d'où l'assertion annoncée, la restriction de B à $\mathfrak{g}$ étant par hypothèse négative et séparante.

Il s'ensuit que l'homomorphisme δ est à valeurs dans $\mathbf{R}_+^*$; il existe donc un homomorphisme $\gamma : Q(R) \to \mathbf{R}_+^*$ tel que $\delta = \gamma^{-2}$. Alors $f(\gamma)^{-1}(\mathfrak{g})$ est une forme réelle de $\mathfrak{a}$; la conjugaison correspondante est $\tau' = f(\gamma)^{-1} \circ \tau \circ f(\gamma)$. Pour tout $\alpha \in R$, on a

$$\tau'(X_\alpha) = f(\gamma)^{-1}(\tau(c_\alpha^{-1/2}X_\alpha)) = f(\gamma)^{-1}(c_\alpha^{1/2}X_{-\alpha}) = X_{-\alpha},$$

et $\tau'(h) = \tau(h) = h$ pour $h \in i\mathfrak{h}_0$; il s'ensuit que τ' est la conjugaison par rapport à $\mathfrak{a}_u$, donc que $f(\gamma)^{-1}(\mathfrak{g}) = \mathfrak{a}_u$.

3. Conjugaison des formes compactes

THÉORÈME 1. — *Soit $\mathfrak{a}$ une algèbre de Lie semi-simple complexe.*

a) $\mathfrak{a}$ possède des formes réelles compactes (resp. *déployables*).

b) Le groupe $\mathrm{Int}(\mathfrak{a})$ *opère transitivement dans l'ensemble des formes réelles compactes* (resp. *déployables*) *de $\mathfrak{a}$.*

Soit $\mathfrak{h}$ une sous-algèbre de Cartan de $\mathfrak{a}$. Alors $(\mathfrak{a}, \mathfrak{h})$ est déployée (VIII, § 2, n° 1, remarque 2), et possède un système de Chevalley (X_α) (VIII, § 4, n° 4, cor. à la prop. 5). La partie *a)* résulte alors de la prop. 2. Soit $\mathfrak{g}$ une forme réelle compacte de $\mathfrak{a}$; montrons qu'il existe $v \in \mathrm{Int}(\mathfrak{a})$ tel que $v(\mathfrak{a}_u) = \mathfrak{g}$. Soit $\mathfrak{t}$ une sous-algèbre de Cartan de $\mathfrak{g}$; alors $\mathfrak{t}_{(\mathbf{C})}$ est une sous-algèbre de Cartan de $\mathfrak{a}$; comme $\mathrm{Int}(\mathfrak{a})$ opère transitivement sur l'ensemble des sous-algèbres de Cartan de $\mathfrak{a}$ (VII, § 3, n° 2, th. 1), on peut se ramener au cas où $\mathfrak{t}_{(\mathbf{C})} = \mathfrak{h}$. Comme la forme $\mathfrak{g}$ est compacte, les valeurs propres des endomorphismes ad h, pour $h \in \mathfrak{t}$, sont imaginaires pures (§ 1, n° 3, prop. 1), donc les racines $\alpha \in R$ appliquent $\mathfrak{t}$ dans $i\mathbf{R}$; cela implique $\mathfrak{t} = i\mathfrak{h}_0$. D'après la prop. 3 (n° 2), il existe alors $v \in \mathrm{Int}(\mathfrak{a})$ tel que $v(\mathfrak{a}_u) = \mathfrak{g}$, d'où *b)* dans le cas des formes compactes. Enfin, soient $\mathfrak{m}_1$ et $\mathfrak{m}_2$ deux formes réelles déployables de $\mathfrak{a}$. Il existe des épinglages $(\mathfrak{m}_1, \mathfrak{h}_1, B_1, (X_\alpha^1))$ et $(\mathfrak{m}_2, \mathfrak{h}_2, B_2, (X_\alpha^2))$ (VIII, § 4, n° 1). Ceux-ci s'étendent de manière évidente en épinglages e_1 et e_2 de $\mathfrak{a}$. Un automorphisme de $\mathfrak{a}$ qui applique e_1 sur e_2 applique $\mathfrak{m}_1$ sur $\mathfrak{m}_2$; il suffit donc d'appliquer la prop. 5 de VIII, § 5, n° 3, pour obtenir l'existence d'un élément u de $\mathrm{Aut}_0(\mathfrak{a}) = \mathrm{Int}(\mathfrak{a})$ tel que $u(\mathfrak{m}_1) = \mathfrak{m}_2$.

Remarque. — Nous verrons plus tard une classification générale des formes réelles d'une algèbre de Lie semi-simple complexe.

COROLLAIRE 1. — *Soient $\mathfrak{g}$ et $\mathfrak{g}'$ deux algèbres de Lie réelles compactes. Pour que $\mathfrak{g}$ et $\mathfrak{g}'$ soient isomorphes, il faut et il suffit que les algèbres de Lie complexes $\mathfrak{g}_{(\mathbf{C})}$ et $\mathfrak{g}'_{(\mathbf{C})}$ soient isomorphes.*

La condition est évidemment nécessaire. Inversement, supposons $\mathfrak{g}_{(\mathbf{C})}$ et $\mathfrak{g}'_{(\mathbf{C})}$ isomorphes. Soient $\mathfrak{c}$ (resp. $\mathfrak{c}'$) le centre de $\mathfrak{g}$ (resp. $\mathfrak{g}'$) et $\mathfrak{s}$ (resp. $\mathfrak{s}'$) l'algèbre dérivée de $\mathfrak{g}$ (resp. $\mathfrak{g}'$). Alors $\mathfrak{c}_{(\mathbf{C})}$ et $\mathfrak{c}'_{(\mathbf{C})}$ sont respectivement les centres de $\mathfrak{g}_{(\mathbf{C})}$ et $\mathfrak{g}'_{(\mathbf{C})}$, donc sont isomorphes ; il s'ensuit que les algèbres commutatives $\mathfrak{c}$ et $\mathfrak{c}'$ sont isomorphes.

De même $\mathfrak{s}_{(\mathbf{C})}$ et $\mathfrak{s}'_{(\mathbf{C})}$ sont isomorphes, donc $\mathfrak{s}$ et $\mathfrak{s}'$, qui sont des formes réelles compactes de deux algèbres semi-simples complexes isomorphes, sont isomorphes d'après le th. 1, *b*).

COROLLAIRE 2. — *Soit* $\mathfrak{a}$ *une algèbre de Lie complexe. Les conditions suivantes sont équivalentes :*

(i) $\mathfrak{a}$ *est réductive.*

(ii) *Il existe une algèbre de Lie réelle compacte* $\mathfrak{g}$ *telle que* $\mathfrak{a}$ *soit isomorphe à* $\mathfrak{g}_{(\mathbf{C})}$.

(iii) *Il existe un groupe de Lie compact* G *tel que* $\mathfrak{a}$ *soit isomorphe à* $L(G)_{(\mathbf{C})}$.

D'après la déf. 1 du § 1, n° 3, les conditions (ii) et (iii) sont équivalentes et impliquent (i). Si $\mathfrak{a}$ est réductive, elle est produit direct d'une algèbre commutative, qui possède évidemment une forme réelle compacte, et d'une algèbre semi-simple qui en possède une d'après le th. 1, *a*), donc (i) implique (ii).

COROLLAIRE 3. — *Soient* $\mathfrak{a}_1$ *et* $\mathfrak{a}_2$ *deux algèbres de Lie semi-simples complexes. Les formes réelles compactes de* $\mathfrak{a}_1 \times \mathfrak{a}_2$ *sont les produits* $\mathfrak{g}_1 \times \mathfrak{g}_2$, *où, pour* $i = 1, 2$, $\mathfrak{g}_i$ *est une forme réelle compacte de* $\mathfrak{a}_i$.

En effet, il existe une forme réelle compacte $\mathfrak{g}_1$ (resp. $\mathfrak{g}_2$) de $\mathfrak{a}_1$ (resp. $\mathfrak{a}_2$) ; alors $\mathfrak{g}_1 \times \mathfrak{g}_2$ est une forme réelle compacte de $\mathfrak{a}_1 \times \mathfrak{a}_2$. Le corollaire résulte alors du th. 1, *b*), appliqué à $\mathfrak{a}_1$, $\mathfrak{a}_2$ et $\mathfrak{a}_1 \times \mathfrak{a}_2$.

Il résulte notamment du cor. 3 ci-dessus qu'une algèbre de Lie réelle compacte $\mathfrak{g}$ est simple si et seulement si l'algèbre de Lie complexe $\mathfrak{g}_{(\mathbf{C})}$ est simple. On dit alors que $\mathfrak{g}$ est de *type* A_n, ou B_n, ..., si $\mathfrak{g}_{(\mathbf{C})}$ est de type A_n, ou B_n, ... (VIII, § 2, n° 2). D'après le cor. 1 ci-dessus, *deux algèbres de Lie réelles simples compactes sont isomorphes si et seulement si elles sont de même type.*

Soit G un groupe de Lie compact connexe presque simple (III, § 9, n° 8, déf. 3). On dit que G est de type A_n, ou B_n, ... si son algèbre de Lie est de type A_n, ou B_n, ... Deux groupes de Lie compacts presque simples simplement connexes sont isomorphes si et seulement s'ils sont de même type.

4. Exemple I : algèbres compactes de type A_n

Soient V un espace vectoriel complexe de dimension finie et Φ une forme hermitienne positive séparante sur V. Le *groupe unitaire* associé à Φ (*cf.* A, IX) est le sous-groupe $\mathbf{U}(\Phi)$ de $\mathbf{GL}(V)$ formé des automorphismes de l'espace hilbertien complexe (V, Φ) ; c'est un sous-groupe de Lie (réel) du groupe $\mathbf{GL}(V)$, dont l'algèbre de Lie est la sous-algèbre $\mathfrak{u}(\Phi)$ de l'algèbre de Lie réelle $\mathfrak{gl}(V)$ formée des endomorphismes x de V tels que $x^* = -x$ (III, § 3, n° 10, cor. 2 à la prop. 37), où l'on désigne par x^* l'adjoint de x relativement à Φ. Comme le groupe $\mathbf{U}(\Phi)$ est compact (§ 1, n° 1), $\mathfrak{u}(\Phi)$ est donc une algèbre de Lie réelle *compacte*. De même, le groupe *spécial unitaire* $\mathbf{SU}(\Phi) = \mathbf{U}(\Phi) \cap \mathbf{SL}(V)$ est un sous-groupe de Lie compact de $\mathbf{SL}(V)$, dont l'algèbre de Lie est $\mathfrak{su}(\Phi) = \mathfrak{u}(\Phi) \cap \mathfrak{sl}(V)$.

Lorsque $V = \mathbf{C}^n$ et que Φ est la forme hermitienne usuelle (pour laquelle la base canonique de $\mathbf{C}^n$ est orthonormale), on écrit $\mathbf{U}(n, \mathbf{C})$, $\mathbf{SU}(n, \mathbf{C})$, $\mathfrak{u}(n, \mathbf{C})$, $\mathfrak{su}(n, \mathbf{C})$ au lieu de $\mathbf{U}(\Phi)$, $\mathbf{SU}(\Phi)$, $\mathfrak{u}(\Phi)$, $\mathfrak{su}(\Phi)$. Les éléments de $\mathbf{U}(n, \mathbf{C})$ (resp. $\mathfrak{u}(n, \mathbf{C})$) sont les matrices $A \in \mathbf{M}_n(\mathbf{C})$ telles que $A.{}^t\overline{A} = I_n$ (resp. $A = -{}^t\overline{A}$), qui sont dites unitaires (resp. antihermitiennes).

Proposition 4. — *a) Les formes réelles compactes de l'algèbre de Lie complexe* $\mathfrak{sl}(V)$ *sont les algèbres* $\mathfrak{su}(\Phi)$, *où* Φ *parcourt l'ensemble des formes hermitiennes positives séparantes sur l'espace vectoriel complexe* V.

b) Les algèbres $\mathfrak{u}(\Phi)$ *sont des formes réelles compactes de* $\mathfrak{gl}(V)$.

Soit Φ une forme hermitienne positive séparante sur V. Pour tout $x \in \mathfrak{gl}(V)$, posons $\sigma(x) = -x^*$ (où x^* est l'adjoint de x relativement à Φ). Alors σ satisfait aux conditions (2) de la prop. 1 du n° 1, donc l'ensemble $\mathfrak{u}(\Phi)$ (resp. $\mathfrak{su}(\Phi)$) des points fixes de σ dans $\mathfrak{gl}(V)$ (resp. $\mathfrak{sl}(V)$) est une forme réelle compacte de $\mathfrak{gl}(V)$ (resp. $\mathfrak{sl}(V)$). Comme $\mathbf{GL}(V)$ opère transitivement sur l'ensemble des formes hermitiennes positives séparantes sur V (A, IX) et sur l'ensemble des formes réelles compactes de $\mathfrak{sl}(V)$ (n° 3, th. 1 et VIII, § 13, n° 1 (VII)), la prop. 4 est ainsi démontrée.

Corollaire. — *Toute algèbre de Lie réelle compacte simple de type* A_n ($n \geqslant 1$) *est isomorphe à* $\mathfrak{su}(n+1, \mathbf{C})$.

En effet, toute algèbre de Lie complexe de type A_n est isomorphe à $\mathfrak{sl}(n+1, \mathbf{C})$ (VIII, § 13, n° 1).

Remarques. — 1) On a $\mathfrak{gl}(V) = \mathfrak{sl}(V) \times \mathbf{C}.1_V$, $\mathfrak{u}(\Phi) = \mathfrak{su}(\Phi) \times \mathbf{R}.i1_V$; les formes réelles compactes de $\mathfrak{gl}(V)$ sont les $\mathfrak{su}(\Phi) \times \mathbf{R}.\alpha 1_V$, $\alpha \in \mathbf{C}^*$.

2) Si l'on munit l'algèbre de Lie complexe $\mathfrak{a} = \mathfrak{sl}(n, \mathbf{C})$ du déploiement et du système de Chevalley introduits en VIII, § 13, n° 1 (IX), on a alors, avec les notations du n° 2,

$$\mathfrak{a}_u = \mathfrak{su}(n, \mathbf{C})\,, \quad \mathfrak{a}_0 = \mathfrak{sl}(n, \mathbf{R})\,, \quad \mathfrak{a}_u \cap \mathfrak{a}_0 = \mathfrak{o}(n, \mathbf{R})\,.$$

5. Exemple II : algèbres compactes de type B_n et D_n

Soient V un espace vectoriel réel de dimension finie et Q une forme quadratique positive séparante sur V. Le *groupe orthogonal* associé à Q (A, IX) est le sous-groupe $\mathbf{O}(Q)$ de $\mathbf{GL}(V)$ formé des automorphismes de l'espace hilbertien réel (V, Q) ; c'est un sous-groupe de Lie de $\mathbf{GL}(V)$, dont l'algèbre de Lie est la sous-algèbre $\mathfrak{o}(Q)$ de $\mathfrak{gl}(V)$ formée des endomorphismes x de V tels que $x^* = -x$ (III, § 3, n° 10, cor. 2 à la prop. 37), x^* désignant l'adjoint de x relativement à Q. Comme le groupe $\mathbf{O}(Q)$ est compact, $\mathfrak{o}(Q)$ est donc une algèbre de Lie réelle *compacte.* On pose $\mathbf{SO}(Q) = \mathbf{O}(Q) \cap \mathbf{SL}(V)$; c'est un sous-groupe fermé d'indice fini de $\mathbf{O}(Q)$ (d'indice 2 si $\dim V \neq 0$), donc aussi d'algèbre de Lie $\mathfrak{o}(Q)$.

Lorsque $V = \mathbf{R}^n$ et que Q est la forme quadratique usuelle (pour laquelle la base canonique de $\mathbf{R}^n$ est orthonormale), on écrit $\mathbf{O}(n, \mathbf{R})$, $\mathbf{SO}(n, \mathbf{R})$, $\mathfrak{o}(n, \mathbf{R})$ au lieu de $\mathbf{O}(Q)$, $\mathbf{SO}(Q)$, $\mathfrak{o}(Q)$. Les éléments de $\mathbf{O}(n, \mathbf{R})$ (resp. $\mathfrak{o}(n, \mathbf{R})$) sont les matrices $A \in \mathbf{M}_n(\mathbf{R})$ telles que $A.{}^tA = I_n$ (resp. $A = -{}^tA$), qui sont dites orthogonales (resp. antisymétriques).

Soit $V_{(\mathbf{C})}$ le $\mathbf{C}$-espace vectoriel déduit de V et soit $Q_{(\mathbf{C})}$ la forme quadratique sur $V_{(\mathbf{C})}$ déduite de Q. Identifions $\mathfrak{gl}(V)_{(\mathbf{C})}$ à $\mathfrak{gl}(V_{(\mathbf{C})})$; alors $\mathfrak{o}(Q)_{(\mathbf{C})}$ s'identifie à $\mathfrak{o}(Q_{(\mathbf{C})})$: cela est clair puisque l'application $x \mapsto x^* + x$ de $\mathfrak{gl}(V_{(\mathbf{C})})$ dans lui-même est $\mathbf{C}$-linéaire. Comme $\mathfrak{o}(Q_{(\mathbf{C})})$ est de type B_n si $\dim V = 2n + 1$, $n \geqslant 1$, et de type D_n si $\dim V = 2n$, $n \geqslant 3$ (VIII, § 13, n°s 2 et 4), on en déduit :

PROPOSITION 5. — *Toute algèbre de Lie réelle simple compacte de type* B_n, $n \geqslant 1$ (resp. *de type* D_n, $n \geqslant 3$) *est isomorphe à* $\mathfrak{o}(2n + 1, \mathbf{R})$ (resp. $\mathfrak{o}(2n, \mathbf{R})$).

6. Groupes compacts de rang 1

D'après TG, VIII, p. 5, prop. 3, p. 6, prop. 4 et p. 7, remarque 4, le groupe topologique $\mathbf{SU}(2, \mathbf{C})$ est isomorphe au groupe topologique $\mathbf{S}_3$ des quaternions de norme 1, et le quotient de $\mathbf{SU}(2, \mathbf{C})$ par le sous-groupe Z formé des matrices I_2 et $-I_2$ est isomorphe au groupe topologique $\mathbf{SO}(3, \mathbf{R})$. Notons que Z est le centre de $\mathbf{SU}(2, \mathbf{C})$: en effet, puisque $\mathbf{H} = \mathbf{R}.\mathbf{S}_3$, tout élément du centre du groupe $\mathbf{S}_3$ est dans le centre $\mathbf{R}$ de l'algèbre $\mathbf{H}$ donc appartient au groupe à deux éléments $\mathbf{S}_3 \cap \mathbf{R} = \{-1, 1\}$.

PROPOSITION 6. — *Toute algèbre de Lie réelle compacte semi-simple de rang* 1 *est isomorphe à* $\mathfrak{su}(2, \mathbf{C})$ *et à* $\mathfrak{o}(3, \mathbf{R})$. *Tout groupe de Lie compact semi-simple connexe de rang* 1 *est isomorphe à* $\mathbf{SU}(2, \mathbf{C})$ *s'il est simplement connexe, à* $\mathbf{SO}(3, \mathbf{R})$ *sinon.*

La première assertion résulte du cor. à la prop. 4 et de la prop. 5. Comme $\mathbf{SU}(2, \mathbf{C})$ est homéomorphe à $\mathbf{S}_3$ (TG, VIII, p. 7, remarque 4), donc simplement connexe (TG, XI, à paraître), tout groupe de Lie compact semi-simple simplement connexe de rang 1 est isomorphe à $\mathbf{SU}(2, \mathbf{C})$; tout groupe de Lie compact semi-simple connexe de rang 1 non simplement connexe est isomorphe au quotient de $\mathbf{SU}(2, \mathbf{C})$ par un sous-groupe de Z non réduit à l'élément neutre, donc à $\mathbf{SO}(3, \mathbf{R})$.

Remarque. — On a vu ci-dessus que $\mathbf{SU}(2, \mathbf{C})$ est simplement connexe et que $\pi_1(\mathbf{SO}(3, \mathbf{R}))$ est d'ordre 2. Nous verrons plus loin que ces résultats se généralisent respectivement à $\mathbf{SU}(n, \mathbf{C})$ ($n \geqslant 1$) et $\mathbf{SO}(n, \mathbf{R})$ ($n \geqslant 3$) (*cf.* aussi § 3, exerc. 4 et 5) .

Rappelons (VIII, § 1, n° 1) qu'on appelle base canonique de $\mathfrak{sl}(2, \mathbf{C})$ la base (X_+, X_-, H), où

$$X_+ = \begin{pmatrix} 0 & 1 \\ 0 & 0 \end{pmatrix}, \quad X_- = \begin{pmatrix} 0 & 0 \\ -1 & 0 \end{pmatrix}, \quad H = \begin{pmatrix} 1 & 0 \\ 0 & -1 \end{pmatrix}.$$

On obtient donc une base (U, V, iH) de $\mathfrak{su}(2, \mathbf{C})$ également dite canonique en posant

$$U = X_+ + X_- = \begin{pmatrix} 0 & 1 \\ -1 & 0 \end{pmatrix}, \quad V = i(X_+ - X_-) = \begin{pmatrix} 0 & i \\ i & 0 \end{pmatrix},$$

$$iH = \begin{pmatrix} i & 0 \\ 0 & -i \end{pmatrix}.$$

On a

(13) $$[iH, U] = 2V, \quad [iH, V] = -2U, \quad [U, V] = 2iH.$$

Si B désigne la forme de Killing de $\mathfrak{su}(2, \mathbf{C})$, un calcul immédiat donne

(14) $$\mathrm{B}(aU + bV + ciH, a'U + b'V + c'iH) = -8(aa' + bb' + cc'),$$

de sorte que, si l'on identifie $\mathfrak{su}(2, \mathbf{C})$ à $\mathbf{R}^3$ au moyen de sa base canonique, la représentation adjointe de $\mathbf{SU}(2, \mathbf{C})$ définit un homomorphisme $\mathbf{SU}(2, \mathbf{C}) \to \mathbf{SO}(3, \mathbf{R})$ (*cf.* ci-dessus).

Notons par ailleurs que $\mathbf{R}iH$ est une sous-algèbre de Cartan de $\mathfrak{su}(2, \mathbf{C})$, que le tore maximal T de $\mathbf{SU}(2, \mathbf{C})$ qui lui correspond est formé des matrices diagonales $\begin{pmatrix} a & 0 \\ 0 & \bar{a} \end{pmatrix}$, où $a\bar{a} = 1$, et que l'application exponentielle

$$\exp : \mathbf{R}iH \to \mathrm{T}$$

applique xH, pour $x \in \mathbf{R}i$, sur la matrice $\begin{pmatrix} \exp(x) & 0 \\ 0 & \exp(-x) \end{pmatrix}$, donc a pour noyau $\mathbf{Z}.K$ où K est l'élément de $\mathfrak{su}(2, \mathbf{C})$ défini par

(15) $$K = 2\pi iH = \begin{pmatrix} 2\pi i & 0 \\ 0 & -2\pi i \end{pmatrix}.$$

Par ailleurs, le centre de $\mathbf{SU}(2, \mathbf{C})$ est formé de l'identité et de $\exp(K/2)$.

Posons

(16) $$\theta = \begin{pmatrix} 0 & -1 \\ 1 & 0 \end{pmatrix} \in \mathbf{SU}(2, \mathbf{C}).$$

D'après VIII, § 1, n° 5, on a

(17) $$\theta^2 = \begin{pmatrix} -1 & 0 \\ 0 & -1 \end{pmatrix}, \quad (\mathrm{Int}\,\theta)\, t = t^{-1}, \quad t \in \mathrm{T},$$

(18) $$(\mathrm{Ad}\,\theta)\, X_+ = X_-, \quad (\mathrm{Ad}\,\theta)\, X_- = X_+, \quad (\mathrm{Ad}\,\theta)\, U = U, \quad (\mathrm{Ad}\,\theta)\, V = -V.$$

Enfin, pour $t = \begin{pmatrix} a & 0 \\ 0 & \bar{a} \end{pmatrix} \in \mathrm{T}$, on a

(19) $$(\mathrm{Ad}\,t)\, X_+ = a^2 X_+, \quad (\mathrm{Ad}\,t)\, X_- = a^{-2} X_-, \quad (\mathrm{Ad}\,t)\, H = H,$$

(20) $$(\mathrm{Ad}\,t)\, U = \mathscr{R}(a^2)\, U + \mathscr{I}(a^2)\, V, \quad (\mathrm{Ad}\,t)\, V = -\mathscr{I}(a^2)\, U + \mathscr{R}(a^2)\, V.$$

§ 4. SYSTÈME DE RACINES ASSOCIÉ À UN GROUPE COMPACT

Dans les paragraphes 4 *à* 8, *on désigne par* G *un groupe de Lie compact connexe et par* T *un tore maximal de* G. *On note* $\mathfrak{g}$ (resp. $\mathfrak{t}$) *l'algèbre de Lie de* G (resp. T), $\mathfrak{g}_{\mathbf{C}}$ (resp. $\mathfrak{t}_{\mathbf{C}}$) *l'algèbre de Lie complexifiée de* $\mathfrak{g}$ (resp. $\mathfrak{t}$), *et* W *le groupe de Weyl de* G *relativement à* T (§ 2, nº 5).

1. Le groupe X(H)

Soit H un groupe de Lie compact. On note X(H) le groupe (commutatif) des homomorphismes continus de H dans le groupe topologique $\mathbf{C}^*$. D'après III, § 8, nº 1, th. 1, les éléments de X(H) sont des morphismes de groupes de Lie ; pour tout $a \in X(H)$, la différentielle de a est une application $\mathbf{R}$-linéaire $L(a) : L(H) \to L(\mathbf{C}^*)$. Nous identifierons désormais l'algèbre de Lie de $\mathbf{C}^*$ à $\mathbf{C}$ de façon que l'application exponentielle de $\mathbf{C}^*$ coïncide avec l'application $z \mapsto e^z$ de $\mathbf{C}$ dans $\mathbf{C}^*$. A tout élément a de X(H) est alors associé un élément $L(a) \in \mathrm{Hom}_{\mathbf{R}}(L(H), \mathbf{C})$; on note $\delta(a)$ l'élément de $\mathrm{Hom}_{\mathbf{C}}(L(H)_{(\mathbf{C})}, \mathbf{C})$ qui lui correspond (c'est-à-dire dont la restriction à $L(H) \subset L(H)_{(\mathbf{C})}$ est égale à $L(a)$).

Pour tout $x \in L(H)$ et tout $a \in X(H)$, on a

$$a(\exp_H x) = e^{\delta(a)(x)},$$

par fonctorialité de l'application exponentielle (III, § 6, nº 4, prop. 10).

On notera le plus souvent additivement le groupe X(H) ; en ce cas, on notera g^a l'élément $a(g)$ de $\mathbf{C}^*$. Avec cette notation, on a les formules

$$g^{a+b} = g^a g^b, \quad g \in H, \quad a, b \in X(H),$$

et

$$(\exp_H x)^a = e^{\delta(a)(x)}, \quad x \in L(H), \quad a \in X(H).$$

Puisque H est compact, les éléments de X(H) prennent leurs valeurs dans le sous-groupe $\mathbf{U} = U(1, \mathbf{C})$ des nombres complexes de valeur absolue 1, de sorte que X(H) s'identifie au groupe des homomorphismes continus (ou analytiques) de H dans $\mathbf{U}$. Il en résulte que, pour tout $a \in L(H)$, l'application $L(a)$ prend ses valeurs dans le sous-espace $\mathbf{R}i$ de $\mathbf{C}$, donc $\delta(a)$ applique L(H) dans $\mathbf{R}i$.

Si H est commutatif, X(H) n'est autre que le groupe (discret) dual de H (TS, II, § 1, nº 1). Si H est commutatif et fini, X(H) s'identifie au groupe fini dual $D(H) = \mathrm{Hom}_{\mathbf{Z}}(H, \mathbf{Q}/\mathbf{Z})$ (où conformément à A, VII, p. 27, exemple 1, on identifie $\mathbf{Q}/\mathbf{Z}$ à un sous-groupe de $\mathbf{C}^*$ par l'homomorphisme $r \mapsto \exp(2\pi i r)$).

Pour tout morphisme $f : H \to H'$ de groupes de Lie compacts, on note $X(f)$

l'homomorphisme $a \mapsto a \circ f$ de X(H') dans X(H). Si K est un sous-groupe distingué fermé du groupe de Lie compact H, on a une suite exacte de **Z**-modules $0 \to X(H/K) \to X(H) \to X(K)$.

PROPOSITION 1. — *Pour tout groupe de Lie compact* H, *le* **Z**-*module* X(H) *est de type fini. Il est libre si* H *est connexe.*

Supposons d'abord H connexe; tout élément de X(H) s'annule sur le groupe dérivé D(H) de H, d'où un isomorphisme $X(H/D(H)) \to X(H)$. Mais H/D(H) est connexe et commutatif, donc est un tore, et X(H/D(H)) est un **Z**-module libre de type fini (TS, II, § 2, n° 1, cor. 2 à la prop. 1). Dans le cas général, il résulte de l'exactitude de la suite

$$0 \to X(H/H_0) \to X(H) \to X(H_0),$$

où $X(H_0)$ est libre de type fini et $X(H/H_0)$ fini, que X(H) est de type fini.

PROPOSITION 2. — *Soient* H *un groupe de Lie compact commutatif, et* $(a_i)_{i \in I}$ *une famille d'éléments de* X(H); *pour que les* a_i *engendrent* X(H), *il faut et il suffit que l'intersection des* Ker a_i *soit réduite à l'élément neutre.*

D'après TS, II, § 1, n° 7, th. 4, l'orthogonal du noyau de a_i est le sous-groupe A_i de X(H) engendré par a_i; d'après *loc. cit.*, cor. 2 au th. 4, l'orthogonal de $\bigcap$ Ker a_i est le sous-groupe de X(H) engendré par les A_i, d'où la proposition.

2. Le groupe nodal d'un tore

On appelle *groupe nodal* du tore S et on note Γ(S) le noyau de l'application exponentielle $L(S) \to S$. C'est un sous-groupe discret de L(S), dont le rang est égal à la dimension de S, et l'application **R**-linéaire $\mathbf{R} \otimes_{\mathbf{Z}} \Gamma(S) \to L(S)$ qui prolonge l'injection canonique de Γ(S) dans L(S) est bijective. Elle induit par passage au quotient un isomorphisme $\mathbf{R}/\mathbf{Z} \otimes_{\mathbf{Z}} \Gamma(S) \to S$.

Par exemple, le groupe nodal Γ(**U**) de **U** est le sous-groupe $2\pi i\mathbf{Z}$ de $L(\mathbf{U}) = i\mathbf{R}$.

Pour tout morphisme $f: S \to S'$ de tores, on note $\Gamma(f)$ l'homomorphisme $\Gamma(S) \to \Gamma(S')$ déduit de $L(f)$. On a un diagramme commutatif

$$\begin{array}{ccccccccc} 0 & \longrightarrow & \Gamma(S) & \longrightarrow & L(S) & \xrightarrow{\exp_S} & S & \longrightarrow & 0 \\ & & \downarrow{\scriptstyle \Gamma(f)} & & \downarrow{\scriptstyle L(f)} & & \downarrow{\scriptstyle f} & & \\ 0 & \longrightarrow & \Gamma(S') & \longrightarrow & L(S') & \xrightarrow{\exp_{S'}} & S' & \longrightarrow & 0. \end{array} \tag{1}$$

Soit $a \in X(S)$; appliquant ce qui précède au morphisme de S dans **U** défini par a, on voit que l'application **C**-linéaire $\delta(a): L(S)_{(\mathbf{C})} \to \mathbf{C}$ du n° 1 applique Γ(S) dans $2\pi i\mathbf{Z}$. On définit donc une forme **Z**-*bilinéaire* sur $X(S) \times \Gamma(S)$ en posant

$$\langle a, X \rangle = \frac{1}{2\pi i} \delta(a)(X), \quad a \in X(S), \quad X \in \Gamma(S). \tag{2}$$

Proposition 3. — *La forme bilinéaire* $(a, X) \mapsto \langle a, X \rangle$ *sur* X(S) × Γ(S) *est inversible.*

Rappelons (A, IX) que par définition cela signifie que les applications linéaires $X(S) \to \mathrm{Hom}_{\mathbf{Z}}(\Gamma(S), \mathbf{Z})$ et $\Gamma(S) \to \mathrm{Hom}_{\mathbf{Z}}(X(S), \mathbf{Z})$ associées à cette forme bilinéaire sont bijectives.

On voit aussitôt que si la conclusion de la proposition est vraie pour deux tores, elle est aussi vraie pour leur produit. Comme tout tore de dimension n est isomorphe à $\mathbf{U}^n$, on est donc ramené au cas où $S = \mathbf{U}$. Dans ce cas particulier, l'assertion est immédiate.

Soit $f: S \to S'$ un morphisme de tores. Alors les applications linéaires $X(f): X(S') \to X(S)$ et $\Gamma(f): \Gamma(S) \to \Gamma(S')$ sont transposées l'une de l'autre : pour tout $a' \in X(S')$ et tout $X \in \Gamma(S)$, on a

$$\langle X(f)(a'), X \rangle = \langle a', \Gamma(f)(X) \rangle . \tag{3}$$

Proposition 4. — *Soient* S *et* S′ *deux tores. Notons* M(S, S′) *le groupe des morphismes de groupes de Lie de* S *dans* S′. *Les applications* $f \mapsto X(f)$ *et* $f \mapsto \Gamma(f)$ *sont des isomorphismes de groupes de* M(S, S′) *sur* $\mathrm{Hom}_{\mathbf{Z}}(X(S'), X(S))$ *et* $\mathrm{Hom}_{\mathbf{Z}}(\Gamma(S), \Gamma(S'))$ *respectivement.*

Si f est un morphisme de groupes de Lie de S dans S′, l'homomorphisme $X(f)$ n'est autre que l'homomorphisme *dual* de f au sens de TS, II, § 1, nº 7. L'application $\varphi \mapsto \hat{\varphi}$ de $\mathrm{Hom}_{\mathbf{Z}}(X(S'), X(S))$ dans M(S, S′) définie dans *loc. cit.* est réciproque de l'application $f \mapsto X(f)$ de M(S, S′) dans $\mathrm{Hom}_{\mathbf{Z}}(X(S'), X(S))$; cette dernière est donc bijective. Si l'on identifie Γ(S) (resp. Γ(S′)) au **Z**-module dual de X(S) (resp. X(S′)) (prop. 3), $\Gamma(f)$ coïncide avec l'homomorphisme transposé de $X(f)$, d'où la proposition.

Remarques. — 1) Soit $f: S \to S'$ un morphisme de tores. Le diagramme du serpent (A, X, § 1, nº 2) associé à (1) donne une suite exacte

$$0 \longrightarrow \mathrm{Ker}\,\Gamma(f) \longrightarrow \mathrm{Ker}\,L(f) \longrightarrow \mathrm{Ker}\,f \xrightarrow{d} \mathrm{Coker}\,\Gamma(f) \longrightarrow \tag{4}$$
$$\longrightarrow \mathrm{Coker}\,L(f) \longrightarrow \mathrm{Coker}\,f \longrightarrow 0 .$$

En particulier, supposons f surjectif, de noyau fini N, de sorte qu'on a la suite exacte

$$0 \longrightarrow N \xrightarrow{i} S \xrightarrow{f} S' \longrightarrow 0 ,$$

où i est l'injection canonique. Alors $L(f)$ est bijectif, et on tire de (4) un isomorphisme $N \to \mathrm{Coker}\,\Gamma(f)$, d'où une suite exacte

$$0 \to \Gamma(S) \xrightarrow{\Gamma(f)} \Gamma(S') \to N \to 0 . \tag{5}$$

Par ailleurs, d'après TS, II, § 1, nº 7, th. 4, la suite

$$0 \to X(S') \xrightarrow{X(f)} X(S) \xrightarrow{X(i)} X(N) \to 0 \tag{6}$$

est exacte.

2) D'après la prop. 4, l'application $f \mapsto \Gamma(f)(2\pi i)$ de M(U, S) dans Γ(S) est un isomorphisme; si $a \in X(S) = M(S, U)$ et $f \in M(U, S)$, alors le composé $a \circ f \in M(U, U)$ est l'endomorphisme $u \mapsto u^r$, où $r = \langle a, \Gamma(f)(2\pi i)\rangle$. On identifiera dans la suite M(U, U) = X(U) à **Z**, l'élément r de **Z** étant associé à l'endomorphisme $u \mapsto u^r$; avec les notations ci-dessus, on a donc

$$a \circ f = \langle a, \Gamma(f)(2\pi i)\rangle .$$

3) A la suite exacte $0 \to \Gamma(S) \to L(S) \xrightarrow{\exp_S} S \to 0$, est associé un isomorphisme de Γ(S) sur le groupe fondamental de S, dit dans la suite *canonique*. Pour tout morphisme $f: S \to S'$ de tores, $\Gamma(f)$ s'identifie par les isomorphismes canoniques $\Gamma(S) \to \pi_1(S)$ et $\Gamma(S') \to \pi_1(S')$ à l'homomorphisme $\pi_1(f): \pi_1(S) \to \pi_1(S')$ déduit de f. Cela donne notamment une autre interprétation de la suite exacte (5) (*cf.* TG, XI, à paraître).

4) Les homomorphismes de **Z**-modules $\delta: X(S) \to \mathrm{Hom}_{\mathbf{C}}(L(S)_{(\mathbf{C})}, \mathbf{C})$ et $\iota: \Gamma(S) \to L(S)_{(\mathbf{C})}$ (ι est déduit de l'injection canonique de Γ(S) dans L(S)) se prolongent en des isomorphismes de **C**-espaces vectoriels

$$u: \mathbf{C} \otimes X(S) \to \mathrm{Hom}_{\mathbf{C}}(L(S)_{(\mathbf{C})}, \mathbf{C})$$

$$v: \mathbf{C} \otimes \Gamma(S) \to L(S)_{(\mathbf{C})}$$

que nous appellerons dans la suite *canoniques*. On notera que, si l'on étend par **C**-linéarité l'accouplement entre X(S) et Γ(S) en une forme bilinéaire $\ll\ ,\ \gg$ sur $(\mathbf{C} \otimes X(S)) \times (\mathbf{C} \otimes \Gamma(S))$, on a

$$\langle u(a), v(b)\rangle = 2\pi i \ll a, b \gg .$$

3. Poids d'une représentation linéaire

Dans ce numéro, on désigne par k l'un des corps **R** ou **C**.

Soient V un espace vectoriel sur k de dimension finie, et $\rho: G \to \mathbf{GL}(V)$ une représentation continue (donc analytique réelle, III, § 8, n° 1, th. 1) du groupe de Lie compact connexe G dans V. Définissons un espace vectoriel complexe $\tilde{V}$ et une représentation continue $\tilde{\rho}: G \to \mathbf{GL}(\tilde{V})$ comme suit : si $k = \mathbf{C}$, on pose $\tilde{V} = V$, $\tilde{\rho} = \rho$; si $k = \mathbf{R}$, on pose $\tilde{V} = V_{(\mathbf{C})}$, et $\tilde{\rho}$ est le composé de ρ et de l'homomorphisme canonique $\mathbf{GL}(V) \to \mathbf{GL}(\tilde{V})$.

Pour tout $\lambda \in X(G)$, on note $\tilde{V}_\lambda(G)$ le sous-espace vectoriel de $\tilde{V}$ formé des $v \in \tilde{V}$ tels que $\tilde{\rho}(g)v = g^\lambda v$ pour tout $g \in G$ (*cf.* VII, § 1, n° 1). D'après *loc. cit.*, prop. 3, la somme des $\tilde{V}_\lambda(G)$ (pour λ parcourant X(G)) est directe. De plus :

Lemme 1. — *Si* G *est commutatif,* $\tilde{V}$ *est la somme directe des* $\tilde{V}_\lambda(G)$ *pour* $\lambda \in X(G)$.

Comme ρ est semi-simple (§ 1, n° 1), il suffit de démontrer le lemme dans le cas où ρ est simple. En ce cas, le commutant Z de ρ(G) dans $\mathrm{End}(\tilde{V})$ est réduit aux homothéties (A, VIII, § 3, n° 2, th. 1) ; l'homomorphisme $\tilde{\rho}$ se factorise donc par le sous-groupe $\mathbf{C}^* . 1_V$ de $\mathbf{GL}(\tilde{V})$, et il existe $\lambda \in X(G)$ tel que $\tilde{V} = \tilde{V}_\lambda(G)$.

Définition 1. — *On appelle poids de la représentation* ρ *de* G, *relativement au tore maximal* T *de* G, *les éléments* λ *de* X(T) *tels que* $\tilde{V}_\lambda(T) \neq 0$.

On note P(ρ, T), ou P(ρ) s'il n'y a aucune confusion possible sur le choix de T, l'ensemble des poids de ρ relativement à T. On a d'après le lemme 1

$$\tilde{V} = \bigoplus_{\lambda \in P(\rho, T)} \tilde{V}_\lambda(T) . \tag{7}$$

Soient T′ un autre tore maximal de G et g un élément de G tel que (Int g) T = T′ (§ 2, n° 2, th. 2). Pour tout $\lambda \in X(T)$, on a

$$\tilde{\rho}(g)\,(\tilde{V}_\lambda(T)) = \tilde{V}_{\lambda'}(T'), \quad \text{où} \quad \lambda' = X(\operatorname{Int} g^{-1})\,(\lambda) . \tag{8}$$

Par conséquent

$$X(\operatorname{Int} g)\,(P(\rho, T')) = P(\rho, T) . \tag{9}$$

Le groupe de Weyl $W = W_G(T)$ opère à gauche sur le **Z**-module X(T) par l'opération $w \mapsto X(w^{-1})$; pour $t \in T$, $\lambda \in X(T)$, $w \in W$, on a donc $t^{w\lambda} = (w^{-1}(t))^\lambda$.

Proposition 5. — *L'ensemble* P(ρ, T) *est stable pour l'opération du groupe de Weyl* W. *Soit* $n \in N_G(T)$, *et soit* w *sa classe dans* W ; *pour* $\lambda \in X(T)$, *on a* $\rho(n)\,(\tilde{V}_\lambda(T)) = \tilde{V}_{w\lambda}(T)$ *et* $\dim \tilde{V}_{w\lambda}(T) = \dim \tilde{V}_\lambda(T)$.

La formule (9), avec T′ = T, $g = n$, entraîne que P(ρ, T) est stable par w ; de plus $\tilde{\rho}(n)$ induit un isomorphisme de $\tilde{V}_\lambda(T)$ sur $\tilde{V}_{w\lambda}(T)$ (formule (8)), d'où la proposition.

Proposition 6. — *Pour que l'homomorphisme* $\rho : G \to \mathbf{GL}(V)$ *soit injectif, il faut et il suffit que* P(ρ, T) *engendre le* **Z**-*module* X(T).

Pour que ρ soit injectif, il est nécessaire et suffisant que sa restriction à T le soit (§ 2, n° 6, prop. 9). Par ailleurs, comme l'homomorphisme canonique $\mathbf{GL}(V) \to \mathbf{GL}(\tilde{V})$ est injectif, on peut remplacer ρ par $\tilde{\rho}$. Il résulte alors de (7) que le noyau de la restriction de ρ à T est l'intersection des noyaux des éléments de P(ρ, T). La conclusion résulte donc de la prop. 2 du n° 1.

La représentation linéaire L(ρ) de $\mathfrak{t}$ dans $\mathfrak{gl}(\tilde{V})$ s'étend en un homomorphisme de **C**-algèbres de Lie

$$\tilde{L}(\rho) : \mathfrak{t}_{\mathbf{C}} \to \mathfrak{gl}(\tilde{V}) .$$

Rappelons par ailleurs qu'à tout élément λ de X(T) a été associée (n° 1) une forme linéaire δ(λ) sur $\mathfrak{t}_{\mathbf{C}}$ telle que

$$(\exp_T x)^\lambda = e^{\delta(\lambda)(x)} , \quad x \in \mathfrak{t} . \tag{10}$$

Rappelons enfin (VII, § 1, n° 1) que pour toute application $\mu : \mathfrak{t}_{\mathbf{C}} \to \mathbf{C}$, on note $\tilde{V}_\mu(\mathfrak{t}_{\mathbf{C}})$ le sous-espace vectoriel de $\tilde{V}$ formé des v tels que $(\tilde{L}(\rho)\,(u))\,(v) = \mu(u).v$ pour tout $u \in \mathfrak{t}_{\mathbf{C}}$.

On déduit alors de (7) et de *loc. cit.*, prop. 3 :

PROPOSITION 7. — *a) Pour tout* $\lambda \in X(T)$, *on a* $\tilde{V}_\lambda(T) = \tilde{V}_{\delta(\lambda)}(t_{\mathbf{C}})$.

b) L'application $\delta : X(T) \to \mathrm{Hom}_{\mathbf{C}}(t_{\mathbf{C}}, \mathbf{C})$ *induit une bijection de* $P(\rho, T)$ *sur l'ensemble des poids de* $t_{\mathbf{C}}$ *dans* $\tilde{V}$.

Notons d'ailleurs que, si l'on fait opérer W sur $t_{\mathbf{C}}$ en associant à tout élément w de W l'endomorphisme $L(w)_{(\mathbf{C})}$ de $t_{\mathbf{C}}$, l'application δ est compatible avec l'action de W sur X(T) et $\mathrm{Hom}_{\mathbf{C}}(t_{\mathbf{C}}, \mathbf{C})$.

Supposons maintenant $k = \mathbf{R}$. Notons σ la conjugaison de $\tilde{V}$ relativement à V, définie par $\sigma(x + iy) = x - iy$ pour x, y dans V ; pour tout sous-espace vectoriel complexe E de $\tilde{V}$, le plus petit sous-espace rationnel sur $\mathbf{R}$ de $\tilde{V}$ contenant E est $E + \sigma(E)$. En particulier, pour tout $\lambda \in X(T)$, il existe un sous-espace vectoriel réel $V(\lambda)$ de V tel que le sous-espace $V(\lambda)_{(\mathbf{C})}$ de $\tilde{V}$ soit $\tilde{V}_\lambda(T) + \tilde{V}_{-\lambda}(T)$ (noter que $\sigma(\tilde{V}_\lambda(T)) = \tilde{V}_{-\lambda}(T)$). On a $V(\lambda) = V(-\lambda)$, et les $V(\lambda)$ sont les composants isotypiques de la représentation de T dans V déduite de ρ.

4. Racines

On appelle *racines* de G relativement à T les poids non nuls de la représentation adjointe de G. L'ensemble des racines de G relativement à T est noté R(G, T), ou simplement R s'il n'y a pas de confusion possible. D'après la prop. 6, l'application

$$\delta : X(T) \to t_{\mathbf{C}}^*$$

(on note $t_{\mathbf{C}}^*$ le dual de l'espace vectoriel complexe $t_{\mathbf{C}}$) applique bijectivement R(G, T) sur l'ensemble $R(\mathfrak{g}_{\mathbf{C}}, t_{\mathbf{C}})$ des racines de l'algèbre réductive déployée $(\mathfrak{g}_{\mathbf{C}}, t_{\mathbf{C}})$ (VIII, § 2, n° 2, remarque 4). Si l'on pose, pour tout $\alpha \in R$

$$\mathfrak{g}^\alpha = (\mathfrak{g}_{\mathbf{C}})_\alpha(T) = (\mathfrak{g}_{\mathbf{C}})_{\delta(\alpha)}(t_{\mathbf{C}}), \tag{11}$$

chaque $\mathfrak{g}^\alpha$ est de dimension 1 sur $\mathbf{C}$ (*loc. cit.*, th. 1) et on a

$$\mathfrak{g}_{\mathbf{C}} = t_{\mathbf{C}} \oplus \bigoplus_{\alpha \in R} \mathfrak{g}^\alpha. \tag{12}$$

Pour chaque $\alpha \in R$, désignons par $V(\alpha)$ le sous-espace de dimension 2 de $\mathfrak{g}$ tel que $V(\alpha)_{(\mathbf{C})} = \mathfrak{g}^\alpha + \mathfrak{g}^{-\alpha}$; les composants isotypiques non nuls de $\mathfrak{g}$ pour la représentation adjointe de T sont t et les $V(\alpha)$. Soit par ailleurs K la forme quadratique associée à la forme de Killing de $\mathfrak{g}$; elle est négative (§ 1, n° 3, prop. 1) et sa restriction $K(\alpha)$ à $V(\alpha)$ est négative et séparante. Pour chaque élément t de T, Ad t laisse stable $K(\alpha)$, d'où un morphisme de groupes de Lie

$$\iota_\alpha : T \to \mathbf{SO}(K(\alpha)).$$

Il existe alors un *unique isomorphisme* $\rho_\alpha : U \to \mathbf{SO}(K(\alpha))$ tel que $\iota_\alpha = \rho_\alpha \circ \alpha$. En effet, soit X un élément non nul de $\mathfrak{g}^\alpha$, et soit Y l'image de X par la conjugaison de $\mathfrak{g}_{\mathbf{C}}$ relativement à $\mathfrak{g}$; alors $Y \in \mathfrak{g}^{-\alpha}$, et on obtient une base (U, V) de $V(\alpha)$ en posant $U = X + Y$, $V = i(X - Y)$; sur la base (U, V), la matrice de l'endomorphisme de $V(\alpha)$ induit par Ad t, $t \in T$, est

$$\begin{pmatrix} \mathscr{R}(t^\alpha) & -\mathscr{I}(t^\alpha) \\ \mathscr{I}(t^\alpha) & \mathscr{R}(t^\alpha) \end{pmatrix},$$

d'où l'assertion.

PROPOSITION 8. — *Soit* Q(R) *le sous-groupe de* X(T) *engendré par les racines de* G.

a) Le centre C(G) *de* G *est un sous-groupe fermé de* T, *égal à l'intersection des noyaux des racines. L'application canonique* X(T/C(G)) → X(T) *est injective et d'image* Q(R).

b) Le groupe compact C(G) *est isomorphe au dual du groupe discret* X(T)/Q(R) (TS, II, § 1, nº 1, déf. 2).

c) Pour que C(G) *soit réduit à l'élément neutre, il faut et il suffit que* Q(R) *soit égal à* X(T).

D'après § 2, nº 2, cor. 2 au th. 2, C(G) est contenu dans T. Comme c'est le noyau de la représentation adjointe, c'est l'intersection des noyaux des racines, c'est-à-dire l'orthogonal du sous-groupe Q(R) de X(T). La proposition résulte alors de TS, II, § 1, nº 7, th. 4 et nº 5, th. 2.

PROPOSITION 9. — *Tout automorphisme du groupe de Lie* G *qui induit l'identité sur* T *est de la forme* Int t, *avec* $t \in$ T.

Supposons d'abord C(G) réduit à l'élément neutre, c'est-à-dire X(T) = Q(R) (prop. 8). Soient f un automorphisme de G induisant l'identité sur T, et $\varphi = L(f)_{(\mathbf{C})}$; alors φ est un automorphisme de $\mathfrak{g}_{\mathbf{C}}$ induisant l'identité sur $\mathfrak{t}_{\mathbf{C}}$. D'après VIII, § 5, nº 2, prop. 2, il existe un unique homomorphisme $\theta : Q(R) \to \mathbf{C}^*$ tel que φ induise sur chaque $\mathfrak{g}^\alpha$ l'homothétie de rapport $\theta(\alpha)$. Comme φ laisse stable la forme réelle $\mathfrak{g}$ de $\mathfrak{g}_{\mathbf{C}}$, il commute à la conjugaison σ de $\mathfrak{g}_{\mathbf{C}}$ par rapport à $\mathfrak{g}$; mais on a $\sigma(\mathfrak{g}^\alpha) = \mathfrak{g}^{-\alpha}$, donc $\theta(-\alpha) = \overline{\theta(\alpha)}$ pour tout $\alpha \in R$. Cela implique $\theta(\alpha)\,\overline{\theta(\alpha)} = \theta(\alpha)\,\theta(-\alpha) = 1$. Il en résulte que θ est à valeurs dans $\mathbf{U}$, donc correspond par dualité à un élément t de T tel que $(\mathrm{Ad}\, t)_{(\mathbf{C})} = \varphi$, donc Int $t = f$.

Dans le cas général, ce qui précède s'applique au groupe G/C(G), dont le centre est réduit à l'élément neutre, et à son tore maximal T/C(G). On en déduit que, si f est un automorphisme de G induisant l'identité sur T, il existe un élément t de T tel que f et Int t induisent par passage au quotient le même automorphisme de G/C(G). Alors, comme le morphisme canonique D(G) → G/C(G) est un revêtement fini (§ 1, nº 4, cor. 1 à la prop. 4), f et Int t induisent le même automorphisme de D(G), donc de D(G) × C(G), donc aussi de G (*loc. cit.*).

COROLLAIRE. — *Soient* u *un automorphisme de* G *et* H *le sous-groupe fermé de* G *formé des points fixes de* u. *Pour que l'automorphisme* u *soit intérieur, il faut et il suffit que* H_0 *soit de rang maximum.*

Si u est égal à Int g, avec $g \in G$, le sous-groupe $H_0 = Z(g)_0$ est de rang maximum (§ 2, n° 2, cor. 3). Inversement, si H contient un tore maximal S, l'automorphisme u est de la forme Int s avec $s \in S$ (prop. 9).

5. Vecteurs nodaux et racines inverses

Lemme 2. — *Soient* S *un sous-groupe fermé de* T *et* Z(S) *son centralisateur dans* G.

(i) $R(Z(S)_0, T)$ *est l'ensemble des* $\alpha \in R(G, T)$ *tels que* $\alpha(S) = \{1\}$;

(ii) *Le centre de* $Z(S)_0$ *est l'intersection des* Ker α *pour* $\alpha \in R(Z(S)_0, T)$;

(iii) *Si* S *est connexe,* Z(S) *est connexe.*

L'algèbre de Lie $L(Z(S))_{(C)}$ est formée des invariants de S dans $\mathfrak{g}_C$ (III, § 9, n° 3, prop. 8), donc est somme directe de $\mathfrak{t}_C$ et des $\mathfrak{g}^\alpha$ pour lesquels $\alpha(S) = \{1\}$, d'où (i). L'assertion (ii) résulte alors de la prop. 8 (n° 4), et l'assertion (iii) a déjà été démontrée (§ 2, n° 2, cor. 5 au th. 2).

THÉORÈME 1. — *Soit* $\alpha \in R(G, T)$. *Le centralisateur* Z_α *du noyau de* α *est un sous-groupe fermé* connexe *de* G ; *son centre est* Ker α ; *son groupe dérivé* $D(Z_\alpha) = S_\alpha$ *est un sous-groupe fermé connexe semi-simple de rang* 1 *de* G. *On a* $R(Z_\alpha, T) = \{\alpha, -\alpha\}$ *et* $\dim Z_\alpha = \dim T + 2$.

Soit Z'_α le centralisateur de $(\text{Ker}\,\alpha)_0$. D'après le lemme 2, c'est un sous-groupe fermé connexe de G, et $R(Z'_\alpha, T)$ est l'ensemble des $\beta \in R(G, T)$ tels que $\beta((\text{Ker}\,\alpha)_0) = \{1\}$. On a évidemment $\{\alpha, -\alpha\} \subset R(Z'_\alpha, T)$. Inversement, soit $\beta \in R(Z'_\alpha, T)$; puisque $(\text{Ker}\,\alpha)_0$ est d'indice fini dans Ker α, il existe un entier $r \neq 0$ tel que $t^{r\beta} = 1$ pour $t \in \text{Ker}\,\alpha$. De l'exactitude de la suite

$$0 \to \mathbf{Z} \to X(T) \to X(\text{Ker}\,\alpha) \to 0$$

correspondant par dualité à la suite exacte

$$0 \to \text{Ker}\,\alpha \to T \xrightarrow{\alpha} \mathbf{U} \to 0,$$

il résulte que $r\beta$ est un multiple de α ; d'après VIII, § 2, n° 2, th. 2, (i), cela implique $\beta \in \{\alpha, -\alpha\}$. On a donc $R(Z'_\alpha, T) = \{\alpha, -\alpha\}$. Il s'ensuit (lemme 2) que le centre de Z'_α est Ker α, donc que $Z'_\alpha = Z_\alpha$. Enfin, d'après le cor. 1 à la prop. 4 (§ 1, n° 4), $D(Z_\alpha)$ est un sous-groupe fermé connexe semi-simple de G ; il est de rang 1 puisque $\mathscr{D}L(Z_\alpha)_{(C)} = \mathfrak{g}^\alpha + \mathfrak{g}^{-\alpha} + [\mathfrak{g}^\alpha, \mathfrak{g}^{-\alpha}]$.

COROLLAIRE. — *Il existe un morphisme de groupes de Lie* $\nu : \mathbf{SU}(2, \mathbf{C}) \to G$ *ayant les propriétés suivantes :*

a) *L'image de* ν *et le noyau de* α *commutent.*

b) *Pour tout* $a \in \mathbf{U}$, *on a* $\nu\begin{pmatrix} a & 0 \\ 0 & \bar{a} \end{pmatrix} \in T$ *et* $\alpha \circ \nu\begin{pmatrix} a & 0 \\ 0 & \bar{a} \end{pmatrix} = a^2$.

Si ν_1 *et* ν_2 *sont deux morphismes de* $\mathbf{SU}(2, \mathbf{C})$ *dans* G *possédant les propriétés précédentes, il existe* $a \in \mathbf{U}$ *tel que* $\nu_2 = \nu_1 \circ \text{Int}\begin{pmatrix} a & 0 \\ 0 & \bar{a} \end{pmatrix}$.

D'après le th. 1 et la prop. 6 du § 3, n° 6, il existe un morphisme de groupes de Lie $\nu : \mathbf{SU}(2, \mathbf{C}) \to S_\alpha$, surjectif à noyau discret. Alors $\nu^{-1}(T \cap S_\alpha)$ est un tore maximal de $\mathbf{SU}(2, \mathbf{C})$ (§ 2, n° 3, prop. 1). Puisque les tores maximaux de $\mathbf{SU}(2, \mathbf{C})$ sont conjugués (§ 2, n° 2, th. 2), on peut supposer, quitte à remplacer ν par $\nu \circ \operatorname{Int} s$ (avec $s \in \mathbf{SU}(2, \mathbf{C})$), que $\nu^{-1}(T \cap S_\alpha)$ est le groupe des matrices diagonales de $\mathbf{SU}(2, \mathbf{C})$. On a alors $\nu\begin{pmatrix} a & 0 \\ 0 & \bar{a} \end{pmatrix} \in T$ pour tout $a \in \mathbf{U}$, et l'application

$$\begin{pmatrix} a & 0 \\ 0 & \bar{a} \end{pmatrix} \mapsto \alpha \circ \nu\begin{pmatrix} a & 0 \\ 0 & \bar{a} \end{pmatrix}$$

est une racine de $\mathbf{SU}(2, \mathbf{C})$, donc est égale à l'une des deux applications $\begin{pmatrix} a & 0 \\ 0 & \bar{a} \end{pmatrix} \mapsto a^2$ ou $\begin{pmatrix} a & 0 \\ 0 & \bar{a} \end{pmatrix} \mapsto a^{-2}$ (§ 3, n° 6, formules (19)). Dans le premier cas, l'homomorphisme ν convient; dans le second cas, l'homomorphisme $\nu \circ \operatorname{Int} \theta$ convient (*loc. cit.*, formules (18)).

Si ν_1 et ν_2 sont deux morphismes de $\mathbf{SU}(2, \mathbf{C})$ dans G répondant aux conditions exigées, ils appliquent tous deux $\mathbf{SU}(2, \mathbf{C})$ dans S_α (condition *a*)), donc sont tous deux des revêtements universels de S_α. Il existe donc un automorphisme φ de $\mathbf{SU}(2, \mathbf{C})$ tel que $\nu_2 = \nu_1 \circ \varphi$, et on conclut par la prop. 9 du n° 4.

Il résulte du corollaire précédent que l'homomorphisme ν_T de $\mathbf{U}$ dans T, défini par $\nu_T(a) = \nu\begin{pmatrix} a & 0 \\ 0 & \bar{a} \end{pmatrix}$ pour $a \in \mathbf{U}$, est indépendant du choix de ν. On note $K_\alpha \in \Gamma(T)$ l'image par $\Gamma(\nu_T)$ de l'élément $2\pi i$ de $\Gamma(\mathbf{U}) = 2\pi i\mathbf{Z}$; on dit que c'est le *vecteur nodal associé à la racine* α. On a $\langle \alpha, K_\alpha \rangle = 2$, c'est-à-dire (n° 2, formule (2)) $\delta(\alpha)(K_\alpha) = 4\pi i$; comme K_α appartient à l'intersection de $\mathfrak{t}$ et de $L(S_\alpha)_{(\mathbf{C})}$, on a donc

$$K_\alpha = 2\pi i H_{\delta(\alpha)}, \tag{13}$$

où $H_{\delta(\alpha)}$ est la *racine inverse* associée à la racine $\delta(\alpha)$ de $(\mathfrak{g}_\mathbf{C}, \mathfrak{t}_\mathbf{C})$ (VIII, § 2, n° 2). Autrement dit, lorsqu'on identifie $\Gamma(T) \otimes \mathbf{R}$ au dual de $X(T) \otimes \mathbf{R}$ *via* l'accouplement $\langle\ ,\ \rangle$, K_α s'identifie à la *racine inverse* $\alpha^\vee \in (X(T) \otimes \mathbf{R})^*$.

Remarque. — Pour tout $x \in \mathbf{R}$, on a

$$\nu\begin{pmatrix} \exp(2\pi i x) & 0 \\ 0 & \exp(-2\pi i x) \end{pmatrix} = \nu_T(e^{2\pi i x}) = \exp(xK_\alpha). \tag{14}$$

En particulier :

$$\nu\begin{pmatrix} -1 & 0 \\ 0 & -1 \end{pmatrix} = \nu_T(-1) = \exp(\tfrac{1}{2} K_\alpha). \tag{15}$$

Il en résulte que ν est *injectif* si et seulement si $K_\alpha \notin 2\Gamma(T)$, c'est-à-dire s'il existe $\lambda \in X(T)$ tel que $\langle \lambda, K_\alpha \rangle \notin 2\mathbf{Z}$. Lorsque $\mathfrak{g}_\mathbf{C}$ est simple, ν est injectif sauf lorsque $\mathfrak{g}_\mathbf{C}$ est de type B_n, $C(G) = \{1\}$ et α est une racine courte (*cf.* VI, planches).

On note dans la suite de ce paragraphe $R^\vee(G, T)$ l'ensemble des vecteurs nodaux K_α pour $\alpha \in R(G, T)$. C'est une partie de $\Gamma(T)$ que l'injection canonique de $\Gamma(T)$ dans $\mathfrak{t}_\mathbf{C}$ identifie à l'homothétique de rapport $2\pi i$ du système de racines inverse $R^\vee(\mathfrak{g}_\mathbf{C}, \mathfrak{t}_\mathbf{C}) = \{H_{\delta(\alpha)}\}$ de $\delta(R)$. Il en résulte que $R^\vee(G, T)$ engendre le $\mathbf{R}$-espace vectoriel $L(T \cap D(G))$, donc que son orthogonal dans $X(T)$ est $X(T/(T \cap D(G)))$.

Notons Aut(T) le groupe des automorphismes du groupe de Lie T; le groupe de Weyl $W = W_G(T)$ (§ 2, n° 5) s'identifie à un sous-groupe de Aut(T). Rappelons d'autre part (VIII, § 2, n° 2, remarque 4) que le groupe de Weyl $W(\mathfrak{g}_\mathbf{C}, \mathfrak{t}_\mathbf{C})$ de l'algèbre réductive déployée $(\mathfrak{g}_\mathbf{C}, \mathfrak{t}_\mathbf{C})$ opère dans $\mathfrak{t}_\mathbf{C}$, et s'identifie donc canoniquement à un sous-groupe de $\mathbf{GL}(\mathfrak{t}_\mathbf{C})$.

Proposition 10. — *L'application* $u \mapsto L(u)_{(\mathbf{C})}$ *de* Aut(T) *dans* $\mathbf{GL}(\mathfrak{t}_\mathbf{C})$ *induit un isomorphisme de* W *sur le groupe de Weyl de l'algèbre réductive déployée* $(\mathfrak{g}_\mathbf{C}, \mathfrak{t}_\mathbf{C})$. *Pour tout* $\alpha \in R$, $W_{Z_\alpha}(T)$ *est d'ordre 2, et l'image par l'isomorphisme précédent de l'élément non neutre de* $W_{Z_\alpha}(T)$ *est la réflexion* $s_{H_{\delta(\alpha)}}$.

L'application considérée est injective. Il s'agit de montrer que son image est égale à $W(\mathfrak{g}_\mathbf{C}, \mathfrak{t}_\mathbf{C})$.

Soit $g \in N_G(T)$. Avec les notations de VIII, § 5, n° 2, on a $\mathrm{Ad}\, g \in \mathrm{Aut}(\mathfrak{g}_\mathbf{C}, \mathfrak{t}_\mathbf{C}) \cap \mathrm{Int}(\mathfrak{g}_\mathbf{C})$, donc $\mathrm{Ad}\, g \in \mathrm{Aut}_0(\mathfrak{g}_\mathbf{C}, \mathfrak{t}_\mathbf{C})$ (*loc. cit.*, n° 5, prop. 11). D'après *loc. cit.*, n° 2, prop. 4, l'automorphisme de $\mathfrak{t}_\mathbf{C}$ induit par Ad g appartient à $W(\mathfrak{g}_\mathbf{C}, \mathfrak{t}_\mathbf{C})$. L'image de W dans $\mathbf{GL}(\mathfrak{t}_\mathbf{C})$ est donc contenue dans $W(\mathfrak{g}_\mathbf{C}, \mathfrak{t}_\mathbf{C})$.

Soit $\alpha \in R(G, T)$, et soit $\nu : \mathbf{SU}(2, \mathbf{C}) \to G$ un morphisme de groupes de Lie ayant les propriétés du cor. au th. 1. L'image par ν de l'élément θ de $\mathbf{SU}(2, \mathbf{C})$ a les propriétés suivantes (§ 3, n° 6, formules (17)) :

a) $(\mathrm{Int}\, \nu(\theta))(t) = t$ si $t \in \mathrm{Ker}\, \alpha$,

b) $(\mathrm{Int}\, \nu(\theta))(t) = t^{-1}$ si $t \in T \cap S_\alpha$.

Il s'ensuit que Ad $\nu(\theta)$ induit l'identité sur $\mathrm{Ker}\, \delta(\alpha) \subset \mathfrak{t}_\mathbf{C}$, et induit l'application $x \mapsto -x$ sur $[\mathfrak{g}^\alpha, \mathfrak{g}^{-\alpha}]$, donc coïncide avec la réflexion $s_{H_{\delta(\alpha)}}$. Ainsi l'image de W contient tous les $s_{H_{\delta(\alpha)}}$, donc est égale à $W(\mathfrak{g}_\mathbf{C}, \mathfrak{t}_\mathbf{C})$. En particulier $W_{Z_\alpha}(T)$ est d'ordre 2, donc formé de l'identité et de Int $\nu(\theta)$. Ceci achève la démonstration de la proposition.

Corollaire. — *Supposons* G *semi-simple. Alors tout élément de* G *est le commutateur de deux éléments de* G.

Soit c une transformation de Coxeter du groupe de Weyl $W(\mathfrak{g}_\mathbf{C}, \mathfrak{t}_\mathbf{C})$ (V, § 6, n° 1), et soit n un élément de $N_G(T)$ dont la classe dans W s'identifie à c par l'isomorphisme défini dans la proposition. Notons f_c le morphisme $t \mapsto (n, t)$ de T dans T; pour $x \in \mathfrak{t}_\mathbf{C}$, on a $L(f_c)_{(\mathbf{C})}(x) = (\mathrm{Ad}\, n)(x) - x = c(x) - x$.

D'après le th. 1 de V, § 6, n° 2, l'endomorphisme c de $\mathfrak{t}_\mathbf{C}$ n'a pas de valeur propre égale à 1. Par suite, $L(f_c)$ est surjectif, et il en est de même de f_c. Il en résulte que tout élément de T est le commutateur de deux éléments de G, ce qui entraîne le corollaire compte tenu du th. 2, § 2, n° 2.

6. Groupe fondamental

Dans la proposition qui suit, on note $f(\mathrm{G}, \mathrm{T})$ l'homomorphisme de $\Gamma(\mathrm{T})$ dans $\pi_1(\mathrm{G})$ composé de l'isomorphisme canonique de $\Gamma(\mathrm{T})$ sur $\pi_1(\mathrm{T})$ (nº 2, remarque 3) et de l'homomorphisme $\pi_1(\iota)$, où ι est l'injection canonique $\mathrm{T} \to \mathrm{G}$.

PROPOSITION 11. — *L'homomorphisme* $f(\mathrm{G}, \mathrm{T}) : \Gamma(\mathrm{T}) \to \pi_1(\mathrm{G})$ *est surjectif. Son noyau est le sous-groupe* $\mathrm{N}(\mathrm{G}, \mathrm{T})$ *de* $\Gamma(\mathrm{T})$ *engendré par la famille des vecteurs nodaux* $(K_\alpha)_{\alpha \in \mathrm{R}(\mathrm{G},\mathrm{T})}$.

L'homomorphisme $f(\mathrm{G}, \mathrm{T})$ est surjectif d'après la prop. 3 (§ 2, nº 4). Notons $A(\mathrm{G}, \mathrm{T})$ l'assertion : « le noyau de $f(\mathrm{G}, \mathrm{T})$ est engendré par les K_α » qu'il nous reste à démontrer, et distinguons plusieurs cas :

a) G *est simplement connexe*. Soit $\rho : \mathfrak{g}_\mathbf{C} \to \mathfrak{gl}(\mathrm{V})$ une représentation linéaire de $\mathfrak{g}_\mathbf{C}$ dans un espace vectoriel complexe V de dimension finie. Par restriction à $\mathfrak{g}$, on en déduit une représentation de $\mathfrak{g}$ dans l'espace vectoriel réel $\mathrm{V}_{[\mathbf{R}]}$; puisque G est simplement connexe, il existe une représentation linéaire analytique π de G dans $\mathrm{V}_{[\mathbf{R}]}$ telle que $\rho = \mathrm{L}(\pi)$. On déduit alors de la prop. 7 du nº 3 que l'image $\delta(\mathrm{X}(\mathrm{T}))$ de $\mathrm{X}(\mathrm{T})$ dans $\mathfrak{t}_\mathbf{C}^*$ contient tous les poids de ρ dans V. Ceci étant vrai pour toute représentation ρ de $\mathfrak{g}_\mathbf{C}$, il résulte de VIII, § 7, nº 2, th. 1 que $\delta(\mathrm{X}(\mathrm{T}))$ contient le groupe des poids de $\delta(\mathrm{R})$, qui est par définition l'ensemble des $\lambda \in \mathfrak{t}_\mathbf{C}^*$ tels que $\lambda(H_{\delta(\alpha)}) \in \mathbf{Z}$ pour tout $\alpha \in \mathrm{R}$, c'est-à-dire $\lambda(K_\alpha) \in 2\pi i\mathbf{Z}$ pour tout $\alpha \in \mathrm{R}$. Le groupe $\mathrm{X}(\mathrm{T})$ contient donc tous les éléments λ de $\mathrm{X}(\mathrm{T}) \otimes \mathbf{Q}$ tels que $\langle \lambda, K_\alpha \rangle \in \mathbf{Z}$ pour tout $\alpha \in \mathrm{R}$, ce qui entraîne par dualité que $\Gamma(\mathrm{T})$ est engendré par les K_α, d'où l'assertion $A(\mathrm{G}, \mathrm{T})$.

b) G *est produit direct d'un groupe simplement connexe* G′ *par un tore* S. Alors T est le produit direct d'un tore maximal T′ de G′ par S, $\Gamma(\mathrm{T})$ s'identifie à $\Gamma(\mathrm{T}') \times \Gamma(\mathrm{S})$, $\pi_1(\mathrm{G})$ à $\pi_1(\mathrm{G}') \times \pi_1(\mathrm{S})$, et $f(\mathrm{G}, \mathrm{T})$ à l'homomorphisme de composantes $f(\mathrm{G}', \mathrm{T}')$ et $f(\mathrm{S}, \mathrm{S})$. Comme $f(\mathrm{S}, \mathrm{S})$ est bijectif, l'application canonique $\Gamma(\mathrm{T}') \to \Gamma(\mathrm{T})$ applique bijectivement $\operatorname{Ker} f(\mathrm{G}', \mathrm{T}')$ sur $\operatorname{Ker} f(\mathrm{G}, \mathrm{T})$. Par ailleurs, les K_α appartiennent à l'algèbre de Lie du groupe dérivé G′ de G, donc à l'image de $\Gamma(\mathrm{T}')$, et il est alors immédiat que $A(\mathrm{G}', \mathrm{T}')$ implique $A(\mathrm{G}, \mathrm{T})$, d'où l'assertion $A(\mathrm{G}, \mathrm{T})$, vu *a*).

c) *Cas général*. Il existe un morphisme surjectif de noyau fini $p : \mathrm{G}' \to \mathrm{G}$, où G′ est produit direct d'un groupe simplement connexe par un tore (§ 1, nº 4, prop. 4). Si T′ est l'image réciproque de T dans G′ (c'est un tore maximal de G′ d'après § 2, nº 3, prop. 1), et N le noyau de *p*, on a des suites exactes $0 \to \mathrm{N} \to \mathrm{G}' \to \mathrm{G} \to 0$ et $0 \to \mathrm{N} \to \mathrm{T}' \to \mathrm{T} \to 0$, d'où un diagramme commutatif à lignes exactes (nº 2, remarque 1 et TG, XI, à paraître)

$$\begin{array}{ccccccccc} 0 & \longrightarrow & \Gamma(\mathrm{T}') & \longrightarrow & \Gamma(\mathrm{T}) & \longrightarrow & \mathrm{N} & \longrightarrow & 0 \\ & & \downarrow{\scriptstyle f(\mathrm{G}',\mathrm{T}')} & & \downarrow{\scriptstyle f(\mathrm{G},\mathrm{T})} & & \downarrow{\scriptstyle \mathrm{Id}_\mathrm{N}} & & \\ 0 & \longrightarrow & \pi_1(\mathrm{G}') & \longrightarrow & \pi_1(\mathrm{G}) & \longrightarrow & \mathrm{N} & \longrightarrow & 0 \end{array}$$

Il résulte alors aussitôt du diagramme du serpent (A, X, p. 4, prop. 2) que $A(\mathrm{G}', \mathrm{T}')$ entraîne $A(\mathrm{G}, \mathrm{T})$, d'où la proposition, vu *b*).

COROLLAIRE 1. — *Pour que* G *soit simplement connexe, il faut et il suffit que la famille* $(K_\alpha)_{\alpha\in R(G,T)}$ *engendre* $\Gamma(T)$.

COROLLAIRE 2. — *Soit* H *un sous-groupe fermé connexe de* G *contenant* T ; *on a une suite exacte*

$$0 \to N(H, T) \to N(G, T) \to \pi_1(H) \to \pi_1(G) \to 0\,.$$

Cela résulte de A, X, p. 4, prop. 2 (diagramme du serpent), appliqué au diagramme commutatif

$$\begin{array}{ccccccccc} 0 & \longrightarrow & N(H,T) & \longrightarrow & \Gamma(T) & \longrightarrow & \pi_1(H) & \longrightarrow & 0 \\ & & \downarrow & & \downarrow & & \downarrow & & \\ 0 & \longrightarrow & N(G,T) & \longrightarrow & \Gamma(T) & \longrightarrow & \pi_1(G) & \longrightarrow & 0\,. \end{array}$$

Remarque. — On peut montrer (*cf.* exercice 2 du § 5) que $\pi_2(G)$ est nul. On déduit alors de l'exactitude de la suite précédente un isomorphisme de $\pi_2(G/H)$ sur $N(G, T)/N(H, T)$.

COROLLAIRE 3. — *L'homomorphisme* $\pi_1(D(G)) \to \pi_1(G)$ *déduit de l'inclusion de* D(G) *dans* G *induit un isomorphisme de* $\pi_1(D(G))$ *sur le sous-groupe de torsion de* $\pi_1(G)$.

En effet, $T \cap D(G)$ est un tore maximal de D(G) (§ 2, n° 3, prop. 1, *c*)) ; de la suite exacte

$$0 \to \Gamma(T \cap D(G)) \to \Gamma(T) \to \Gamma(T/(T \cap D(G))) \to 0\,,$$

et de la proposition 11, on tire une suite exacte

$$0 \to \pi_1(D(G)) \to \pi_1(G) \to \Gamma(T/(T \cap D(G))) \to 0\,,$$

d'où le corollaire, puisque $\pi_1(D(G))$ est fini et $\Gamma(T/(T \cap D(G)))$ libre.

7. Sous-groupes de rang maximum

Rappelons (VI, § 1, n° 7) qu'une partie P de $R = R(G, T)$ est dite close si $(P + P) \cap R \subset P$, et symétrique si $P = -P$.

PROPOSITION 12. — *Soit* $\mathscr{H}$ *l'ensemble des sous-groupes fermés connexes de* G *contenant* T, *ordonné par inclusion. L'application* $H \mapsto R(H, T)$ *est une bijection croissante de* $\mathscr{H}$ *sur l'ensemble des parties closes et symétriques de* R(G, T), *ordonné par inclusion.*

Si $H \in \mathscr{H}$, alors $L(H)_{(\mathbf{C})}$ est somme directe de $\mathfrak{t}_{\mathbf{C}}$ et des $\mathfrak{g}^\alpha$ pour $\alpha \in R(H, T)$; comme c'est une sous-algèbre réductive dans $\mathfrak{g}_{\mathbf{C}}$, la partie R(H, T) de R satisfait aux conditions énoncées (VIII, § 3, n° 1, lemme 2 et prop. 2). Inversement, si P est une partie de R satisfaisant à ces conditions, alors $\mathfrak{t}_{\mathbf{C}} \oplus \sum_{\alpha\in P} \mathfrak{g}^\alpha$ est une sous-algèbre de $\mathfrak{g}_{\mathbf{C}}$ (*loc. cit.*) qui est rationnelle sur **R** (n° 3), donc de la forme $\mathfrak{h}_{(\mathbf{C})}$, où $\mathfrak{h}$ est une sous-algèbre de $\mathfrak{g}$. Soit H(P) le sous-groupe intégral de G défini par $\mathfrak{h}$; il est fermé (§ 2, n° 4, remarque 1). On vérifie aussitôt que les applications $H \mapsto R(H, T)$ et $P \mapsto H(P)$ sont croissantes et réciproques l'une de l'autre.

Corollaire 1. — *Les sous-groupes fermés de* G *contenant* T *sont en nombre fini.*

Soit H un tel sous-groupe ; on a $H_0 \in \mathscr{H}$, et $\mathscr{H}$ est fini. Par ailleurs, H est un sous-groupe de $N_G(H_0)$ contenant H_0, et $N_G(H_0)/H_0$ est fini (§ 2, nº 4, prop. 4 et remarque 2).

Corollaire 2. — *Soit* H *un sous-groupe fermé connexe de* G *contenant* T, *et soit* $W_G^H(T)$ *le stabilisateur dans* $W_G(T)$ *de la partie* R(H, T) *de* R. *Le groupe* $N_G(H)/H$ *est isomorphe au groupe quotient* $W_G^H(T)/W_H(T)$.

Il résulte en effet de la prop. 7 du § 2, nº 5, appliquée à $N_G(H)$, que $N_G(H)/H$ est isomorphe à $W_{N(H)}(T)/W_H(T)$, où $W_{N(H)}(T)$ est l'ensemble des éléments de $W_G(T)$ dont les représentants dans $N_G(T)$ normalisent H. Soit $n \in N_G(T)$, et soit w sa classe dans $W_G(T)$. D'après III, § 9, nº 4, prop. 11, n normalise H si et seulement si on a $(\mathrm{Ad}\, n)(L(H)) = L(H)$; compte tenu de la prop. 5 du nº 3, cela signifie aussi que la partie R(H, T) de R est stable par w, d'où le corollaire.

Remarque 1. — Le groupe $W_G^H(T)$ est aussi le stabilisateur dans $W_G(T)$ du sous-groupe C(H) de T : cela résulte de la prop. 8 du nº 4.

Proposition 13. — *Soient* H *un sous-groupe fermé connexe de* G *de rang maximum,* C *son centre. Alors* C *contient le centre de* G, *et* H *est la composante neutre du centralisateur de* C.

Soit S un tore maximal de H. Puisque le centre de G est contenu dans S, il est contenu dans C. Posons $L = Z(C)_0$; c'est un sous-groupe fermé connexe de G contenant H, donc de rang maximum, et son centre est égal à C. Notons R_H et R_L les systèmes de racines de H et L respectivement, relativement à S ; on a $R_H \subset R_L \subset R(G, S)$. Puisque $C(H) = C(L)$, la prop. 8 (nº 4) entraîne l'égalité $Q(R_H) = Q(R_L)$; mais on a $Q(R_H) \cap R_L = R_H$ (VI, § 1, nº 7, prop. 23), d'où $R_H = R_L$ et $H = L$ (prop. 12).

Remarque 2. — Disons qu'un sous-groupe C de G est *radiciel* s'il existe un tore maximal S de G et une partie P de R(G, S) tels que $C = \bigcap_{\alpha \in P} \mathrm{Ker}\, \alpha$. Il résulte de la prop. 13 et du lemme 2 du nº 5 que *l'application* $H \mapsto C(H)$ *induit une bijection de l'ensemble des sous-groupes fermés connexes de rang maximum sur l'ensemble des sous-groupes radiciels de* G. La bijection réciproque est l'application $C \mapsto Z(C)_0$.

Corollaire. — *L'ensemble des* $g \in G$ *tels que* $T \cap gTg^{-1} \neq C(G)$ *est une réunion finie de sous-variétés analytiques fermées de* G *distinctes de* G.

En effet, posons $A_g = T \cap gTg^{-1}$; on a $T \subset Z(A_g)$ et $gTg^{-1} \subset Z(A_g)$. Il existe donc $x \in Z(A_g)$ tel que $xTx^{-1} = gTg^{-1}$ (§ 2, nº 2, th. 2), ce qui implique $g \in Z(A_g).N_G(T)$. Notons $\mathscr{A}$ l'ensemble fini (cor. 1) des sous-groupes fermés de G contenant T et distincts de G, et posons $X = \bigcup_{H \in \mathscr{A}} H.N_G(T)$; c'est une réunion finie de sous-variétés fermées de G, distinctes de G. Si $A_g \neq C(G)$, on a $Z(A_g) \in \mathscr{A}$, et g appartient à X. Inversement si $g \in H.N_G(T)$, avec $H \in \mathscr{A}$, alors A_g contient C(H), donc $A_g \neq C(G)$ (prop. 13).

PROPOSITION 14. — *Soit* X *une partie de* T, *et soit* R_X *l'ensemble des racines* $\alpha \in R(G, T)$ *telles que* $\alpha(X) = \{1\}$. *Le groupe* $Z_G(X)/Z_G(X)_0$ *est isomorphe au quotient du fixateur de* X *dans* $W_G(T)$ *par le sous-groupe engendré par les réflexions* s_α *pour* $\alpha \in R_X$.

Posons $H = Z_G(X)$; puisque $L(H)_{(C)}$ est l'ensemble des points de $\mathfrak{g}_C$ fixes par Ad(X), c'est la somme de $\mathfrak{t}_C$ et des $\mathfrak{g}^\alpha$ pour $\alpha(X) = \{1\}$. On a par conséquent $R(H_0, T) = R_X$, de sorte que $W_{H_0}(T)$ est engendré par les réflexions s_α pour $\alpha \in R_X$. Il suffit alors d'appliquer la prop. 7 du § 2, n° 5.

On verra ci-dessous (§ 5, n° 3, th. 1) que si G est simplement connexe et X réduit à un point, le centralisateur Z(X) est connexe.

8. Diagrammes radiciels

DÉFINITION 2. — *On appelle diagramme radiciel* (ou simplement diagramme si aucune confusion n'en peut résulter) *un triplet* $D = (M, M_0, R)$ *où* :

(DR_0) M *est un* **Z**-*module libre de type fini et* M_0 *un sous-module facteur direct de* M ;

(DR_I) R *est une partie finie de* M ; $R \cup M_0$ *engendre le* **Q**-*espace vectoriel* $\mathbf{Q} \otimes M$;

(DR_{II}) *pour tout* $\alpha \in R$, *il existe un élément* $\alpha^\vee$ *de* $M^* = \mathrm{Hom}_{\mathbf{Z}}(M, \mathbf{Z})$ *tel que* $\alpha^\vee(M_0) = 0$, $\alpha^\vee(\alpha) = 2$ *et que l'endomorphisme* $x \mapsto x - \alpha^\vee(x)\alpha$ *de* M *laisse stable* R.

D'après VI, § 1, n° 1, pour tout $\alpha \in R$, l'élément $\alpha^\vee$ de M^* est uniquement déterminé par α ; on note s_α l'endomorphisme $x \mapsto x - \alpha^\vee(x)\alpha$ de M. De plus (*loc. cit.*), le **Q**-espace vectoriel $\mathbf{Q} \otimes M$ est somme directe de $\mathbf{Q} \otimes M_0$ et du sous-espace vectoriel V(R) engendré par R, et R est un système de racines dans V(R) (*loc. cit.*, déf. 1).

Les éléments de R s'appellent les *racines* du diagramme radiciel D, et les éléments $\alpha^\vee$ de M^* les *racines inverses*. Le groupe engendré par les automorphismes s_α de M s'appelle le *groupe de Weyl* de D et se note W(D) ; les éléments de W(D) induisent l'identité sur M_0, et induisent sur V(R) les transformations du groupe de Weyl du système de racines R.

Exemples. — 1) Pour tout **Z**-module libre de type fini M, le triplet $(M, M, \varnothing)$ est un diagramme radiciel.

2) Si $D = (M, M_0, R)$ est un diagramme radiciel, soit M_0^* l'orthogonal de V(R) dans M^*, et soit $R^\vee$ l'ensemble des racines inverses de D. Alors $D^\vee = (M^*, M_0^*, R^\vee)$ est un diagramme radiciel, dit *inverse* de D. Pour tout $\alpha \in R$, la symétrie $s_{\alpha^\vee}$ de M^* est l'automorphisme contragrédient de la symétrie s_α de M ; l'application $w \mapsto {}^t w^{-1}$ est un isomorphisme de W(D) sur $W(D^\vee)$. De plus, $V(R^\vee)$ s'identifie naturellement

au dual du **Q**-espace vectoriel V(R), $R^\vee$ s'identifiant alors au système de racines inverse de R.

Si l'on identifie le dual de M^* à M, le diagramme inverse de $D^\vee$ s'identifie à D.

3) Soient $(\mathfrak{g}, \mathfrak{h})$ une **Q**-algèbre de Lie réductive déployée, et $M \subset \mathfrak{h}$ un *réseau permis* (VIII, § 12, nº 6, déf. 1). Soient M_0 le sous-groupe de M orthogonal aux racines de $(\mathfrak{g}, \mathfrak{h})$ et $R^\vee$ l'ensemble des H_α, $\alpha \in R(\mathfrak{g}, \mathfrak{h})$. Alors $(M, M_0, R^\vee)$ est un diagramme radiciel, et $(M^*, M_0^*, R(\mathfrak{g}, \mathfrak{h}))$ en est le diagramme inverse.

4) Soient V un espace vectoriel sur **Q** et R un système de racines dans V ; notons P(R) le groupe des poids de R et Q(R) le groupe des poids radiciels de R (VI, § 1, nº 9). Alors (Q(R), 0, R) et (P(R), 0, R) sont des diagrammes radiciels. Pour qu'un diagramme (M, M_0, S) soit isomorphe à un diagramme de la forme (Q(R), 0, R) (resp. (P(R), 0, R)), il faut et il suffit que M soit engendré par S (resp. que M^* soit engendré par $S^\vee$).

Pour tout sous-groupe X de P(R) contenant Q(R), (X, 0, R) est un diagramme radiciel, et on obtient ainsi, à isomorphisme près, tous les diagrammes (M, M_0, S) tels que $M_0 = 0$, c'est-à-dire tels que S engendre un sous-groupe d'indice fini de M.

On dit que le diagramme radiciel (M, M_0, R) est *réduit* si le système de racines R l'est (c'est-à-dire (VI, § 1, nº 4) si les relations $\alpha, \beta \in R$, $\lambda \in \mathbf{Z}$, $\beta = \lambda\alpha$ impliquent $\lambda = 1$ ou $\lambda = -1$). Les diagrammes des exemples 1) et 3) sont réduits.

9. Groupes de Lie compacts et diagrammes radiciels

Avec la terminologie introduite au numéro précédent, on peut résumer une partie importante des résultats des numéros 4 et 5 dans le théorème suivant :

THÉORÈME 2. — *a)* $(X(T), X(T/(T \cap D(G))), R(G, T))$ *est un diagramme radiciel réduit ; son groupe de Weyl est formé des* $X(w)$, *pour* $w \in W$; *le groupe* $X(C(G))$ *est isomorphe au quotient de* X(T) *par le sous-groupe engendré par* R(G, T).

b) $(\Gamma(T), \Gamma(C(G)_0), R^\vee(G, T))$ *est un diagramme radiciel réduit ; son groupe de Weyl est formé des* $\Gamma(w)$, *pour* $w \in W$; *le groupe* $\pi_1(G)$ *est isomorphe au quotient de* $\Gamma(T)$ *par le sous-groupe engendré par* $R^\vee(G, T)$.

c) Si l'on identifie chacun des **Z**-*modules* X(T) *et* $\Gamma(T)$ *au dual de l'autre* (nº 2, prop. 3), *chacun des diagrammes radiciels précédents s'identifie au diagramme inverse de l'autre.*

On note $D^*(G, T)$ le diagramme $(X(T), X(T/(T \cap D(G))), R(G, T))$ et $D_*(G, T)$ le diagramme $(\Gamma(T), \Gamma(C(G)_0), R^\vee(G, T))$; on dit que ce sont respectivement le *diagramme contravariant* et le *diagramme covariant* de G (relativement à T).

Exemples. — 1) Si G est semi-simple de rang 1, alors $D^*(G, T)$ et $D_*(G, T)$ sont nécessairement isomorphes à l'un des deux diagrammes $\Delta_2 = (\mathbf{Z}, 0, \{2, -2\})$, $\Delta_1 = (\mathbf{Z}, 0, \{1, -1\})$. Si G est isomorphe à $\mathbf{SU}(2, \mathbf{C})$, $D_*(G, T)$ est isomorphe à Δ_1 (puisque G est simplement connexe), donc $D^*(G, T)$ isomorphe à Δ_2. Si G est isomorphe à $\mathbf{SO}(3, \mathbf{R})$, $D^*(G, T)$ est isomorphe à Δ_1 (puisque $C(G) = \{1\}$), donc $D_*(G, T)$ est isomorphe à Δ_2.

2) Si G et G′ sont deux groupes de Lie compacts connexes, de tores maximaux respectifs T et T′, et si $D^*(G, T) = (M, M_0, R)$ et $D^*(G', T') = (M', M'_0, R')$, alors $D^*(G \times G', T \times T')$ s'identifie à $(M \oplus M', M_0 \oplus M'_0, R \cup R')$. De même pour les diagrammes covariants.

3) Soit N un sous-groupe fermé de T, central dans G, et soit (M, M_0, R) le diagramme contravariant de G relativement à T. Alors le diagramme contravariant de G/N relativement à T/N s'identifie à (M', M'_0, R), où M′ est le sous-groupe de M formé des λ tels que $\lambda(N) = \{1\}$ et $M'_0 = M' \cap M_0$.

4) De même, soit N un groupe commutatif fini, et $\varphi : \pi_1(G) \to N$ un homomorphisme surjectif. Soit G′ le revêtement de G associé à cet homomorphisme ; c'est un groupe de Lie compact connexe, dont N est un sous-groupe central (TG, XI, à paraître), et G s'identifie naturellement à G′/N. Soit T′ le tore maximal de G′ image réciproque de T. Si (P, P_0, S) est le diagramme covariant de G relativement à T, le diagramme covariant de G′ relativement à T′ s'identifie à (P', P'_0, S), où P′ est le noyau de l'homomorphisme composé $\varphi \circ f(G, T) : P \to N$ (*cf.* n° 6, prop. 11), et $P'_0 = P_0 \cap P'$.

Remarques. — 1) Soit $\mathfrak{c}$ le centre de $\mathfrak{g}_{\mathbf{C}}$; on a donc $\mathfrak{c} = L(C(G))_{(\mathbf{C})}$. On a les relations suivantes entre les diagrammes de G relativement à T et les systèmes de racines direct et inverse de l'algèbre réductive déployée $(\mathfrak{g}_{\mathbf{C}}, \mathfrak{t}_{\mathbf{C}})$:

a) L'isomorphisme canonique de $\mathbf{C} \otimes \Gamma(T)$ sur $\mathfrak{t}_{\mathbf{C}}$ induit une bijection de $\mathbf{C} \otimes \Gamma(C(G)_0)$ sur $\mathfrak{c}$ et une bijection de $1 \otimes R^\vee(G, T)$ sur $2\pi i . R^\vee(\mathfrak{g}_{\mathbf{C}}, \mathfrak{t}_{\mathbf{C}})$.

b) L'isomorphisme canonique de $\mathbf{C} \otimes X(T)$ sur le dual $\mathfrak{t}^*_{\mathbf{C}}$ de $\mathfrak{t}_{\mathbf{C}}$ induit une bijection de $\mathbf{C} \otimes X(T/(T \cap D(G)))$ sur l'orthogonal de $\mathfrak{t}_{\mathbf{C}} \cap \mathscr{D}(\mathfrak{g})_{\mathbf{C}}$, et une bijection de $1 \otimes R(G, T)$ sur $R(\mathfrak{g}_{\mathbf{C}}, \mathfrak{t}_{\mathbf{C}})$.

2) Supposons le groupe G semi-simple ; notons R (resp. $R^\vee$) le système de racines R(G, T) (resp. $R^\vee(G, T)$), de sorte qu'on a les inclusions

$$Q(R) \subset X(T) \subset P(R) \quad Q(R^\vee) \subset \Gamma(T) \subset P(R^\vee)\,.$$

Les groupes commutatifs finis $P(R)/Q(R)$ et $P(R^\vee)/Q(R^\vee)$ sont en dualité (VI, § 1, n° 9) ; si on désigne par $M^\wedge$ le groupe dual d'un groupe commutatif fini M, on déduit de ce qui précède des *isomorphismes canoniques*

$$\Gamma(T)/Q(R^\vee) \to \pi_1(G) \qquad P(R^\vee)/\Gamma(T) \to C(G)$$
$$P(R)/X(T) \to (\pi_1(G))^\wedge \qquad X(T)/Q(R) \to (C(G))^\wedge\,.$$

En particulier, le *produit des ordres de* $\pi_1(G)$ *et de* C(G) *est égal à l'indice de connexion* f *de* R(G, T) (*loc. cit.*).

Soient maintenant G′ un autre groupe de Lie compact connexe, T′ un tore maximal de G′. Soit $f : G \to G'$ un isomorphisme de groupes de Lie tel que $f(T) = T'$; notons f_T l'isomorphisme de T sur T′ qu'il définit. Alors $X(f_T)$ est un isomorphisme de D*(G′, T′) sur D*(G, T), noté D*(f), et $\Gamma(f_T)$ est un isomorphisme de $D_*(G, T)$ sur $D_*(G', T')$, noté $D_*(f)$. Si $t \in T$, et si on pose $g = f \circ \operatorname{Int} t = (\operatorname{Int} f(t)) \circ f$, alors $D^*(g) = D^*(f)$, $D_*(g) = D_*(f)$.

PROPOSITION 15. — *Soit* φ *un isomorphisme de* D*(G′, T′) *sur* D*(G, T) (resp. *de* $D_*(G, T)$ *sur* $D_*(G', T')$). *Il existe un isomorphisme* $f: G \to G'$ *tel que* $f(T) = T'$ *et que* $\varphi = D^*(f)$ (resp. *et que* $\varphi = D_*(f)$) ; *si* f_1 *et* f_2 *sont deux tels isomorphismes, il existe un élément* t *de* T *tel que* $f_2 = f_1 \circ \operatorname{Int} t$.

La seconde assertion résulte aussitôt de la prop. 9 (n° 4) ; démontrons la première, par exemple pour les diagrammes covariants. Notons $\mathfrak{g}'$ (resp. $\mathfrak{t}'$) l'algèbre de Lie de G′ (resp. T′), et $\mathfrak{g}'_{\mathbf{C}}$ (resp. $\mathfrak{t}'_{\mathbf{C}}$) son algèbre de Lie complexifiée. D'après VIII, § 4, n° 4, th. 2, (i), il existe un isomorphisme $\psi : \mathfrak{g}_{\mathbf{C}} \to \mathfrak{g}'_{\mathbf{C}}$ qui applique $\mathfrak{t}_{\mathbf{C}}$ dans $\mathfrak{t}'_{\mathbf{C}}$ et induit sur $\Gamma(T) \subset \mathfrak{t}_{\mathbf{C}}$ l'isomorphisme $\varphi : \Gamma(T) \to \Gamma(T')$ donné. Alors $\mathfrak{g}$ et $\psi^{-1}(\mathfrak{g}')$ sont deux formes compactes de $\mathfrak{g}_{\mathbf{C}}$ qui ont même intersection $\mathfrak{t}$ avec $\mathfrak{t}_{\mathbf{C}}$; d'après le § 3, n° 2, prop. 3, il existe un automorphisme intérieur θ de $\mathfrak{g}_{\mathbf{C}}$ induisant l'identité sur $\mathfrak{t}_{\mathbf{C}}$ et tel que $\theta(\mathfrak{g}) = \psi^{-1}(\mathfrak{g}')$. Remplaçant ψ par $\psi \circ \theta$, on peut donc supposer que ψ applique $\mathfrak{g}$ dans $\mathfrak{g}'$. Par ailleurs, d'après la prop. 4 du n° 2, il existe un unique morphisme $f_T : T \to T'$ tel que $\Gamma(f_T) = \varphi$. Alors la restriction de ψ à $\mathfrak{t}$ est $L(f_T)$, et d'après le § 2, n° 6, prop. 8, il existe un unique morphisme $f: G \to G'$ qui induise f_T sur T et ψ sur $\mathfrak{g}_{\mathbf{C}}$. Appliquant ce qui précède à φ^{-1} et ψ^{-1}, on construit un morphisme réciproque de f, qui est donc un isomorphisme. On a $D_*(f) = \Gamma(f_T) = \varphi$, d'où la proposition.

Notons que, si T et T′ sont deux tores maximaux de G, les diagrammes D*(G, T) et D*(G, T′) sont isomorphes (si $g \in G$ est tel que $gTg^{-1} = T'$, alors $\operatorname{Int} g$ est un isomorphisme de G sur G qui applique T sur T′). On note D*(G) la classe d'isomorphisme de D*(G, T) (*cf.* E, II, p. 47) ; c'est un diagramme radiciel qui ne dépend que de G et qu'on appelle le diagramme contravariant de G. On définit de même le diagramme covariant $D_*(G)$ de G, et on obtient :

COROLLAIRE. — *Pour que les groupes de Lie compacts connexes* G *et* G′ *soient isomorphes, il faut et il suffit que les diagrammes* D*(G) *et* D*(G′) (resp. $D_*(G)$ *et* $D_*(G')$) *soient égaux.*

PROPOSITION 16. — *Pour tout diagramme radiciel réduit* D, *il existe un groupe de Lie compact connexe* G *tel que* D*(G) (resp. $D_*(G)$) *soit isomorphe à* D.

a) Remplaçant éventuellement D par son diagramme inverse, on se ramène à construire G tel que D*(G) soit isomorphe à D. Posons $D = (M, M_0, R)$; alors $\mathbf{Q} \otimes M$ est somme directe de $\mathbf{Q} \otimes M_0$ et du sous-espace vectoriel V(R) engendré par R. De plus, puisque les racines inverses prennent des valeurs entières sur M, la projection de M dans V(R) parallèlement à $\mathbf{Q} \otimes M_0$ est contenue dans le groupe des poids P(R) de R, de sorte que M est un sous-groupe d'indice fini de $M_0 \oplus P(R)$. Notons D′ le diagramme $(M_0 \oplus P(R), M_0, R)$.

b) Soit $\mathfrak{a}$ une algèbre de Lie semi-simple complexe dont le système de racines canonique soit isomorphe à $R \subset \mathbf{C} \otimes V(R)$ (VIII, § 4, n° 3), et soit $\mathfrak{g}_1$ une forme réelle compacte de $\mathfrak{a}$ (§ 3, n° 2, th. 1). Soit G_1 un groupe de Lie réel simplement connexe d'algèbre de Lie isomorphe à $\mathfrak{g}_1$; alors G_1 est compact (§ 1, n° 4, th. 1). Soit T_1 un tore maximal de G_1. D'après le th. 1, le diagramme $D^*(G_1, T_1)$ est isomorphe à $(P(R), 0, R)$.

c) Soit T_0 un tore de dimension égale au rang de M_0 ; alors $D^*(T_0, T_0)$ est isomorphe à $(M_0, M_0, \varnothing)$, donc $D^*(G_1 \times T_0, T_1 \times T_0)$ isomorphe à D' (exemple 2).

d) Enfin, soit N le sous-groupe fini de $T_1 \times T_0$ orthogonal à M. Posons $G = (G_1 \times T_0)/N$, $T = (T_1 \times T_0)/N$. Alors G est un groupe de Lie compact connexe, T un tore maximal de G, et D(G, T) est isomorphe à D (exemple 3).

Scholie. — *La classification des groupes de Lie compacts connexes à isomorphisme près est ainsi ramenée à celle des diagrammes radiciels réduits. Les groupes de Lie compacts connexes semi-simples correspondent aux diagrammes radiciels réduits* (M, M_0, R) *tels que* $M_0 = 0$; *la donnée d'un tel diagramme est équivalente à celle d'un système de racines réduit* R *dans un espace vectoriel* V *sur* **Q** *et d'un sous-groupe* M *de* V *tel que* $Q(R) \subset M \subset P(R)$.

Remarque 3. — Soient T′ un autre tore maximal de G, B (resp. B′) une base du système de racines R(G, T) (resp. R(G′, T′)) (VI, § 1, n° 5, déf. 2). Il existe des éléments $g \in G$ tels que Int g applique T sur T′ et B sur B′, et ces éléments forment une unique classe modulo Int(T) (comme T et T′ sont conjugués, on peut supposer $T = T'$, et il suffit d'appliquer VI, § 1, n° 5, remarque 4 et la prop. 9 du n° 4). Il en résulte que l'isomorphisme de T sur T′ déduit de Int g est indépendant du choix de g ; il en est par conséquent de même pour $D_*(\text{Int}\, g)$ et $D^*(\text{Int}\, g)$. Paraphrasant alors VIII, § 5, n° 3, remarque 2, *mutatis mutandis*, on définit le tore maximal canonique de G, les diagrammes radiciels covariant et contravariant canoniques de G, ...

10. Automorphismes d'un groupe de Lie compact connexe

On note Aut(G) le groupe de Lie des automorphismes de G (III, § 10, n° 2), et Aut(G, T) le sous-groupe fermé de Aut(G) formé des éléments u tels que $u(T) = T$. On a vu (§ 1, n° 4, cor. 5 à la prop. 4) que la composante neutre de Aut(G) est le sous-groupe Int(G) des automorphismes intérieurs ; on note $\text{Int}_G(H)$ l'image dans Int(G) d'un sous-groupe H de G.

Soit D le diagramme covariant de G relativement à T ; notons Aut(D) le groupe de ses automorphismes, et W(D) son groupe de Weyl. L'application $u \mapsto D_*(u)$ est un homomorphisme de Aut(G, T) dans Aut(D). La prop. 15 du n° 9 donne aussitôt :

PROPOSITION 17. — *L'homomorphisme* $\text{Aut}(G, T) \to \text{Aut}(D)$ *est surjectif, de noyau* $\text{Int}_G(T)$.

Notons que $\text{Aut}(G, T) \cap \text{Int}(G) = \text{Int}_G(N_G(T))$ et que l'image de $\text{Int}_G(N_G(T))$ dans Aut(D) est W(D) (n° 5, prop. 10). On déduit donc de la prop. 17 un isomorphisme :

$$\text{Aut}(G, T)/(\text{Aut}(G, T) \cap \text{Int}(G)) \to \text{Aut}(D)/W(D)\,.$$

Par ailleurs, on a Aut(G) = Int(G).Aut(G, T). En effet, si u appartient à Aut(G), u(T) est un tore maximal de T, donc est conjugué à T, et il existe un automorphisme intérieur v de G tel que $u(T) = v(T)$, c'est-à-dire $v^{-1}u \in \mathrm{Aut}(G, T)$. Il en résulte que Aut(G)/Int(G) s'identifie à Aut(G, T)/(Aut(G, T) $\cap$ Int(G)), d'où en vertu de ce qui précède une suite exacte

$$1 \to \mathrm{Int}(G) \to \mathrm{Aut}(G) \to \mathrm{Aut}(D)/W(D) \to 1\,. \tag{16}$$

Par conséquent :

PROPOSITION 18. — *Le groupe* Aut(G)/Int(G) *est isomorphe à* Aut(D)/W(D).

Supposons en particulier G semi-simple; le groupe Aut(D) s'identifie alors au sous-groupe de A(R(G, T)) (VI, § 1, nº 1) formé des éléments u tels que $u(X(T)) \subset X(T)$, et le sous-groupe W(D) s'identifie à W(R(G, T)).

COROLLAIRE. — *Si* G *est simplement connexe, ou si* C(G) *est réduit à l'élément neutre, le groupe* Aut(G)/Int(G) *est isomorphe au groupe des automorphismes du graphe de Dynkin de* R(G, T).

Cela résulte de ce qui précède et de VI, § 4, nº 2, cor. à la prop. 1.

Nous nous proposons maintenant de montrer que l'extension (16) admet des *sections.*

Pour tout $\alpha \in R(G, T)$, notons V(α) le sous-espace vectoriel de dimension 2 de $\mathfrak{g}$ tel que $V(\alpha)_{(\mathbf{C})} = \mathfrak{g}^{\alpha} + \mathfrak{g}^{-\alpha}$; notons K la forme quadratique associée à la forme de Killing de $\mathfrak{g}$.

DÉFINITION 3. — *On appelle épinglage de* (G, T) *un couple* $(B, (U_{\alpha})_{\alpha \in B})$, *où* B *est une base de* R(G, T) (VI, § 1, nº 5, déf. 2) *et où, pour tout* $\alpha \in B$, U_{α} *est un élément de* V(α) *tel que* $K(U_{\alpha}) = -1$.

On appelle épinglage de G la donnée d'un tore maximal T de G et d'un épinglage de (G, T).

Lemme 3. — *Soit* B_0 *une base de* R(G, T). *Le groupe* $\mathrm{Int}_G(T)$ *opère de façon simplement transitive dans l'ensemble des épinglages de* (G, T) *de la forme* $(B_0, (U_{\alpha})_{\alpha \in B_0})$.

Pour tout $\alpha \in B_0$, notons K(α) la restriction à V(α) de la forme quadratique K; l'action de T sur V(α) définit un morphisme $\iota_{\alpha} : T \to \mathbf{SO}(K(\alpha))$. On a vu au nº 4 que $\mathbf{SO}(K(\alpha))$ s'identifie à U de façon que ι_{α} s'identifie à la racine α. Comme B_0 est une base de R, c'est une base du **Z**-module Q(R) engendré par les racines, donc une base du sous-module X(T/C(G)) de X(T). Il en résulte que le morphisme produit des ι_{α} induit un isomorphisme de T/C(G) sur le groupe produit des $\mathbf{SO}(K(\alpha))$. Or ce dernier opère de façon simplement transitive sur l'ensemble des épinglages de (G, T) dont la première composante est B_0.

PROPOSITION 19. — *Le groupe* Int(G) *opère de façon simplement transitive dans l'ensemble des épinglages de* G.

Soient $e = (T, B, (U_\alpha))$ et $e' = (T', B', (U'_\alpha))$ deux épinglages de G. Il existe des éléments g dans G tels que $(\operatorname{Int} g)(T) = T'$, et ces éléments forment une classe modulo $N_G(T)$. On peut donc supposer $T = T'$, et il faut prouver qu'il existe un unique élément de $\operatorname{Int}_G(N_G(T))$ qui transforme e en e'. D'après VI, § 1, n° 5, remarque 4, il existe un unique élément w de W(R) tel que $w(B) = B'$. Comme W(R) s'identifie à $N_G(T)/T$, il existe $n \in N_G(T)$ tel que $w = \operatorname{Int} n$, et n est bien déterminé modulo T. On peut donc supposer $B = B'$, et il faut prouver qu'il existe un unique élément de $\operatorname{Int}_G(T)$ qui transforme e en e', ce qui n'est autre que le lemme 3.

COROLLAIRE. — *Soit e un épinglage de* (G, T) *et soit* E *le groupe des automorphismes de* G *qui laissent e stable. Alors* Aut(G) *est produit semi-direct de* E *par* Int(G), *et* Aut(G, T) *est produit semi-direct de* E *par* $\operatorname{Int}(G) \cap \operatorname{Aut}(G, T) = \operatorname{Int}_G(N_G(T))$.

En effet, tout élément de Aut(G) transforme e en un épinglage de G. D'après la prop. 19, toute classe de Aut(G) suivant Int(G) rencontre E en un point et un seul, d'où la première assertion. La seconde se démontre de la même manière.

Remarque. — Soient G et G′ deux groupes de Lie compacts connexes, et soient $e = (T, B, (U_\alpha))$ et $e' = (T', B', (U'_{\alpha'}))$ des épinglages de G et G′ respectivement. Soit X l'ensemble des isomorphismes de G sur G′ qui appliquent e sur e'. L'application $f \mapsto D^*(f)$ (resp. $D_*(f)$) est une bijection de X sur l'ensemble des isomorphismes de $D^*(G', T')$ sur $D^*(G, T)$ (resp. $D_*(G, T)$ sur $D_*(G', T')$) qui appliquent B′ sur B (resp. B sur B′). Cela résulte en effet aussitôt de la prop. 15 et du lemme 3.

§ 5. CLASSES DE CONJUGAISON

On conserve les notations du § 4.

1. Éléments réguliers

D'après le cor. 4 au th. 2 du § 2, n° 2, les éléments *réguliers* g de G peuvent être caractérisés par l'une ou l'autre des propriétés suivantes :

a) La sous-algèbre de $\mathfrak{g}$ fixée par $\operatorname{Ad} g$ est une sous-algèbre de Cartan.

b) $Z(g)_0$ est un tore maximal de G.

L'ensemble des éléments réguliers de G est ouvert et dense dans G.

Dans la suite de ce paragraphe, on note G_r (resp. T_r) l'ensemble des points de G (resp. T) qui sont réguliers dans G. Pour qu'un élément g de G appartienne à T_r, il faut et il suffit que $Z(g)_0$ soit égal à T ; tout élément de G_r est conjugué à un élément de T_r (§ 2, n° 2, th. 2).

Pour qu'un élément t de T appartienne à T_r, il faut et il suffit que, pour toute racine $\alpha \in R(G, T)$, on ait $t^\alpha \neq 1$; par conséquent $T - T_r$ est réunion des sous-tores $\operatorname{Ker} \alpha$ lorsque α parcourt R(G, T).

PROPOSITION 1. — *Posons* $n = \dim G$. *Il existe une variété analytique réelle compacte* V *de dimension* $n - 3$ *et une application analytique* $\varphi : V \to G$ *dont l'image est* $G - G_r$.

Soit $\alpha \in R(G, T)$; posons $V_\alpha = (G/Z(\operatorname{Ker} \alpha)) \times (\operatorname{Ker} \alpha)$, et soit φ_α le morphisme de V_α dans G tel que, pour tout $g \in G$ et tout $t \in \operatorname{Ker} \alpha$, on ait $\varphi_\alpha(\bar{g}, t) = gtg^{-1}$ (on désigne par $\bar{g}$ la classe de g modulo $Z(\operatorname{Ker} \alpha)$). Alors V_α est une variété analytique réelle compacte de dimension

$$\dim V_\alpha = \dim G - \dim Z(\operatorname{Ker} \alpha) + \dim \operatorname{Ker} \alpha = n - (\dim T + 2) + (\dim T - 1) = n - 3$$

(§ 4, nº 5, th. 1) ; φ_α est un morphisme de variétés analytiques réelles, et l'image de φ_α est formée des éléments de G conjugués à un élément de Ker α. Il suffit alors de prendre pour V la somme des variétés V_α, et pour φ le morphisme induisant φ_α sur chaque V_α.

Remarque. — Appelons *très réguliers* les éléments g de G tels que $Z(g)$ soit un tore maximal de G. Si $g \in T$, g est très régulier si et seulement si $w(g) \neq g$ pour tout élément non neutre w de $W_G(T)$ (§ 4, nº 7, prop. 14). L'ensemble des éléments très réguliers de G est donc un ouvert dense de G (§ 2, nº 5, cor. 2 à la prop. 5).

2. Chambres et alcôves

Notons $\mathfrak{t}_r$ l'ensemble des éléments $x \in \mathfrak{t}$ tels que $\exp x$ soit régulier, c'est-à-dire appartienne à T_r. Pour qu'un élément x de $\mathfrak{t}$ appartienne à $\mathfrak{t} - \mathfrak{t}_r$, il faut et il suffit qu'il existe une racine $\alpha \in R(G, T)$ telle que $\delta(\alpha)(x) \in 2\pi i\mathbf{Z}$. Pour chaque racine $\alpha \in R(G, T)$ et chaque entier n, notons $H_{\alpha,n}$ l'ensemble des $x \in \mathfrak{t}$ tels que $\delta(\alpha)(x) = 2\pi i n$. Les $H_{\alpha,n}$ sont appelés les *hyperplans singuliers* de $\mathfrak{t}$, et $\mathfrak{t} - \mathfrak{t}_r$ est réunion des hyperplans singuliers. On appelle *alcôves* de $\mathfrak{t}$ les composantes connexes de $\mathfrak{t}_r$, et *chambres* les composantes connexes du complémentaire dans $\mathfrak{t}$ de la réunion de ceux des hyperplans singuliers qui passent par l'origine (c'est-à-dire des $H_{\alpha,0} = \operatorname{Ker} \delta(\alpha)$, $\alpha \in R(G, T)$).

On a $\Gamma(T) \subset \mathfrak{t} - \mathfrak{t}_r$; on note $N(G, T)$ le sous-groupe de $\Gamma(T)$ engendré par les vecteurs nodaux (§ 4, nº 5) ; d'après la prop. 11 du § 4, nº 6, le quotient $\Gamma(T)/N(G, T)$ s'identifie au groupe fondamental de G.

Enfin, on note W le groupe de Weyl de G relativement à T, considéré comme groupe d'automorphismes de T et de $\mathfrak{t}$, et on note W_a (resp. W'_a) le groupe d'automorphismes de l'espace affine $\mathfrak{t}$ engendré par W et par les translations $t_\gamma : x \mapsto x + \gamma$ pour $\gamma \in N(G, T)$ (resp. pour $\gamma \in \Gamma(T)$).

Soient $w \in W$, $\gamma \in \Gamma(T)$, $\alpha \in R(G, T)$ et $n \in \mathbf{Z}$. On a :

$$w(H_{\alpha,n}) = H_{w\alpha,n}, \quad t_\gamma(H_{\alpha,n}) = H_{\alpha,n+\langle\gamma,\alpha\rangle}.$$

Il en résulte que pour toute chambre C et tout $w \in W$, $w(C)$ est une chambre et que pour toute alcôve A et tout $w \in W'_a$, $w(A)$ est une alcôve. On notera que lorsqu'on identifie $X(T) \otimes \mathbf{R}$ à $\mathfrak{t}^*$ *via* l'isomorphisme $(2\pi i)^{-1}\delta$, les alcôves de $\mathfrak{t}$ et le groupe W_a sont les alcôves et le groupe de Weyl affine associés au système de racines $R(G, T)$ (VI, § 2, nº 1).

PROPOSITION 2. — *a) Le groupe* W_a (resp. W'_a) *est produit semi-direct de* W *par* N(G, T) (resp. Γ(T)) ; *le sous-groupe* W_a *de* W'_a *est distingué.*

b) Le groupe W (*resp.* W_a) *opère de façon simplement transitive dans l'ensemble des chambres* (resp. *alcôves*).

c) Soient C *une chambre et* A *une alcôve. Alors* $\overline{C}$ (resp. $\overline{A}$, resp. A) *est un domaine fondamental pour l'action de* W *dans* t (resp. *de* W_a *dans* t, resp. *de* W_a *dans* $t - t_r$). *Si* $x \in t_r$ *et* $w \in W_a$ *sont tels que* $w(x) = x$, *alors* $w = \mathrm{Id}$.

d) Pour toute chambre C, *il existe une unique alcôve* A *telle que* $A \subset C$ *et* $0 \in \overline{A}$. *Pour toute alcôve* A, *il existe un unique* $\gamma \in N(G, T)$ *tel que* $\gamma \in \overline{A}$.

Si $w \in W$ et $\gamma \in \Gamma(T)$, on a $wt_\gamma w^{-1} = t_{w(\gamma)}$ et $wt_\gamma w^{-1} t_\gamma^{-1} = t_{w(\gamma)-\gamma}$, avec $w(\gamma) - \gamma \in N(G, T)$; cela implique aussitôt *a*). Le reste de la proposition résulte de VI, § 1, n° 5 et § 2, n°s 1 et 2.

COROLLAIRE 1. — *Soient* A *une alcôve de* t, $\overline{A}$ *son adhérence, et* H_A *le stabilisateur de* A *dans* W'_a.

a) Le groupe W'_a *est produit semi-direct de* H_A *par* W_a.

b) L'application exponentielle $\overline{A} \to T$ *et l'injection canonique* $T \to G$ *induisent par passage aux quotients et aux sous-ensembles des homéomorphismes*

$$\overline{A}/H_A \to T/W \to G/\mathrm{Int}(G)$$

$$A/H_A \to T_r/W \to G_r/\mathrm{Int}(G)\,.$$

Soit $w' \in W'_a$; alors $w'(A)$ est une alcôve de t, et il existe (prop. 2, *b*)) un unique élément w de W_a tel que $w(A) = w'(A)$, c'est-à-dire $w^{-1}w' \in H_A$. Puisque W_a est distingué dans W'_a, ceci démontre *a*).

L'injection canonique de $\overline{A}$ dans t induit une bijection continue $\theta : \overline{A} \to t/W_a$ (prop. 2, *c*)), qui est un homéomorphisme puisque $\overline{A}$ est compact. Comme W_a est distingué dans W'_a, le groupe H_A opère de façon canonique dans t/W_a (A, I, p. 55) et t/W'_a s'identifie au quotient $(t/W_a)/H_A$; l'application θ est compatible avec les opérations de H_A, donc induit par passage aux quotients un homéomorphisme $\overline{A}/H_A \to t/W'_a$. Par ailleurs $\exp_T$ induit un homéomorphisme de $t/\Gamma(T)$ sur T, donc aussi un homéomorphisme de t/W'_a sur T/W. L'assertion *b*) résulte de là et du cor. 1 à la prop. 5 du § 2, n° 4.

Remarques. — 1) Le groupe H_A s'identifie naturellement à Γ(T)/N(G, T), donc aussi à $\pi_1(G)$. Il est donc réduit à l'élément neutre lorsque G est simplement connexe.

2) Soit $x \in A$; on a alors $\exp x \in T_r$, donc $Z(\exp x)_0 = T$. Pour que $\exp x$ soit *très régulier* (n° 1, remarque), il faut et il suffit qu'on ait $w(x) \neq x$ pour tout $w \in W'_a$, distinct de l'identité. D'après le cor. 1, cela signifie aussi que $h(x) \neq x$ pour tout $h \in H_A$ distinct de l'identité. En particulier, si G est simplement connexe, on a $Z_G(t) = T$ pour tout $t \in T_r$, et tout élément régulier de G est très régulier.

3) Les points spéciaux de W_a (VI, § 2, n° 2) sont les éléments x de t tels que $\delta(\alpha)(x) \in 2\pi i\mathbf{Z}$ pour tout $\alpha \in R(G, T)$ (*loc. cit.*, prop. 3), c'est-à-dire tels que

$\exp x \in C(G)$ (§ 4, nº 4, prop. 8). Pour un tel élément x on a $wx - x \in N(G, T)$ quel que soit $w \in W$ (VI, § 1, nº 9, prop. 27), de sorte que les stabilisateurs de x dans W_a et dans W'_a coïncident. Soit S l'ensemble des points spéciaux de $\overline{A}$; il résulte de ce qui précède et du cor. 1 que le groupe H_A opère librement dans S, et que l'application exponentielle induit une bijection de S/H_A sur C(G).

COROLLAIRE 2. — *Soient* C *une chambre de* $\mathfrak{t}$ *et* $\overline{C}$ *son adhérence. Les injections canoniques* $\overline{C} \to \mathfrak{t} \to \mathfrak{g}$ *induisent par passage aux quotients des homéomorphismes*

$$\overline{C} \to \mathfrak{t}/W \to \mathfrak{g}/\mathrm{Ad}(G).$$

Les applications canoniques $\overline{C} \to \mathfrak{t}$ et $\mathfrak{t} \to \mathfrak{t}/W$ sont propres (TG, III, p. 28, prop. 2, *c*)). L'application $\overline{C} \to \mathfrak{t}/W$ est continue, propre et bijective (prop. 2, *c*)) ; c'est donc un homéomorphisme, d'où le corollaire compte tenu du cor. à la prop. 6 du § 2, nº 5.

Remarque 4. — Notons $\mathfrak{g}_{reg}$ l'ensemble des éléments réguliers de $\mathfrak{g}$ (VII, § 2, nº 2, déf. 2) et posons $\mathfrak{t}_{reg} = \mathfrak{t} \cap \mathfrak{g}_{reg}$. Pour $x \in \mathfrak{t}$, on a

$$\det(X - \mathrm{ad}_{\mathfrak{g}} x) = X^{\dim \mathfrak{t}} \prod_{\alpha \in R(G,T)} (X - \delta(\alpha)(x)),$$

et par suite $\mathfrak{t}_{reg}$ est l'ensemble des éléments x de $\mathfrak{t}$ tels que $\delta(\alpha)(x) \neq 0$ pour tout $\alpha \in R(G, T)$, c'est-à-dire la réunion des chambres de $\mathfrak{t}$ (de sorte que $\mathfrak{t}_r \subset \mathfrak{t}_{reg}$). On a par conséquent $\overline{C} \cap \mathfrak{t}_{reg} = C$, d'où des homéomorphismes

$$C \to \mathfrak{t}_{reg}/W \to \mathfrak{g}_{reg}/\mathrm{Ad}(G).$$

COROLLAIRE 3. — *Supposons* G *simplement connexe ; soit* g *un élément régulier de* G. *Il existe un tore maximal* S *de* G *et une alcôve* A *de* L(S), *uniquement déterminés, tels que* $g \in \exp(A)$ *et* $0 \in \overline{A}$.

On peut supposer que g appartient à T_r (§ 2, nº 2, th. 2). Soit x un élément de $\mathfrak{t}_r$ tel que $\exp x = g$, et soit A' l'alcôve de $\mathfrak{t}$ contenant x. Les alcôves A de $\mathfrak{t}$ telles que $g \in \exp(A)$ sont les alcôves $A' - \gamma$ pour $\gamma \in \Gamma(T)$; l'assertion résulte donc de la prop. 2, *d*).

3. Automorphismes et éléments réguliers

Lemme 1. — *Soient* u *un automorphisme de* G, *et* H *l'ensemble de ses points fixes.*

a) H *est un sous-groupe fermé de* G.

b) *Si* H_0 *est central dans* G, *alors* G *est commutatif (donc* G = T).

L'assertion *a*) est claire. Pour démontrer *b*), on peut remplacer G par D(G) (§ 1, cor. 1 à la prop. 4), donc supposer G semi-simple. Alors, si H_0 est central dans G, on a $L(H) = \{0\}$, de sorte que l'endomorphisme $L(u) - \mathrm{Id}$ de $\mathfrak{g}$ est bijectif. Soit f l'endomorphisme de la variété G défini par $f(g) = u(g)^{-1}g$ pour $g \in G$; il est étale, car si $g \in G$ et $x \in \mathfrak{g}$, on a $T(f)(xg) = u(g)^{-1}(x - L(u)(x))\,g$, de sorte que l'application tangente à f en g est bijective. Il s'ensuit que l'image de f est ouverte et compacte, donc coïncide avec G puisque G est connexe. Soient alors E un épinglage de G (§ 4, n° 10, déf. 3) et $u(\mathrm{E})$ son image par u. D'après la prop. 19 de *loc. cit.*, il existe un élément h de G tel que $(\mathrm{Int}\, h)(\mathrm{E}) = u(\mathrm{E})$. Soit $g \in \mathrm{G}$ tel que $h = f(g) = u(g)^{-1}g$; on a

$$u \circ \mathrm{Int}\, g = (\mathrm{Int}\, u(g)) \circ u = \mathrm{Int}\, g \circ (\mathrm{Int}\, h)^{-1} \circ u,$$

donc l'épinglage $(\mathrm{Int}\, g)(\mathrm{E})$ est stable par u. Si $(\mathrm{Int}\, g)(\mathrm{E}) = (\mathrm{T}_1, \mathrm{B}, (U_\alpha)_{\alpha \in \mathrm{B}})$, on a donc $\sum U_\alpha \in \mathrm{L(H)}$; comme $\mathrm{L(H)} = \{0\}$, cela implique $\mathrm{B} = \varnothing$, donc $\mathrm{G} = \mathrm{T}_1$, et G est commutatif.

Lemme 2. — *Soient x un élément de* T *et* S *un sous-tore de* T. *Si la composante neutre de* $\mathrm{Z}(x) \cap \mathrm{Z(S)}$ *est réduite à* T, *il existe un élément s de* S *tel que xs soit régulier.*

Pour tout α dans R(G, T), soit S_α la sous-variété de S formée des éléments s de S tels que l'on ait $(xs)^\alpha = 1$. S'il n'existe aucun élément s de S tel que xs soit régulier, S est la réunion des sous-variétés S_α, donc est égale à l'une d'elles. Il existe alors α dans R(G, T) tel que $(xs)^\alpha = 1$ pour tout $s \in \mathrm{S}$; mais cela implique $x^\alpha = 1$ et $\alpha | \mathrm{S} = 1$, donc $\mathrm{Z}(x) \cap \mathrm{Z(S)} \supset \mathrm{Z}(\mathrm{Ker}\, \alpha)$, d'où le lemme.

Lemme 3. — *Supposons* G *simplement connexe. Soient* C *une chambre de* $\mathfrak{t}$, *et u un automorphisme de* G *tel que* T *et* C *soient stables pour u. Alors l'ensemble des points de* T *fixés par u est connexe.*

Puisque G est simplement connexe, $\Gamma(\mathrm{T})$ est engendré par les vecteurs nodaux K_α ($\alpha \in \mathrm{R(G, T)}$), donc admet comme base la famille des K_α, lorsque α parcourt la base B(C) définie par C (VI, § 1, n° 10). Il suffit donc de prouver que si φ est un automorphisme du tore T laissant stable une base de $\Gamma(\mathrm{T})$, l'ensemble des points fixes de φ est connexe. Décomposant cette base en réunion disjointe d'orbites du groupe engendré par φ, on se ramène au cas où $\mathrm{T} = \mathbf{U}^n$ et où φ est l'automorphisme $(z_1, ..., z_n) \mapsto (z_2, ..., z_n, z_1)$; en ce cas les points fixes de φ sont les points $(z, z, ..., z)$ pour $z \in \mathbf{U}$, qui forment un sous-groupe connexe de T.

PROPOSITION 3. — *Soit u un automorphisme de* G, *et soit x un point de* G *fixé par u.*

a) Il existe un élément a de $\mathfrak{g}$, *fixé par* $\mathrm{L}(u)$ *et par* Ad x, *tel que x* exp *a soit régulier.*

b) Il existe un élément régulier g de G *fixé par u et commutant à x.*

Soient H le groupe des points fixes de u, S un tore maximal de $\mathrm{Z}(x) \cap \mathrm{H}$, et K la composante neutre de $\mathrm{Z(S)} \cap \mathrm{Z}(x)$. C'est un sous-groupe fermé connexe de G ; par ailleurs, d'après le cor. 5 au th. 2 du § 2, n° 2, il existe des tores maximaux de G contenant S et x, donc K est de rang maximum et contient S et x. D'autre part, K est stable pour u puisque S et x le sont ; notons V l'ensemble des points fixes de u dans K. On a alors

$$\mathrm{S} \subset \mathrm{V}_0 \subset \mathrm{K} \cap \mathrm{H} \subset \mathrm{Z(S)} \cap \mathrm{Z}(x) \cap \mathrm{H},$$

donc V_0 est contenu dans le centralisateur de S dans $(\mathrm{Z}(x) \cap \mathrm{H})_0$; mais ce dernier est réduit à S (*loc. cit.*, cor. 6), d'où finalement $\mathrm{V}_0 = \mathrm{S}$. Le lemme 1 entraîne alors que K est commutatif, donc est un tore maximal de G (puisqu'il est connexe et de rang maximum). Il contient S et x, et est égal à la composante neutre de $Z(S) \cap Z(x)$; l'assertion *a*) résulte alors du lemme 2. On en déduit *b*) en prenant $g = x \exp a$.

COROLLAIRE. — *Soit* $\mathfrak{s}$ *une algèbre de Lie compacte, et soit* φ *un automorphisme de* $\mathfrak{s}$. *Il existe un élément régulier de* $\mathfrak{s}$ *fixé par* φ.

Quitte à remplacer $\mathfrak{s}$ par $\mathscr{D}\mathfrak{s}$, on peut supposer $\mathfrak{s}$ semi-simple. Soit S un groupe de Lie compact simplement connexe d'algèbre de Lie $\mathfrak{s}$, et soit u l'automorphisme de S tel que $L(u) = \varphi$. La prop. 3 entraîne l'existence d'un élément a de $\mathfrak{s}$, fixé par φ, tel que $\exp a$ soit régulier dans S ; en particulier a est régulier dans $\mathfrak{s}$ (n° 2, remarque 4).

THÉORÈME 1. — *Soit* u *un automorphisme du groupe de Lie compact connexe* G.

a) *La composante neutre du groupe des points fixes de* u *contient un élément régulier de* G.

b) *Il existe un tore maximal* K *de* G *et une chambre de* L(K) *stables par* u.

c) *Si* G *est simplement connexe, l'ensemble des points fixes de* u *est connexe.*

L'assertion *a*) est le cas particulier $x = e$ de la prop. 3. Supposons maintenant G *simplement connexe* et démontrons *b*) et *c*). Soit x un élément de G fixé par u, et soit g un élément régulier de G, fixé par u et commutant à x (prop. 3). Le centralisateur K de g est un tore maximal de G (n° 2, remarque 2), stable par u, contenant x et g. D'après le cor. 3 à la prop. 2 du n° 2, il existe une unique alcôve A de L(K) telle que $g \in \exp(A)$ et $0 \in \overline{A}$; comme g est fixé par u, $L(u)$ laisse stable A, donc aussi la chambre de L(K) qui contient A. Cela démontre *b*) ; par ailleurs, l'ensemble des points de K fixés par u est connexe (lemme 3) et contient x et e, d'où *c*) (TG, I, p. 81, prop. 2).

Il nous reste à démontrer *b*) dans le cas général. Or, si $\tilde{D}(G)$ est le revêtement universel de D(G), et si $f : \tilde{D}(G) \rightarrow G$ est le morphisme canonique, il existe un automorphisme $\tilde{u}$ de $\tilde{D}(G)$ tel que $f \circ \tilde{u} = u \circ f$. Si $\tilde{K}$ est un tore maximal de $\tilde{D}(G)$ et $\tilde{C}$ une chambre de $L(\tilde{K})$, stables pour $\tilde{u}$ (il en existe d'après ce qui a déjà été démontré), il existe (§ 2, n° 3, remarque 2) un unique tore maximal K de G et une unique chambre C de L(K) tels que $\tilde{K} = f^{-1}(K)$ et $\tilde{C} = L(f)^{-1}(C)$, et on voit aussitôt que K et C sont stables pour u, d'où l'assertion *b*) dans le cas général.

COROLLAIRE 1. — *Supposons le* **Z**-*module* $\pi_1(G)$ *sans torsion.*

a) *Le centralisateur de tout élément de* G *est connexe.*

b) *Deux éléments de* G *qui commutent appartiennent à un même tore maximal.*

D'après le cor. 3 à la prop. 11 du § 4, n° 6, D(G) est simplement connexe. On a $G = C(G)_0 . D(G)$; soit $x \in G$; écrivons $x = uv$, avec $u \in C(G)_0$ et $v \in D(G)$. Alors $Z(x) = C(G)_0 . Z_{D(G)}(v)$. D'après le th. 1, *c*), $Z_{D(G)}(v)$ est connexe, donc $Z(x)$ est connexe, d'où *a*). D'après le cor. 3 au th. 2 du § 2, n° 2, $Z(x)$ est donc la réunion des tores maximaux de G contenant x, d'où *b*).

COROLLAIRE 2. — *Soit* Γ *un sous-groupe compact de* Aut(G) *possédant la propriété suivante* :

(∗) *Il existe des éléments* $u_1, \ldots, u_n$ *de* Γ *tels que, pour tout* i, *l'adhérence* Γ_i *du sous-groupe de* Γ *engendré par* $u_1, \ldots, u_i$ *soit un sous-groupe distingué de* Γ, *et qu'on ait* $\Gamma_n = \Gamma$.

Alors il existe un tore maximal de G *stable pour l'action de* Γ.

Raisonnons par récurrence sur la dimension de G. On peut évidemment supposer que $u_1 \neq \mathrm{Id}$; alors le sous-groupe H des points fixes de u_1 est distinct de G, et est stable pour l'action de Γ. De plus, puisque Γ est compact, l'image de Γ dans $\mathrm{Aut}(\mathrm{H}_0)$ est un quotient de Γ, donc satisfait aussi à la condition $(*)$. D'après l'hypothèse de récurrence, il existe un tore maximal S de H stable par Γ. Le centralisateur K de S dans G est connexe (§ 2, n° 2, cor. 5) et stable par Γ ; c'est un tore maximal de G, puisque H_0 contient un élément régulier de G (th. 1, *a*)) et que celui-ci est conjugué à un élément de S (*loc. cit.*, cor. 4).

COROLLAIRE 3. — *Soient* H *un groupe de Lie et* Γ *un sous-groupe compact de* H. *On suppose que* H_0 *est compact et que* Γ *satisfait à la condition* $(*)$ *du cor. 2. Il existe alors un tore maximal* T *de* H_0 *tel que* $\Gamma \subset \mathrm{N_H(T)}$.

COROLLAIRE 4. — *Tout sous-groupe nilpotent d'un groupe de Lie compact est contenu dans le normalisateur d'un tore maximal.*

Soient H un groupe de Lie compact, N un sous-groupe nilpotent de H. Alors l'adhérence Γ de N est aussi un groupe nilpotent (III, § 9, n° 1, cor. 2 à la prop. 1), et il suffit, vu le cor. 3, de prouver que Γ satisfait à la condition $(*)$. Or Γ_0 est un groupe de Lie compact connexe nilpotent, donc est un tore (§ 1, n° 4, cor. 1 à la prop. 4), et il existe un élément u_1 de Γ_0 engendrant un sous-groupe dense de Γ_0 (TG, VII, p. 8, texte précédant la prop. 8). Le groupe fini Γ/Γ_0 est nilpotent et il existe $\tilde{u}_2, \ldots, \tilde{u}_n \in \Gamma/\Gamma_0$ engendrant Γ/Γ_0 et tels que le sous-groupe de Γ/Γ_0 engendré par $(\tilde{u}_2, \ldots, \tilde{u}_r)$ soit distingué pour $r = 2, \ldots, n$ (A, I, p. 73, th. 1 et p. 76, th. 4). Alors, si $u_2, \ldots, u_n$ sont des représentants de $\tilde{u}_2, \ldots, \tilde{u}_n$ dans Γ, la suite $(u_1, \ldots, u_n)$ possède la propriété exigée.

Exemple. — Prenons $\mathrm{G} = \mathrm{U}(n, \mathbf{C})$. Nous verrons plus loin que le sous-groupe des matrices diagonales de G est un tore maximal de G et que son normalisateur est l'ensemble des matrices *monomiales* (A, II, p. 151) de G.

On en conclut que si Φ est une forme hermitienne positive séparante sur un espace vectoriel complexe de dimension finie V et Γ un sous-groupe nilpotent de $\mathrm{U}(\Phi)$, il existe une base de V pour laquelle les matrices des éléments de Γ sont monomiales (« *théorème de Blichtfeldt* »).

4. Les applications $(\mathrm{G/T}) \times \mathrm{T} \to \mathrm{G}$ et $(\mathrm{G/T}) \times \mathrm{A} \to \mathrm{G}_r$

L'application $(g, t) \mapsto gtg^{-1}$ de $\mathrm{G} \times \mathrm{T}$ dans G induit par passage au quotient un morphisme de variétés analytiques

$$f : (\mathrm{G/T}) \times \mathrm{T} \to \mathrm{G},$$

qui est surjectif (§ 2, n° 2, th. 2). Par restriction, f induit un morphisme surjectif

$$f_r : (\mathrm{G/T}) \times \mathrm{T}_r \to \mathrm{G}_r .$$

Par composition avec $\mathrm{Id}_{G/T} \times \exp_T$, on en déduit des morphismes, également surjectifs

$$\varphi : (G/T) \times \mathfrak{t} \to G\,,$$
$$\varphi_r : (G/T) \times \mathfrak{t}_r \to G_r\,;$$

enfin, si A est une alcôve de $\mathfrak{t}$, on déduit de φ_r un morphisme surjectif

$$\varphi_A : (G/T) \times A \to G_r\,.$$

On définit une *opération à droite de* W *dans* G/T comme suit : soient $w \in W$ et $u \in G/T$; relevons w en un élément n de $N_G(T)$ et u en un élément g de G. Alors l'image de gn dans G/T ne dépend pas du choix de n et g ; on la note $u.w$.

Pour cette opération, W opère *librement* dans G/T : avec les notations précédentes, supposons en effet $u.w = u$; alors $gn \in gT$, donc $n \in T$ et $w = 1$.

On définit une opération à droite de W dans $(G/T) \times T$ par

$$(u, t).w = (u.w, w^{-1}(t))\,, \quad u \in G/T\,, \quad t \in T\,, \quad w \in W$$

et une opération à droite de W'_a dans $(G/T) \times \mathfrak{t}$ par

$$(u, x).\omega = (u.\overline{\omega}, \omega^{-1}(x))\,, \quad u \in G/T\,, \quad x \in \mathfrak{t}\,, \quad \omega \in W'_a\,,$$

où $\overline{\omega}$ est l'image de ω dans le quotient $W'_a/\Gamma(T) = W$.

Si A est une alcôve de $\mathfrak{t}$, et si H_A est le sous-groupe de W'_a qui stabilise A, on obtient par restriction une opération de H_A sur $(G/T) \times A$.

Ces différentes opérations sont compatibles avec les morphismes f, φ et φ_A : pour $u \in G/T$, $t \in T$, $x \in \mathfrak{t}$, $y \in A$, $w \in W$, $\omega \in W'_a$, $h \in H_A$, on a

$$f((u, t).w) = f(u, t)\,, \quad \varphi((u, x).\omega) = \varphi(u, x)\,, \quad \varphi_A((u, y).h) = \varphi_A(u, y)\,.$$

Lemme 4. — *Soient* $g \in G$, $t \in T$, *et soit* $\overline{g}$ *l'image de* g *dans* G/T. *Identifions l'espace tangent à* G/T (resp. T, resp. G) *en* $\overline{g}$ (resp. t, resp. gtg^{-1}) à $\mathfrak{g}/\mathfrak{t}$ (resp. $\mathfrak{t}$, resp. $\mathfrak{g}$) *par la translation à gauche* $\gamma(g)$ *par* g (resp. t, resp. gtg^{-1}). *L'application linéaire tangente à* f *en* $(\overline{g}, t)$ *s'identifie alors à l'application* $f' : (\mathfrak{g}/\mathfrak{t}) \times \mathfrak{t} \to \mathfrak{g}$ *définie comme suit : si* $z \in \mathfrak{g}$, $x \in \mathfrak{t}$, *et si* $\overline{z}$ *désigne l'image de* z *dans* $\mathfrak{g}/\mathfrak{t}$, *on a*

$$f'(\overline{z}, x) = (\mathrm{Ad}\, gt^{-1})\,(z - (\mathrm{Ad}\, t)\, z + x)\,.$$

Soit F l'application de $G \times T$ dans T telle que $F(g, t) = gtg^{-1}$. Comme $F \circ (\gamma(g), \mathrm{Id}_T) = \mathrm{Int}\, g \circ F$, on a $T_{(g,t)}(F)\,(gz, tx) = T_t(\mathrm{Int}\, g) \circ T_{(e,t)}(F)\,(z, tx)$; d'après III, § 3, nº 12, prop. 46, on a

$$T_{(e,t)}(F)\,(z, tx) = t((\mathrm{Ad}\, t^{-1})\, z - z) + tx = t((\mathrm{Ad}\, t^{-1})\,(z - (\mathrm{Ad}\, t)\, z + x))$$

et par conséquent

$$\mathrm{T}_{(g,t)}(\mathrm{F})(gz, tx) = gtg^{-1}((\mathrm{Ad}\, gt^{-1})(z - (\mathrm{Ad}\, t)\, z + x)) .$$

Le lemme résulte aussitôt de cette formule par passage au quotient.

PROPOSITION 4. — *a) Soient* $g \in \mathrm{G}$, $t \in \mathrm{T}$, $x \in \mathfrak{t}$, *et soit* $\bar{g}$ *l'image de* g *dans* G/T. *Les conditions suivantes sont équivalentes :*

(i) *On a* $t \in \mathrm{T}_r$ (resp. $x \in \mathfrak{t}_r$).

(i *bis*) *L'élément* $f(\bar{g}, t)$ (resp. $\varphi(\bar{g}, x)$) *est régulier dans* G.

(ii) *L'application* f (resp. φ) *est une submersion au point* $(\bar{g}, t)$ (resp. $(\bar{g}, x)$).

(ii *bis*) *L'application* f (resp. φ) *est étale au point* $(\bar{g}, t)$ (resp. $(\bar{g}, x)$).

b) L'application f_r (resp. φ_r, resp. φ_A) *fait de* $(\mathrm{G}/\mathrm{T}) \times \mathrm{T}_r$ (resp. $(\mathrm{G}/\mathrm{T}) \times \mathfrak{t}_r$, resp. $(\mathrm{G}/\mathrm{T}) \times \mathrm{A}$) *un revêtement principal de* G_r *de groupe* W (resp. W'_a, resp. H_A).

a) L'équivalence de (i) et (i *bis*) est claire ; celle de (ii) et (ii *bis*) résulte des relations $\dim((\mathrm{G}/\mathrm{T}) \times \mathrm{T}) = \dim((\mathrm{G}/\mathrm{T}) \times \mathfrak{t}) = \dim(\mathrm{G})$. D'après le lemme 4, f est une submersion au point $(\bar{g}, t)$ si et seulement si $\mathfrak{g} = \mathfrak{t} + \mathrm{Im}(\mathrm{Ad}\, t - \mathrm{Id})$, ce qui signifie que t est régulier. Enfin puisque $\varphi = f \circ (\mathrm{Id}_{\mathrm{G}/\mathrm{T}} \times \exp_\mathrm{T})$, φ est étale au point $(\bar{g}, x)$ si et seulement si f est étale au point $(\bar{g}, \exp x)$, ce qui signifie d'après ce qui précède que x appartient à $\mathfrak{t}_r$.

b) Les morphismes f_r, φ_r, φ_A sont donc étales. D'autre part W opère librement dans G/T, et *a fortiori* dans $(\mathrm{G}/\mathrm{T}) \times \mathrm{T}$. Soient g, g' dans G et t, t' dans T_r tels que $f(\bar{g}, t) = f(\bar{g}', t')$; alors $\mathrm{Int}\, g^{-1}g'$ applique t' sur t, donc normalise T, puisque $\mathrm{T} = \mathrm{Z}(t)_0 = \mathrm{Z}(t')_0$, et la classe w de $g^{-1}g'$ dans W applique $(\bar{g}, t)$ sur $(\bar{g}', t')$. Il s'ensuit que f_r est un revêtement principal de groupe W ; cela implique aussitôt que φ_r est un revêtement principal de groupe W'_a, donc par restriction à la composante connexe $(\mathrm{G}/\mathrm{T}) \times \mathrm{A}$ de $(\mathrm{G}/\mathrm{T}) \times \mathfrak{t}_r$, que φ_A est un revêtement principal de groupe H_A.

Remarques. — 1) D'après la prop. 3 du § 2, n° 4, la variété $(\mathrm{G}/\mathrm{T}) \times \mathrm{A}$ est simplement connexe. Il en résulte que φ_A est un revêtement universel de G_r ; comme $\pi_1(\mathrm{G}_r)$ est canoniquement isomorphe à $\pi_1(\mathrm{G})$ (n° 1, prop. 1 et TG, XI, à paraître), on retrouve ainsi le fait que $\pi_1(\mathrm{G})$ s'identifie à H_A (c'est-à-dire à $\Gamma(\mathrm{T})/\mathrm{N}(\mathrm{G}, \mathrm{T})$).

2) La restriction de φ_A à $\mathrm{W} \times \mathrm{A} \subset (\mathrm{G}/\mathrm{T}) \times \mathrm{A}$ fait de $\mathrm{W} \times \mathrm{A}$ un revêtement principal de T_r de groupe H_A. On retrouve ainsi le cor. 1 à la prop. 2 du n° 2.

3) Notons $\mathfrak{g}_r$ l'image réciproque de G_r par l'application exponentielle et $\varepsilon : \mathfrak{g}_r \to \mathrm{G}_r$ l'application déduite de $\exp_\mathrm{G}$. L'application $(g, x) \mapsto (\mathrm{Ad}\, g)(x)$ de $\mathrm{G} \times \mathfrak{t}_r$ dans $\mathfrak{g}_r$ définit par passage au quotient une application $\psi_r : (\mathrm{G}/\mathrm{T}) \times \mathfrak{t}_r \to \mathfrak{g}_r$. On a $\varepsilon \circ \psi_r = \varphi_r$. Soient $w \in \mathrm{W}$, $\gamma \in \Gamma(\mathrm{T})$ et $\omega \in \mathrm{W}'_a$ tels que $\omega(z) = w(z) + \gamma$ pour tout $z \in \mathfrak{t}$; on a $\psi_r((\bar{g}, x)\,\omega) = \psi_r(\bar{g}, x) - (\mathrm{Ad}\, g)(\gamma)$ pour $g \in \mathrm{G}$, $x \in \mathfrak{t}_r$, de sorte que $\psi_r((\bar{g}, x)\,\omega) = \psi_r(\bar{g}, x)$ si et seulement si $\gamma = 0$. Il en résulte (*cf.* TG, XI, à paraître) que ψ_r est un revêtement principal de $\mathfrak{g}_r$ de groupe W, et que $\varepsilon : \mathfrak{g}_r \to \mathrm{G}_r$ est un revêtement associable au revêtement principal φ_r, de fibre isomorphe au W'_a-ensemble W'_a/W.

§ 6. INTÉGRATION DANS LES GROUPES DE LIE COMPACTS

On conserve les notations du § 4 ; *on pose* $w(\mathrm{G}) = \mathrm{Card}\,(\mathrm{W}_{\mathrm{G}}(\mathrm{T}))$. *On note* dg (resp. dt) *la mesure de Haar sur* G (resp. T) *de masse totale* 1, *et* n (resp. r) *la dimension de* G (resp. T).

1. Produit de formes multilinéaires alternées

Soient A un anneau commutatif et M un A-module. Pour chaque entier $r \geqslant 0$, notons $\mathrm{Alt}^r(\mathrm{M})$ le A-module des formes r-linéaires alternées sur M ; il s'identifie au dual du A-module $\boldsymbol{\Lambda}^r(\mathrm{M})$ (A, III, p. 80, prop. 7). Soient $u \in \mathrm{Alt}^s(\mathrm{M})$ et $v \in \mathrm{Alt}^r(\mathrm{M})$; rappelons (A, III, p. 142, exemple 3) qu'on appelle produit alterné de u et v l'élément $u \wedge v$ *de* $\mathrm{Alt}^{s+r}(\mathrm{M})$ défini par

$$(u \wedge v)(x_1, \dots, x_{s+r}) = \sum_{\sigma \in \mathfrak{S}_{s,r}} \varepsilon_\sigma u(x_{\sigma(1)}, \dots, x_{\sigma(s)})\, v(x_{\sigma(s+1)}, \dots, x_{\sigma(s+r)})\,,$$

où $\mathfrak{S}_{s,r}$ est le sous-ensemble du groupe symétrique $\mathfrak{S}_{s+r}$ formé des permutations dont les restrictions à $[\![1, s]\!]$ et $[\![s+1, s+r]\!]$ sont croissantes.

Soit maintenant

$$0 \longrightarrow \mathrm{M}' \xrightarrow{\ i\ } \mathrm{M} \xrightarrow{\ p\ } \mathrm{M}'' \longrightarrow 0$$

une suite exacte de A-modules libres, de rangs respectifs r, $r + s$ et s.

Lemme 1. — *Il existe une application* A*-bilinéaire de* $\mathrm{Alt}^s(\mathrm{M}'') \times \mathrm{Alt}^r(\mathrm{M}')$ *dans* $\mathrm{Alt}^{s+r}(\mathrm{M})$, *notée* $(u, v) \mapsto u \cap v$, *et caractérisée par l'une quelconque des deux propriétés suivantes* :

a) Notons $u_1 \in \mathrm{Alt}^s(\mathrm{M})$ *la forme* $(x_1, \dots, x_s) \mapsto u(p(x_1), \dots, p(x_s))$, *et soit* $v_1 \in \mathrm{Alt}^r(\mathrm{M})$ *une forme telle que* $v_1(i(x'_1), \dots, i(x'_r)) = v(x'_1, \dots, x'_r)$ *pour* $x'_1, \dots, x'_r$ *dans* M' ; *on a alors* $u \cap v = u_1 \wedge v_1$.

b) Pour $x_1, \dots, x_s$ *dans* M *et* $x'_1, \dots, x'_r$ *dans* M', *on a*

$$(1) \qquad (u \cap v)(x_1, \dots, x_s, i(x'_1), \dots, i(x'_r)) = u(p(x_1), \dots, p(x_s))\, v(x'_1, \dots, x'_r)\,.$$

L'application $\varphi : \mathrm{Alt}^s(\mathrm{M}'') \otimes_{\mathrm{A}} \mathrm{Alt}^r(\mathrm{M}') \to \mathrm{Alt}^{s+r}(\mathrm{M})$ *telle que* $\varphi(u \otimes v) = u \cap v$ *est un isomorphisme de* A*-modules libres de rang un.*

L'existence d'une forme v_1 satisfaisant à la condition *a*) résulte de ce que $\boldsymbol{\Lambda}^r(i)$ induit un isomorphisme de $\boldsymbol{\Lambda}^r(\mathrm{M}')$ sur un sous-module facteur direct de $\boldsymbol{\Lambda}^r(\mathrm{M})$ (A, III, p. 78). Soit v_1 une telle forme ; posons $u \cap v = u_1 \wedge v_1$. La formule (1) est alors satisfaite, puisque si l'on pose $i(x'_k) = x_{s+k}$ pour $1 \leqslant k \leqslant r$, le seul élément σ de $\mathfrak{S}_{s,r}$ tel que $p(x_{\sigma(i)}) \neq 0$ pour $1 \leqslant i \leqslant s$ est la permutation identique. D'autre part la formule (1) détermine $u \cap v$ de manière unique : soient en effet $(e'_1, \ldots, e'_r)$ une base de M', $(f''_1, \ldots, f''_s)$ une base de M'', et $f_1, \ldots, f_s$ des éléments de M tels que $p(f_i) = f''_i$ pour $1 \leqslant i \leqslant s$. Alors $(f_1, \ldots, f_s, i(e'_1), \ldots, i(e'_r))$ est une base de M (A, II, p. 27, prop. 21), et la formule (1) s'écrit

$$(2) \qquad (u \cap v)(f_1, \ldots, f_s, i(e'_1), \ldots, i(e'_r)) = u(f''_1, \ldots, f''_s)\, v(e'_1, \ldots, e'_r) ;$$

or un élément de $\mathrm{Alt}^{s+r}(\mathrm{M})$ est déterminé par sa valeur sur une base.

Il résulte de ce qui précède que chacune des conditions *a*) ou *b*) détermine le produit $u \cap v$ de manière unique ; il est clair que ce produit est bilinéaire. Enfin la dernière assertion du lemme résulte de la formule (2).

2. La formule d'intégration de H. Weyl

Soient e l'élément neutre de G et $\bar{e}$ sa classe dans G/T. Identifions l'espace tangent à G en e à $\mathfrak{g}$, l'espace tangent à T en e à $\mathfrak{t}$ et l'espace tangent à G/T en $\bar{e}$ à $\mathfrak{g}/\mathfrak{t}$. Notons $(u, v) \mapsto u \cap v$ l'application **R**-bilinéaire

$$\mathrm{Alt}^{n-r}(\mathfrak{g}/\mathfrak{t}) \times \mathrm{Alt}^{r}(\mathfrak{t}) \to \mathrm{Alt}^{n}(\mathfrak{g})$$

définie au numéro 1.

Rappelons (III, § 3, n° 13, prop. 50) que l'application $\omega \mapsto \omega(e)$ est un isomorphisme de l'espace vectoriel des formes différentielles de degré n (resp. r) sur G (resp. T), invariantes à gauche, sur l'espace $\mathrm{Alt}^n(\mathfrak{g})$ (resp. $\mathrm{Alt}^r(\mathfrak{t})$). Observons d'ailleurs que, puisqu'un sous-groupe compact connexe de $\mathbf{R}^*$ est réduit à l'élément neutre, on a $\det \mathrm{Ad}\, g = 1$ pour tout $g \in \mathrm{G}$, de sorte que les formes différentielles de degré n invariantes à gauche sur G sont aussi invariantes à droite et invariantes par automorphismes intérieurs (III, § 3, n° 16, cor. à la prop. 54) : nous parlerons simplement dans la suite de formes différentielles invariantes sur G.

De même, il résulte de III, § 3, n° 16, prop. 56 et de ce qui précède que l'application $\omega \mapsto \omega(\bar{e})$ est un isomorphisme de l'espace des formes différentielles de degré $n - r$ sur G/T, invariantes par G, sur l'espace $\mathrm{Alt}^{n-r}(\mathfrak{g}/\mathfrak{t})$.

Si $\omega_{\mathrm{G/T}}$ est une forme différentielle de degré $n - r$ sur G/T, invariante par G, et ω_{T} une forme différentielle invariante de degré r sur T, on note $\omega_{\mathrm{G/T}} \cap \omega_{\mathrm{T}}$ l'unique forme différentielle invariante de degré n sur G telle que

$$(\omega_{\mathrm{G/T}} \cap \omega_{\mathrm{T}})(e) = \omega_{\mathrm{G/T}}(\bar{e}) \cap \omega_{\mathrm{T}}(e) .$$

Rappelons enfin qu'on note $f : (\mathrm{G/T}) \times \mathrm{T} \to \mathrm{G}$ le morphisme de variétés déduit par passage au quotient de l'application $(g, t) \mapsto gtg^{-1}$ de $\mathrm{G} \times \mathrm{T}$ dans G (§ 5, n° 4).

Si α et β sont des formes différentielles sur G/T et T respectivement, on note simplement $\alpha \wedge \beta$ la forme $\mathrm{pr}_1^*\alpha \wedge \mathrm{pr}_2^*\beta$ sur $(G/T) \times T$.

Pour $t \in T$, notons $\mathrm{Ad}_{\mathfrak{g}/\mathfrak{t}}(t)$ l'endomorphisme de $\mathfrak{g}/\mathfrak{t}$ déduit de $\mathrm{Ad}\, t$ par passage aux quotients. Posons

$$(3) \qquad \delta_G(t) = \det(\mathrm{Ad}_{\mathfrak{g}/\mathfrak{t}}(t) - 1) = \prod_{\alpha \in R(G,T)} (t^\alpha - 1).$$

Soient $x \in \mathfrak{t}$ et $\alpha \in R(G, T)$; notons $\hat{\alpha}$ l'élément $(2\pi i)^{-1}\delta(\alpha)$ de $\mathfrak{t}^*$, de sorte qu'on a

$$((\exp x)^\alpha - 1)((\exp x)^{-\alpha} - 1) = (e^{2\pi i\hat{\alpha}(x)} - 1)(e^{-2\pi i\hat{\alpha}(x)} - 1) = 4\sin^2 \pi\hat{\alpha}(x).$$

Si $R_+(G, T)$ désigne l'ensemble des racines positives de $R(G, T)$ relativement à une base B, on a

$$\delta_G(\exp x) = \prod_{\alpha \in R_+(G,T)} 4\sin^2\pi\hat{\alpha}(x),$$

d'où en particulier $\delta_G(t) > 0$ pour tout $t \in T_r$. Remarquons aussi qu'on a $\delta_G(t) = \delta_G(t^{-1})$ pour $t \in T$.

Proposition 1. — *Soient ω_G, $\omega_{G/T}$ et ω_T des formes différentielles invariantes sur* G, G/T *et* T *respectivement, de degrés respectifs n, $n - r$* et *r. Si $\omega_G = \omega_{G/T} \cap \omega_T$, alors*

$$f^*(\omega_G) = \omega_{G/T} \wedge \delta_G\omega_T.$$

On peut évidemment supposer que $\omega_{G/T}$ et ω_T sont non nulles ; alors la forme différentielle $(u, t) \mapsto \omega_{G/T}(u) \wedge \omega_T(t)$ sur $(G/T) \times T$ est de degré n et partout non nulle ; il existe donc une fonction numérique δ sur $(G/T) \times T$ telle que

$$f^*(\omega_G)(u, t) = \delta(u, t)\, \omega_{G/T}(u) \wedge \omega_T(t).$$

Observons maintenant que, pour $h \in G$, $u \in G/T$, $t \in T$, on a $f(h.u, t) = (\mathrm{Int}\, h) f(u, t)$; comme ω_G est invariante par automorphismes intérieurs, il en résulte aussitôt que $\delta(hu, t) = \delta(u, t)$, donc $\delta(u, t) = \delta(\bar{e}, t)$.

Notons $p : \mathfrak{g} \to \mathfrak{g}/\mathfrak{t}$ l'application de passage au quotient et $\varphi : \mathfrak{g}/\mathfrak{t} \to \mathfrak{g}$ l'application définie par

$$\varphi(p(X)) = (\mathrm{Ad}\, t^{-1})X - X \quad \text{pour} \quad X \in \mathfrak{g};$$

rappelons (§ 5, nº 4, lemme 4) que l'application tangente

$$T_{(e,t)}(f) : T_e(G/T) \times T_t(T) \to T_t(G)$$

applique (z, tH) sur $t(\varphi(z) + H)$ pour $z \in \mathfrak{g}/\mathfrak{t}$, $H \in \mathfrak{t}$.

Soient $z_1, ..., z_{n-r}$ des éléments de $\mathfrak{g}/\mathfrak{t}$, $H_1, ..., H_r$ des éléments de $\mathfrak{t}$. On a

$$\begin{aligned} f^*\omega_G(\overline{e}, t)\,(z_1, ..., z_{n-r}, tH_1, ..., tH_r) \\ &= \omega_G(t)\,(t\varphi(z_1), ..., t\varphi(z_{n-r}), tH_1, ..., tH_r) \quad \text{d'après le calcul de } T_{(\overline{e},t)}(f) \\ &= \omega_G(e)\,(\varphi(z_1), ..., \varphi(z_{n-r}), H_1, ..., H_r) \quad \text{puisque } \omega_G \text{ est invariante} \\ &= \omega_{G/T}(\overline{e})\,(p\varphi(z_1), ..., p\varphi(z_{n-r})).\,\omega_T(e)\,(H_1, ..., H_r) \quad (\text{n}^{\text{o}}\ 1, \text{lemme } 1) \\ &= \det(p\varphi)\,\omega_{G/T}(\overline{e})\,(z_1, ..., z_{n-r}).\,\omega_T(e)\,(H_1, ..., H_r) \\ &= \delta_G(t)\,\omega_{G/T}(\overline{e})\,(z_1, ..., z_{n-r}).\,\omega_T(t)\,(tH_1, ..., tH_r) \quad \text{puisque } \omega_T \text{ est invariante} \\ &= \delta_G(t)\,(\omega_{G/T} \wedge \omega_T)\,(\overline{e}, t)\,(z_1, ..., z_{n-r}, tH_1, ..., tH_r)\,, \end{aligned}$$

d'où $f^*\omega_G(\overline{e}, t) = \delta_G(t)\,(\omega_{G/T} \wedge \omega_T)\,(\overline{e}, t)$; on a donc $\delta(\overline{e}, t) = \delta_G(t)$, d'où la proposition.

Munissons les variétés G, T et G/T des orientations définies par les formes ω_G, ω_T et $\omega_{G/T}$ respectivement. Ces formes définissent alors des mesures invariantes sur G, T et G/T (III, § 3, n° 16, prop. 55 et 56), encore notées ω_G, ω_T et $\omega_{G/T}$.

Lemme 2. — *Si* $\omega_G = \omega_{G/T} \cap \omega_T$, *alors*

$$\int_G \omega_G = \int_{G/T} \omega_{G/T}.\int_T \omega_T\,.$$

Notons π le morphisme canonique de G dans G/T. Soit $g \in G$, et soient $t_1, ..., t_{n-r}$ des éléments de $T_{\pi(g)}(G/T)$. Identifions la fibre $\pi^{-1}(\pi(g)) = gT$ à T par la translation $\gamma(g)$. La relation $\omega_G = \omega_{G/T} \cap \omega_T$ entraîne alors l'égalité (VAR, R, 11.4.5) :

$$\omega_G \llcorner (t_1, ..., t_{n-r}) = (\omega_{G/T}(t_1, ..., t_{n-r}))\,\omega_T\,.$$

On a donc $\displaystyle\int_\pi \omega_G = \left(\int_T \omega_T\right)\omega_{G/T}$ (VAR, R, 11.4.6), et

$$\int_G \omega_G = \int_{G/T}\int_\pi \omega_G = \int_T \omega_T.\int_{G/T} \omega_{G/T} \quad (\text{VAR, R, } 11.4.8)\,.$$

Lemme 3. — *L'image réciproque sur* $(G/T) \times T_r$ *de la mesure dg sur* G_r *par l'homéomorphisme local* f_r (INT, V, § 6, n° 6) *est la mesure* $\mu \otimes \delta_G dt$, *où* μ *est l'unique mesure* G-*invariante sur* G/T *de masse totale* 1.

Choisissons une forme différentielle invariante ω_T (resp. $\omega_{G/T}$) sur T (resp. G/T) de degré maximum, telle que la mesure définie par ω_T (resp. $\omega_{G/T}$) soit égale à dt (resp. μ). Posons $\omega_G = \omega_{G/T} \cap \omega_T$. Le lemme 2 entraîne que la mesure définie par ω_G est égale à dg. Soit U une partie ouverte de $(G/T) \times T_r$ telle que f_r induise un isomorphisme de U sur une partie ouverte V de G_r. Soit φ une fonction continue à support compact dans V ; notons encore φ le prolongement de φ à G_r qui s'annule en dehors de V. On a

$$\int_V \varphi dg = \int_V \varphi\omega_G = \int_U (\varphi \circ f_r) f_r^*(\omega_G)$$

$$= \int_U (\varphi \circ f_r)\, \omega_{G/T} \wedge \delta_G \omega_T \qquad \text{(prop. 1)}$$

$$= \int_U (\varphi \circ f_r)\, d\mu . \delta_G dt\,,$$

d'où le lemme.

THÉORÈME 1 (H. Weyl). — *La mesure dg sur* G *est l'image par l'application* $(g, t) \mapsto gtg^{-1}$ *de* G × T *dans* G *de la mesure* $dg \otimes \dfrac{1}{w(G)} \delta_G dt$, *où*

$$\delta_G(t) = \det(\mathrm{Ad}_{\mathfrak{g}/\mathfrak{t}}(t) - 1) = \prod_{\alpha \in R(G,T)} (t^\alpha - 1)\,.$$

Il revient au même (INT, V, § 6, n° 3, prop. 4) de dire que *dg* est l'image par l'application $f : (G/T) \times T \to G$ de la mesure $\mu \otimes \dfrac{1}{w(G)} \delta_G dt$.

Démontrons cette dernière assertion. Il résulte du § 5, n° 1 et de VAR, R, 10.1.3, *c*) que $G - G_r$ est négligeable dans G et $T - T_r$ négligeable dans T. Par ailleurs l'application f_r fait de $(G/T) \times T_r$ un revêtement principal de G_r, de groupe W (§ 5, n° 4, prop. 4, *b*)). Le théorème résulte alors du lemme 3 et de INT, V, § 6, n° 6, prop. 11.

COROLLAIRE 1. — (i) *Soit* φ *une fonction intégrable sur* G *à valeurs dans un espace de Banach ou dans* $\overline{\mathbf{R}}$. *Pour presque tout* $t \in T$, *la fonction* $g \mapsto \varphi(gtg^{-1})$ *sur* G *est intégrable pour dg. La fonction* $t \mapsto \delta_G(t) \int_G \varphi(gtg^{-1})\, dg$ *est intégrable sur* T, *et l'on a*

$$\int_G \varphi(g)\, dg = \frac{1}{w(G)} \int_T \left(\int_G \varphi(gtg^{-1})\, dg \right) \delta_G(t)\, dt \tag{4}$$

(« formule d'intégration de Hermann Weyl »).

(ii) *Soit* φ *une fonction mesurable positive sur* G. *Pour presque tout* $t \in T$, *la fonction* $g \mapsto \varphi(gtg^{-1})$ *sur* G *est mesurable. La fonction* $t \mapsto \int_G^* \varphi(gtg^{-1})\, dg$ *sur* T *est mesurable, et l'on a*

$$\int_G^* \varphi(g)\, dg = \frac{1}{w(G)} \int_T^* \left(\int_G^* \varphi(gtg^{-1})\, dg \right) \delta_G(t)\, dt\,. \tag{5}$$

Puisque l'application f se déduit par passage au quotient de l'application $(g, t) \mapsto gtg^{-1}$ de $G \times T$ dans G, il suffit d'appliquer INT, V, § 5, 6, 8 et INT, VII, § 2.

COROLLAIRE 2. — *Soit* φ *une fonction centrale sur* G (c'est-à-dire telle que $\varphi(gh) = \varphi(hg)$ pour tous g et h dans G) *à valeurs dans un espace de Banach ou dans* $\overline{\mathbf{R}}$.

a) Pour que φ *soit mesurable, il faut et il suffit que sa restriction à* T *soit mesurable.*

b) Pour que φ *soit intégrable, il faut et il suffit que la fonction* $(\varphi|T)\,\delta_G$ *soit intégrable sur* T *et l'on a alors*

$$\int_G \varphi(g)\,dg = \frac{1}{w(G)} \int_T \varphi(t)\,\delta_G(t)\,dt\,. \tag{6}$$

Notons $p : G/T \times T \to T$ la seconde projection. On a $\varphi \circ f = (\varphi|T) \circ p$; par ailleurs, l'image par p de la mesure $\mu \otimes \frac{1}{w(G)}\,\delta_G dt$ est $\frac{1}{w(G)}\,\delta_G dt$. Le corollaire résulte alors du th. 1 ci-dessus et du th. 1 de INT, V, § 6, n° 2, appliqués aux deux applications propres f et p.

COROLLAIRE 3. — *Soient* H *un sous-groupe fermé connexe de* G *contenant* T, $\mathfrak{h}$ *son algèbre de Lie, et dh la mesure de Haar sur* H *de masse totale* 1. *Soit* φ *une fonction centrale intégrable sur* G, *à valeurs dans un espace de Banach ou dans* $\overline{\mathbf{R}}$. *Alors la fonction* $h \mapsto \varphi(h) \det(\mathrm{Ad}_{\mathfrak{g}/\mathfrak{h}}(h) - 1)$ *est intégrable et centrale sur* H *et l'on a* :

$$\int_G \varphi(g)\,dg = \frac{w(H)}{w(G)} \int_H \varphi(h) \det(\mathrm{Ad}_{\mathfrak{g}/\mathfrak{h}}(h) - 1)\,dh\,. \tag{7}$$

En effet, la fonction $h \mapsto \varphi(h) \det(\mathrm{Ad}_{\mathfrak{g}/\mathfrak{h}}(h) - 1)$ est une fonction centrale sur H, dont la restriction à T est la fonction $t \mapsto \varphi(t)\,\delta_G(t)\,\delta_H(t)^{-1}$. Le corollaire résulte donc du cor. 2 appliqué à G et à H.

Remarques. — 1) Si l'on prend $\varphi = 1$ dans le cor. 3, on obtient

$$\int_H \det(\mathrm{Ad}_{\mathfrak{g}/\mathfrak{h}}(h) - 1)\,dh = w(G)/w(H) \tag{8}$$

et en particulier

$$\int_T \delta_G(t)\,dt = w(G)\,. \tag{9}$$

2) Soit ν la mesure sur l'espace quotient T/W définie par

$$\int_{T/W} \psi(\tau)\,d\nu(\tau) = \frac{1}{w(G)} \int_T \psi(\pi(t))\,\delta_G(t)\,dt\,,$$

où π désigne la projection canonique de T sur T/W. Le cor. 2 signifie que l'homéomorphisme $T/W \to G/\mathrm{Int}(G)$ (§ 2, nº 5, cor. 1 à la prop. 5) transporte la mesure ν en l'image de la mesure dg par la projection canonique $G \to G/\mathrm{Int}(G)$.

3) Supposons G simplement connexe. Soient A une alcôve de $\mathfrak{t}$, et dx la mesure de Haar sur $\mathfrak{t}$ telle que $\int_{A} dx = 1$. Alors la mesure ν s'obtient aussi en transportant par l'homéomorphisme $\overline{A} \to T/W$ (§ 5, nº 2, cor. 1 à la prop. 2) la mesure $\frac{1}{w(G)} \prod_{\alpha \in R_+(G,T)} 4 \sin^2 \pi\hat{\alpha}(x)\, dx$ sur $\overline{A}$.

Exemple. — Prenons pour G le groupe $\mathbf{SU}(2, \mathbf{C})$ et pour T le sous-groupe des matrices diagonales (§ 3, nº 6); on identifie $\mathfrak{t}$ à $\mathbf{R}$ par le choix de la base $\{iH\}$ de $\mathfrak{t}$ (*loc. cit.*). Posons $A = \left]0, \pi\right[$; c'est une alcôve de $\mathfrak{t}$. L'intervalle $\overline{A} = [0, \pi]$ s'identifie à l'espace des classes de conjugaison de G, l'élément θ de $\overline{A}$ correspondant à la classe de conjugaison de $\begin{pmatrix} e^{i\theta} & 0 \\ 0 & e^{-i\theta} \end{pmatrix}$. Soit $d\theta$ la mesure de Lebesgue sur $[0, \pi]$; il résulte de ce qui précède que la mesure sur $\overline{A}$ image de la mesure de Haar de G est la mesure $\frac{2}{\pi} \sin^2\theta d\theta$.

3. Intégration dans l'algèbre de Lie

PROPOSITION 2. — *Soient* H *un groupe de Lie* (réel) *de dimension m,* $\mathfrak{h}$ *son algèbre de Lie. Soit* ω_H *une forme différentielle invariante à droite de degré m sur* H, *et soit* $\omega_{\mathfrak{h}}$ *la forme différentielle invariante par translation sur* $\mathfrak{h}$, *de degré m, qui coïncide à l'origine avec* $\omega_H(e)$. *On a*

$$(\exp_H)^* \omega_H = \lambda_{\mathfrak{h}} \omega_{\mathfrak{h}} \tag{10}$$

où $\lambda_{\mathfrak{h}}$ *est la fonction sur* $\mathfrak{h}$, *invariante sous* Ad(H), *telle que*

$$\lambda_{\mathfrak{h}}(x) = \det\Big(\sum_{p \geqslant 0} \frac{1}{(p+1)!} (\operatorname{ad} x)^p\Big) \quad \textit{pour} \quad x \in \mathfrak{h}\,.$$

Soient $x, x_1, \ldots, x_m$ des éléments de $\mathfrak{h}$. On a

$$(\exp^*\omega_H)_x(x_1, \ldots, x_m) = (\omega_H(\exp x))\,(T_x(\exp)\,(x_1), \ldots, T_x(\exp)\,(x_m))\,.$$

Notons $\varpi(x) : \mathfrak{h} \to \mathfrak{h}$ la différentielle droite de l'exponentielle en x (III, § 3, nº 17, déf. 8); on a donc par définition :

$$T_x(\exp)\,(y).(\exp x)^{-1} = \varpi(x).y \quad \text{pour tout} \quad y \in \mathfrak{h}\,.$$

La forme ω_H étant invariante à droite, on obtient :

$$\begin{aligned}(\omega_H(\exp x))\,(T_x(\exp)\,(x_1), \ldots, T_x(\exp)\,(x_m)) &= \omega_H(e)\,(\varpi(x).x_1, \ldots, \varpi(x).x_m) \\ &= (\det \varpi(x))\, \omega_{\mathfrak{h}}(x_1, \ldots, x_m);\end{aligned}$$

on a donc $\exp^*\omega_H = \lambda_{\mathfrak{h}}\omega_{\mathfrak{h}}$, avec $\lambda_{\mathfrak{h}}(x) = \det \varpi(x) = \det \dfrac{\exp \operatorname{ad} x - 1}{\operatorname{ad} x}$ (III, § 6, n° 4, prop. 12).

Soit $h \in H$; puisque Ad h est un automorphisme de $\mathfrak{h}$, on a

$$\operatorname{ad}((\operatorname{Ad} h)(x)) = \operatorname{Ad} h \circ \operatorname{Ad} x \circ (\operatorname{Ad} h)^{-1},$$

d'où $\lambda_{\mathfrak{h}}((\operatorname{Ad} h)(x)) = \lambda_{\mathfrak{h}}(x)$. La fonction $\lambda_{\mathfrak{h}}$ est donc invariante sous Ad(H) ; ceci achève de prouver la proposition.

Remarque. — Considérons la fonction $\lambda_{\mathfrak{g}}$ associée au groupe de Lie compact G ; en vertu du § 2, n° 1, th. 1, il suffit pour la calculer de connaître ses valeurs sur $\mathfrak{t}$. Or, pour tout $x \in \mathfrak{t}$, l'endomorphisme ad x de $\mathfrak{g}$ est semi-simple, et admet pour valeurs propres 0 (avec multiplicité r), et, pour tout $\alpha \in R(G, T)$, $\delta(\alpha)(x)$ (avec multiplicité 1). On en déduit aussitôt

$$\lambda_{\mathfrak{g}}(x) = \prod_{\alpha \in R(G,T)} \frac{e^{\delta(\alpha)(x)} - 1}{\delta(\alpha)(x)} = \frac{\delta_{\mathfrak{g}}(x)}{\pi_{\mathfrak{g}}(x)} \tag{11}$$

avec $\delta_{\mathfrak{g}}(x) = \delta_G(\exp x)$ et $\pi_{\mathfrak{g}}(x) = \prod_{\alpha \in R(G,T)} \delta(\alpha)(x) = \det \operatorname{ad}_{\mathfrak{g}/\mathfrak{t}}(x)$.

Soient $\omega_{G/T}$ une forme différentielle invariante de degré $n - r$ sur G/T et $\omega_{\mathfrak{t}}$ une forme différentielle de degré r sur $\mathfrak{t}$ invariante par translation. Avec les notations du n° 1, on note $\omega_{G/T} \cap \omega_{\mathfrak{t}}$ l'unique forme différentielle $\omega_{\mathfrak{g}}$ de degré n sur $\mathfrak{g}$, invariante par translation, telle que $\omega_{\mathfrak{g}}(0) = \omega_{G/T}(\bar{e}) \cap \omega_{\mathfrak{t}}(0)$.

Enfin, on désigne par $\psi : (G/T) \times \mathfrak{t} \to \mathfrak{g}$ le morphisme de variétés déduit par passage au quotient de l'application $(g, x) \mapsto (\operatorname{Ad} g)(x)$ de $G \times \mathfrak{t}$ dans $\mathfrak{g}$.

PROPOSITION 3. — *Soient $\omega_{\mathfrak{g}}$, $\omega_{\mathfrak{t}}$, $\omega_{G/T}$ des formes différentielles invariantes sur $\mathfrak{g}$, $\mathfrak{t}$, G/T respectivement, de degrés respectifs n, r, $n - r$. Si $\omega_{\mathfrak{g}} = \omega_{G/T} \cap \omega_{\mathfrak{t}}$, on a :*

$$\psi^*\omega_{\mathfrak{g}} = \omega_{G/T} \wedge \pi_{\mathfrak{g}}\omega_{\mathfrak{t}}$$

où $\pi_{\mathfrak{g}}$ est la fonction sur $\mathfrak{t}$ définie par $\pi_{\mathfrak{g}}(x) = \prod_{\alpha \in R(G,T)} \delta(\alpha)(x)$.

Notons ω_G (resp. ω_T) la forme différentielle invariante de degré maximum sur G (resp. T) qui coïncide à l'origine avec $\omega_{\mathfrak{g}}$ (resp. $\omega_{\mathfrak{t}}$). Considérons le diagramme commutatif

$$\begin{array}{ccc} (G/T) \times \mathfrak{t} & \xrightarrow{\psi} & \mathfrak{g} \\ \downarrow{\scriptstyle (\mathrm{Id}, \exp_T)} & & \downarrow{\scriptstyle \exp_G} \\ (G/T) \times T & \xrightarrow[f]{} & G \end{array}.$$

Compte tenu de la prop. 1 du n° 2 et de la relation $\exp_T^*\omega_T = \omega_{\mathfrak{t}}$, on en déduit l'égalité

$$\psi^*\exp_G^*\omega_G = \omega_{G/T} \wedge \delta_{\mathfrak{g}}\omega_{\mathfrak{t}}.$$

D'après la prop. 2, on a $\psi^*\exp_G^*\omega_G = (\psi^*\lambda_{\mathfrak{g}})\,\psi^*\omega_{\mathfrak{g}}$. Comme la fonction $\lambda_{\mathfrak{g}}$ est invariante sous Ad(G), on a

$$(\psi^*\lambda_{\mathfrak{g}})(\bar{g}, x) = \lambda_{\mathfrak{g}}(x) = \frac{\delta_{\mathfrak{g}}(x)}{\pi_{\mathfrak{g}}(x)} \quad \text{pour} \quad \bar{g} \in G/T\,, \quad x \in \mathfrak{t}\,.$$

Il en résulte que les formes $\psi^*\omega_G(\bar{g}, x)$ et $\omega_{G/T}(\bar{g}) \wedge \pi_{\mathfrak{g}}(x)\,\omega_{\mathfrak{t}}(x)$ coïncident lorsque $\delta_{\mathfrak{g}}(x)$ est non nul, c'est-à-dire sur l'ouvert dense $(G/T) \times \mathfrak{t}_r$; elles sont donc égales, d'où la proposition.

Choisissons des formes différentielles invariantes de degré maximum ω_G sur G et ω_T sur T, telles que $|\omega_G| = dg$ et $|\omega_T| = dt$; notons $\omega_{\mathfrak{g}}$ (resp. $\omega_{\mathfrak{t}}$) la forme différentielle invariante par translation sur $\mathfrak{g}$ (resp. $\mathfrak{t}$) qui coïncide avec $\omega_G(e)$ (resp. $\omega_T(e)$) à l'origine, et dz (resp. dx) la mesure de Haar $|\omega_{\mathfrak{g}}|$ (resp. $|\omega_{\mathfrak{t}}|$). En raisonnant comme dans le n° 2, *mutatis mutandis*, on établit la proposition suivante :

PROPOSITION 4. — *La mesure dz sur $\mathfrak{g}$ est l'image par l'application propre $(g, x) \mapsto (\mathrm{Ad}\, g)(x)$ de $G \times \mathfrak{t}$ dans $\mathfrak{g}$ de la mesure $dg \otimes \dfrac{1}{w(G)}\pi_{\mathfrak{g}}dx$.*

Nous laissons au lecteur le soin d'énoncer et démontrer les analogues des cor. 1 à 3 et des remarques 1 à 3 du n° 2. Par exemple, soit φ une fonction intégrable sur $\mathfrak{g}$ (à valeurs dans un espace de Banach ou dans $\overline{\mathbf{R}}$) ; on a

$$\int_{\mathfrak{g}} \varphi(z)\,dz = \frac{1}{w(G)} \int_{\mathfrak{t}} \left(\int_G \varphi((\mathrm{Ad}\, g)\, x)\, dg \right) \pi_{\mathfrak{g}}(x)\, dx\,, \tag{12}$$

et en particulier, si φ est invariante sous Ad(G),

$$\int_{\mathfrak{g}} \varphi(z)\,dz = \frac{1}{w(G)} \int_{\mathfrak{t}} \varphi(x)\,\pi_{\mathfrak{g}}(x)\,dx\,. \tag{13}$$

4. Intégration des sections d'un fibré vectoriel

Dans ce numéro et le suivant, on désigne par X une variété réelle de classe C^r $(1 \leqslant r \leqslant \infty)$, localement de dimension finie.

Soit Y une variété de classe C^r. Si $r < \infty$, considérons l'application $f \mapsto j^r(f)$ de $\mathscr{C}^r(X\,;Y)$ dans $\mathscr{C}(X\,;J^r(X, Y))$ (VAR, R, 12.3.7). L'image réciproque par cette application de la topologie de la convergence compacte sur $\mathscr{C}(X\,;J^r(X, Y))$ est appelée *topologie de la C^r-convergence compacte* sur $\mathscr{C}^r(X\,;Y)$; c'est la borne supérieure des topologies de la C^r-convergence uniforme sur K (VAR, R, 12.3.10), lorsque K décrit l'ensemble des parties compactes de X.

Lorsque $r = \infty$, on appelle *topologie de la C^∞-convergence compacte* sur $\mathscr{C}^\infty(X\,;Y)$ la borne supérieure des topologies de la C^k-convergence compacte, autrement dit la topologie la moins fine qui rende continues les injections canoniques $\mathscr{C}^\infty(X\,;Y) \to \mathscr{C}^k(X\,;Y)$, pour $0 \leqslant k < \infty$.

Soit E un fibré vectoriel réel de base X, de classe C^r, et soit $\mathscr{S}^r(X; E)$ l'espace vectoriel des sections de classe C^r de E. On munira dans ce numéro $\mathscr{S}^r(X; E)$ de la topologie induite par la topologie de la C^r-convergence compacte sur $\mathscr{C}^r(X; E)$, encore appelée topologie de la C^r-convergence compacte ; elle fait de $\mathscr{S}^r(X; E)$ un espace vectoriel topologique localement convexe séparé *complet* (*cf.* VAR, R, 15.3.1 et TS, à paraître).

Soient maintenant H un groupe de Lie, $m : H \times X \to X$ une loi d'opération à gauche de classe C^r ; on pose $hx = m(h, x)$ pour $h \in H$, $x \in X$. Soit E un H-fibré vectoriel de base X, de classe C^r (III, § 1, n° 8, déf. 4). Pour $s \in \mathscr{S}^r(X; E)$ et $h \in H$, notons ${}^h s$ la section $x \mapsto h.s(h^{-1}x)$ de E ; l'application $(h, s) \mapsto {}^h s$ est une loi d'opération de H dans l'espace $\mathscr{S}^r(X; E)$.

Lemme 4. — *La loi d'opération* $H \times \mathscr{S}^r(X; E) \to \mathscr{S}^r(X; E)$ *est continue.*

Compte tenu de la définition de la topologie de $\mathscr{S}^r(X; E)$ et de TG, X, p. 28, th. 3, il suffit de démontrer que pour tout entier $k \leqslant r$, l'application $f : H \times X \times \mathscr{S}^k(X; E) \to J^k(X; E)$ telle que $f(h, x, s) = j^k_x({}^h s)$ est continue. Pour $h \in H$, notons τ_h (resp. θ_h) l'automorphisme $x \mapsto hx$ de X (resp. de E). Définissons des applications

$$f_1 : H \times X \to J^k(X, X)$$
$$f_2 : H \times E \to J^k(E, E)$$
$$g : H \times X \times \mathscr{S}^k(X; E) \to J^k(X, E)$$

par $f_1(h, x) = j^k_x(\tau_h)$, $f_2(h, v) = j^k_v(\theta_h)$, $g(h, x, s) = j^k_{hx}(s)$. On a

$$f(h, x, s) = f_2(h, s(h^{-1}x)) \circ g(h^{-1}, x, s) \circ f_1(h^{-1}, x),$$

et il suffit par conséquent, d'après VAR, R, 12.3.6, de démontrer que f_1, f_2 et g sont continues.

Or g est l'application composée

$$H \times X \times \mathscr{S}^k(X; E) \xrightarrow{(m, \mathrm{Id})} X \times \mathscr{S}^k(X; E)$$
$$\xrightarrow{(\mathrm{Id}, j^k)} X \times \mathscr{C}(X; J^k(X, E)) \xrightarrow{\ \varepsilon\ } J^k(X; E)$$

avec $\varepsilon(x, u) = u(x)$; l'application ε étant continue (TG, X, p. 28, cor. 1), g est continue.

Soit $(h_0, x_0) \in H \times X$; prouvons que f_1 est continue en (h_0, x_0). Il existe des cartes (U, ψ, F) et (V, χ, F') de X et un ouvert Ω de H tels que $x_0 \in U$, $h_0 \in \Omega$ et $m(\Omega \times U) \subset V$. En utilisant l'expression de $J^k(X, X)$ dans ces cartes, on est ramené à prouver, pour $1 \leqslant l \leqslant k$, la continuité en (h_0, x_0) de l'application $(h, x) \mapsto \Delta^l_x(\tau_h)$ de $\Omega \times U$ dans $P_l(F; F')$, avec $\Delta^l_x(\tau_h)(v) = \frac{1}{l!} D^l \tau_h(x).v$ pour $v \in F$ (VAR, R, 12.2).

Or $D^l \tau_h(x)$ n'est autre que la dérivée partielle l-ième de $m(h, x)$ par rapport à x, qui est continue par hypothèse ; par conséquent f_1 est continue. On démontre de même que f_2 est continue, d'où le lemme.

Proposition 5. — *Supposons le groupe* H *compact et notons dh la mesure de Haar sur* H *de masse totale* 1. *Soit s une section de classe* C^r *de* E. *Pour* $x \in X$, *notons* $s^\natural$

l'intégrale vectorielle $\int_H {}^h s\, dh$. *Alors* $s^\#$ *est une section de classe* C^r *de* E, *invariante par* H; *pour* $x \in X$, *on a* $s^\#(x) = \int_H hs(h^{-1}x)\, dh \in E_x$. *L'endomorphisme* $s \mapsto s^\#$ *de* $\mathscr{S}^r(X; E)$ *est un projecteur sur le sous-espace des sections* H-*invariantes.*

Considérons l'application $h \mapsto {}^h s$ de H dans $\mathscr{S}^r(X; E)$; elle est continue d'après le lemme 4. Puisque l'espace $\mathscr{S}^r(X; E)$ est séparé et complet, l'intégrale $s^\# = \int_H {}^h s\, dh$ appartient à $\mathscr{S}^r(X; E)$ (INT, III, § 3, n° 3, cor. 2). L'application linéaire $s \mapsto s(x)$ de $\mathscr{S}^r(X; E)$ dans E_x étant continue, on a $s^\#(x) = \int_H {}^h s(x)\, dh$ pour tout $x \in X$. Il est clair que $s^\#$ est invariante par H ; si s est une section H-invariante, on a $s^\# = s$, d'où la dernière assertion.

COROLLAIRE 1. — *Soient* F *un espace de Banach,* $\rho : H \to \mathbf{GL}(F)$ *une représentation linéaire analytique,* $f \in \mathscr{C}^r(X; F)$. *Pour* $x \in X$, *posons*

$$f^\#(x) = \int_H \rho(h).f(h^{-1}x)\, dh\,.$$

Alors $f^\#$ *est un morphisme de classe* C^r *de* X *dans* F, *compatible aux opérations de* H ; *pour* $x \in X$, *on a (en notant* τ_h *l'automorphisme* $x \mapsto hx$ *de* X)

$$d_x f^\# = \int_H (\rho(h) \circ d_{h^{-1}x} f \circ T_x(\tau_{h^{-1}}))\, dh \in \mathscr{L}(T_x(X); F)\,. \tag{14}$$

La première assertion résulte de la proposition appliquée au fibré X × F, muni de la loi d'opération $(h; (x, f)) \mapsto (hx, \rho(h).f)$. La seconde s'obtient d'après INT, III, § 3, n° 2, prop. 2, en appliquant à l'intégrale vectorielle $f^\#$ l'homomorphisme $d_x : \mathscr{C}^r(X; F) \to \mathscr{L}(T_x(X); F)$ qui est continu par définition de la topologie de la C^r-convergence compacte.

COROLLAIRE 2. — *Soient* F *un espace de Banach,* $f \in \mathscr{C}^r(X; F)$; *posons*

$$f^\#(x) = \int_H f(hx)\, dh$$

pour $x \in X$. *La fonction* $f^\#$ *est de classe* C^r, *et on a* $f^\#(hx) = f^\#(x)$ *pour* $x \in X$, $h \in H$.

COROLLAIRE 3. — *Soient* F *un espace de Banach, p un entier* $\geqslant 0$, ${}^k\Omega^p(X; F)$ *l'espace des formes différentielles de degré p sur* X, *à valeurs dans* F, *de classe* $C^k (2 \leqslant k + 1 \leqslant r)$. *Pour* $\omega \in {}^k\Omega^p(X; F)$, *posons* $\omega^\# = \int_H \tau_h^* \omega\, dh$. *Alors l'application* $\omega \mapsto \omega^\#$ *est un projecteur de* ${}^k\Omega^p(X; F)$, *dont l'image est le sous-espace des formes* H-*invariantes. On a* $d(\omega^\#) = (d\omega)^\#$ *pour tout* $\omega \in {}^k\Omega^p(X; F)$.

La première assertion résulte de la proposition appliquée au H-fibré vectoriel

$\mathrm{Alt}^p(\mathrm{T}(\mathrm{X}); \mathrm{F})$ (III, § 1, n° 8, exemples). Pour démontrer la seconde assertion, il suffit, compte tenu de INT, III, § 3, n° 2, prop. 2, de prouver que l'application $d : {}^k\Omega^p(\mathrm{X}; \mathrm{F}) \to {}^{k-1}\Omega^{p+1}(\mathrm{X}; \mathrm{F})$ est continue lorsqu'on munit le premier espace (resp. le second) de la topologie de la C^k-convergence (resp. C^{k-1}-convergence) compacte. Or cela résulte aussitôt de la définition de ces topologies à l'aide de semi-normes (TS, à paraître) et du fait que d est un opérateur différentiel d'ordre $\leqslant 1$ (VAR, R, 14.4.2).

5. Formes différentielles invariantes

Soit X une variété réelle de classe C^∞ localement de dimension finie, et soit $(g, x) \mapsto gx$ une loi d'opération à gauche de classe C^∞ du groupe de Lie compact connexe G dans X. Pour $g \in \mathrm{G}$, on note τ_g l'automorphisme $x \mapsto gx$ de X. On désigne par $\Omega(\mathrm{X})$ l'algèbre des formes différentielles réelles de classe C^∞ sur X (VAR, R, 8.3.1).

Pour tout élément ξ de $\mathfrak{g}$, notons D_ξ le champ de vecteurs sur X qui lui correspond (III, § 3, n° 5) et $\theta(\xi)$, $i(\xi)$ les opérateurs correspondants sur $\Omega(\mathrm{X})$, de sorte qu'on a les formules (VAR, R, 8.4.5 et 8.4.7)

$$\theta(\xi)\,\omega = d(i(\xi)\,\omega) + i(\xi)\,d\omega \tag{15}$$

$$\frac{d}{dt}(\tau^*_{\exp t\xi}\omega) = \tau^*_{\exp t\xi}(\theta(\xi)\,\omega). \tag{16}$$

Une forme différentielle $\omega \in \Omega(\mathrm{X})$ est invariante si on a $\tau_g^*\omega = \omega$ pour tout $g \in \mathrm{G}$; d'après la formule (16), il revient au même de dire qu'on a $\theta(\xi)\,\omega = 0$ pour tout $\xi \in \mathfrak{g}$. Notons $\Omega(\mathrm{X})^{\mathrm{G}}$ l'espace des formes différentielles invariantes sur X ; si $\omega \in \Omega(\mathrm{X})^{\mathrm{G}}$, on a $d\omega \in \Omega(\mathrm{X})^{\mathrm{G}}$, de sorte que $\Omega(\mathrm{X})^{\mathrm{G}}$ est un *sous-complexe* du *complexe* $(\Omega(\mathrm{X}), d)$.

THÉORÈME 2. — *L'injection canonique* $\iota : \Omega(\mathrm{X})^{\mathrm{G}} \to \Omega(\mathrm{X})$ *est un homotopisme de complexes* (A, X, p. 33, déf. 5) ; *l'application* $\omega \mapsto \omega^\# = \int_{\mathrm{G}} \tau_g^*\omega\, dg$ *en est un homotopisme réciproque à homotopie près. En particulier, l'application* $\mathrm{H}(\iota) : \mathrm{H}(\Omega(\mathrm{X})^{\mathrm{G}}) \to \mathrm{H}(\Omega(\mathrm{X}))$ *est bijective.*

D'après le cor. 3 du n° 4, l'application $\omega \mapsto \omega^\#$ est un morphisme de complexes de $\Omega(\mathrm{X})$ dans $\Omega(\mathrm{X})^{\mathrm{G}}$, qui induit l'identité sur le sous-complexe $\Omega(\mathrm{X})^{\mathrm{G}}$; pour démontrer le théorème, il suffit donc de construire un homomorphisme $s : \Omega(\mathrm{X}) \to \Omega(\mathrm{X})$, gradué de degré -1, tel que

$$\omega^\# - \omega = (d \circ s + s \circ d)(\omega) \quad \text{pour tout} \quad \omega \in \Omega(\mathrm{X}). \tag{17}$$

D'après le lemme 1 de INT, IX, § 2, n° 4 et la remarque 1 du § 2, n° 2, il existe une mesure positive $d\xi$ sur $\mathfrak{g}$, à support compact, dont l'image par l'application exponentielle est égale à dg. Posons, pour $\omega \in \Omega(\mathrm{X})$,

$$s(\omega) = \int_0^1 \left\{ \int_{\mathfrak{g}} \tau^*_{\exp t\xi}(i(\xi)\,\omega).d\xi \right\} dt\ ;$$

il s'agit de montrer que la formule (17) est satisfaite. On vérifie comme dans la démonstration du cor. 1 (n° 4) la formule

$$ds(\omega) = \int_0^1 \left\{ \int_{\mathfrak{g}} \tau^*_{\exp t\xi} d(i(\xi)\,\omega).d\xi \right\} dt\,.$$

On déduit alors des formules (15) et (16) les égalités

$$\begin{aligned} ds(\omega) + s(d\omega) &= \int_0^1 \left\{ \int_{\mathfrak{g}} \tau^*_{\exp t\xi}(d(i(\xi)\,\omega) + i(\xi)\,d\omega).d\xi \right\} dt \\ &= \int_0^1 \left\{ \int_{\mathfrak{g}} \tau^*_{\exp t\xi}(\theta(\xi)\,\omega).d\xi \right\} dt \\ &= \int_{\mathfrak{g}} \left\{ \int_0^1 \frac{d}{dt}(\tau^*_{\exp t\xi}\omega)\,dt \right\} d\xi \\ &= \int_{\mathfrak{g}} (\tau^*_{\exp \xi}\omega - \omega)\,d\xi \\ &= \omega^\natural - \omega\,, \end{aligned}$$

d'où le th. 2.

Appliquons ce théorème dans le cas X = G, pour l'action de G par translations à gauche. Rappelons (III, § 3, n° 13, prop. 50) qu'en associant à une forme différentielle sur G sa valeur à l'élément neutre, on obtient un isomorphisme de $\Omega(G)^G$ sur l'algèbre graduée $\mathrm{Alt}(\mathfrak{g})$ des formes multilinéaires alternées sur $\mathfrak{g}$. Identifions $\Omega(G)^G$ à $\mathrm{Alt}(\mathfrak{g})$ par cet isomorphisme. L'opérateur d est alors donné par la formule (III, § 3, n° 14, prop. 51)

$$d\omega(a_1, \dots, a_{p+1}) = \sum_{i<j} (-1)^{i+j}\omega([a_i, a_j], a_1, \dots, a_{i-1}, a_{i+1}, \dots, a_{j-1}, a_{j+1}, \dots, a_{p+1})$$

pour ω dans $\mathrm{Alt}^p(\mathfrak{g})$ et $a_1, \dots, a_{p+1}$ dans $\mathfrak{g}$.

Pour $\xi \in \mathfrak{g}$, soit L_ξ le champ de vecteurs invariant à gauche qui lui correspond (défini au moyen de l'action de G sur lui-même par translations à *droite*, *cf.* III, § 3, n° 6). Les opérateurs $\theta(L_\xi)$, $i(L_\xi)$ commutent à l'action de G sur $\Omega(G)$ définie par translation à gauche, donc induisent des opérateurs $\theta(\xi)$, $i(\xi)$ de $\Omega(G)^G$; dans l'identification précédente, ceux-ci s'expriment par les formules (VAR, R, 8.3.2 et 8.4.2)

$$(\theta(\xi)\,\omega)(a_1, \dots, a_p) = -\sum_i \omega(a_1, \dots, a_{i-1}, [\xi, a_i], a_{i+1}, \dots, a_p)$$

$$(i(\xi)\,\omega)(a_1, \dots, a_{p-1}) = \omega(\xi, a_1, \dots, a_{p-1})$$

pour ω dans $\mathrm{Alt}^p(\mathfrak{g})$ et $a_1, \dots, a_p$ dans $\mathfrak{g}$.

Le sous-complexe ${}^{G}\Omega(G)^{G}$ des formes *biinvariantes* (III, § 3, n° 13) s'identifie au sous-complexe $\mathrm{Alt}(\mathfrak{g})^{G}$ des formes multilinéaires alternées sur $\mathfrak{g}$ invariantes par la représentation adjointe (c'est-à-dire telles que $\theta(\xi)\,\omega = 0$ pour tout $\xi \in \mathfrak{g}$). On a donc un diagramme commutatif de complexes

$$\begin{array}{ccccc} {}^{G}\Omega(G)^{G} & \to & \Omega(G)^{G} & \to & \Omega(G) \\ \downarrow & & \downarrow & & \\ \mathrm{Alt}(\mathfrak{g})^{G} & \to & \mathrm{Alt}(\mathfrak{g}) & & \end{array} \tag{18}$$

où les flèches horizontales sont les injections canoniques, et les flèches verticales sont les isomorphismes induits par l'application $\omega \mapsto \omega(e)$.

COROLLAIRE 1. — *a) Dans le diagramme* (18), *tous les morphismes sont des homotopismes.*

b) Soit $\omega \in \mathrm{Alt}(\mathfrak{g})$. *Pour que* ω *appartienne à* $\mathrm{Alt}(\mathfrak{g})^{G}$, *il faut et il suffit qu'on ait* $d\omega = 0$ *et* $d(i(\xi)\,\omega) = 0$ *pour tout* $\xi \in \mathfrak{g}$. *La différentielle du complexe* $\mathrm{Alt}(\mathfrak{g})^{G}$ *est nulle.*

c) L'espace vectoriel gradué $H(\Omega(G))$ *est isomorphe à* $\mathrm{Alt}(\mathfrak{g})^{G}$.

Le théorème, appliqué à l'action de G sur G par translations à gauche (resp. à l'action $((g, h); x) \mapsto gxh^{-1}$ de $G \times G$ sur G) entraîne que l'injection canonique $\Omega(G)^{G} \to \Omega(G)$ (resp. ${}^{G}\Omega(G)^{G} \to \Omega(G)$ est un homotopisme; compte tenu de A, X, p. 34, corollaire, l'assertion *a*) en résulte.

Démontrons *b*). D'après la prop. 51 de III, § 3, n° 14, on a $d\alpha = -d\alpha$, c'est-à-dire $d\alpha = 0$, pour toute forme différentielle α sur G qui est invariante à gauche et à droite. Si $\omega \in \mathrm{Alt}(\mathfrak{g})^{G}$, on a donc $d\omega = 0$, et par conséquent $d(i(\xi)\,\omega) = \theta(\xi)\,\omega - i(\xi)\,d\omega = 0$. Inversement si $d\omega = 0$ et $d(i(\xi)\,\omega) = 0$, on a $\theta(\xi)\,\omega = 0$.

L'assertion *c*) résulte de *a*) et *b*).

Remarque. — Considérons les sous-complexes $Z(\Omega(G))$ et $B(\Omega(G))$ de $\Omega(G)$ (A, X, p. 25). Il résulte de la formule donnant la différentielle du produit de deux formes (VAR, R, 8.3.5) que $Z(\Omega(G))$ est une sous-algèbre de $\Omega(G)$ et que $B(\Omega(G))$ est un idéal de $Z(\Omega(G))$; par conséquent le produit extérieur induit sur $H(\Omega(G))$ une structure d'algèbre graduée. On déduit alors de ce qui précède un isomorphisme d'*algèbres* graduées $H(\Omega(G)) \to \mathrm{Alt}(\mathfrak{g})^{G}$.

Soit H un sous-groupe fermé de G ; appliquons maintenant le th. 2 à $X = G/H$. D'après III, § 1, n° 8, cor. 1 à la prop. 17, les formes différentielles G-invariantes sur G/H s'identifient aux éléments H-invariants de $\mathrm{Alt}(T_e(G/H))$, c'est-à-dire encore aux éléments de $\mathrm{Alt}(\mathfrak{g})$ qui sont H-invariants et annulés par les opérateurs $i(\xi)$ pour tout $\xi \in L(H)$. Par suite :

COROLLAIRE 2. — *Soit* H *un sous-groupe fermé de* G.

a) L'injection canonique $\Omega(G/H)^{G} \to \Omega(G/H)$ *est un homotopisme.*

b) Le complexe $\Omega(G/H)^{G}$ *s'identifie au sous-complexe de* $\mathrm{Alt}(\mathfrak{g})$ *formé des éléments* ω *de* $\mathrm{Alt}(\mathfrak{g})$ *qui sont invariants pour la représentation adjointe de* H *et tels que* $i(\xi)\,\omega = 0$ *pour tout* $\xi \in L(H)$. *Si en outre* H *est connexe, ce sous-complexe est formé des* $\omega \in \mathrm{Alt}(\mathfrak{g})$ *tels que* $\theta(\xi)\,\omega = 0$ *et* $i(\xi)\,\omega = 0$ *pour tout* $\xi \in L(H)$.

§ 7. REPRÉSENTATIONS IRRÉDUCTIBLES DES GROUPES DE LIE COMPACTS CONNEXES [1]

On conserve les notations du § 6. *On appelle représentation de* G *tout homomorphisme continu* (*donc analytique*) *de* G *dans un groupe* **GL**(V), *où* V *est un espace vectoriel* complexe de dimension finie. *Toute représentation de* G *est semi-simple* (§ 1, n° 1).

On choisit une chambre C *de* t (§ 5, n° 2), *et on pose* $\Gamma(T)_{++} = \overline{C} \cap \Gamma(T)$.

1. Caractères dominants

On note X_+ l'ensemble des éléments λ de X(T) tels que $\langle \lambda, x \rangle \geqslant 0$ pour tout $x \in \Gamma(T)_{++}$, c'est-à-dire tels que la forme linéaire $\delta(\lambda) : t_{\mathbf{C}} \to \mathbf{C}$ applique la chambre C de t dans $i\mathbf{R}_+$.

On munit X(T) de la structure de groupe ordonné pour laquelle les éléments positifs sont ceux de X_+ ; on pose $R_+ = R(G, T) \cap X_+$ et $R_- = - R_+$. Les éléments de R_+ sont appelés *racines positives*, ceux de R_- racines négatives ; toute racine est, soit positive, soit négative (VI, § 1, n° 6, th. 3). Une racine positive qui n'est pas somme de deux racines positives est dite *simple* ; toute racine positive est somme de racines simples (*loc. cit.*) ; les racines simples forment une base du sous-groupe de X(T) engendré par les racines, sous-groupe qui s'identifie à X(T/C(G)) (§ 4, n° 4) ; les réflexions par rapport aux racines simples engendrent le groupe de Weyl $W = W_G(T)$ (VI, § 1, n° 5, th. 2).

Lemme 1. — *Soit* λ *un élément de* X(T). *Les conditions suivantes sont équivalentes* :

(i) *On a* $\lambda - w(\lambda) \geqslant 0$ (resp. > 0) *pour tout* $w \in W$ *tel que* $w \neq 1$;

(ii) *pour tout* $w \in W$ *tel que* $w \neq 1$, $\lambda - w(\lambda)$ *est combinaison linéaire à coefficients positifs* (resp. *positifs et non tous nuls*) *des racines simples* ;

(iii) *on a* $\langle \lambda, K_\alpha \rangle \geqslant 0$ (resp. > 0) *pour toute racine positive* α ;

(iv) *on a* $\langle \lambda, K_\alpha \rangle \geqslant 0$ (resp. > 0) *pour toute racine simple* α.

L'équivalence de (iii) et (iv) est immédiate. Puisque l'ensemble des K_α s'identifie au système de racines inverse de R(G, T) (§ 4, n° 5), l'équivalence de (i) et (iii) résulte de VI, § 1, n° 6, prop. 18 et corollaire. L'implication (ii) $\Rightarrow$ (i) est triviale, et l'implication opposée résulte de *loc. cit.*

[1] Dans ce paragraphe et le suivant, nous référons par le sigle TS à un chapitre à paraître du livre de *Théories Spectrales* et consacré aux représentations linéaires des groupes compacts.

On note X_{++} l'ensemble des éléments de X(T) tels que $\langle \lambda, K_\alpha \rangle \geqslant 0$ pour toute racine positive α. Les éléments de X_{++} sont dits *dominants*. Ils forment un domaine fondamental pour l'action de W dans X(T) (VI, § 1, n° 10). On a $X_{++} \subset X_+$.

Si G est simplement connexe, il existe pour chaque racine simple α un élément ϖ_α de X(T) tel que $\langle \varpi_\beta, K_\alpha \rangle = \delta_{\alpha\beta}$ pour toute racine simple β, c'est-à-dire $s_\alpha(\varpi_\alpha) = \varpi_\alpha - \alpha$, $s_\beta(\varpi_\alpha) = \varpi_\alpha$ pour toute racine simple $\beta \neq \alpha$; les ϖ_α sont appelés les poids dominants *fondamentaux* ; ils forment une base du groupe commutatif X(T) et du monoïde commutatif X_{++} : plus précisément, tout élément λ de X(T) s'écrit sous la forme $\lambda = \sum_\alpha \langle \lambda, K_\alpha \rangle \varpi_\alpha$.

On note ρ l'élément de $X(T) \otimes \mathbf{Q}$ tel que

$$2\rho = \sum_{\alpha \in R_+} \alpha .$$

On a $\langle \rho, K_\alpha \rangle = 1$ pour toute racine simple α (VI, § 1, n° 10, prop. 29). Si G est simplement connexe, ρ est la somme des poids dominants fondamentaux.

2. Le plus grand poids d'une représentation irréductible

A toute représentation $\tau : G \to \mathbf{GL}(V)$, associons l'homomorphisme $L(\tau)_{(\mathbf{C})}$ de la $\mathbf{C}$-algèbre de Lie $\mathfrak{g}_\mathbf{C}$ dans End(V) prolongeant la représentation linéaire $L(\tau)$ de $\mathfrak{g}$ dans l'espace vectoriel réel sous-jacent à V (III, § 3, n° 11). D'après la prop. 7 du § 4, n° 3, l'application δ de X(T) dans $\mathrm{Hom}_\mathbf{C}(\mathfrak{t}_\mathbf{C}, \mathbf{C}) = \mathfrak{t}_\mathbf{C}^*$ applique bijectivement l'ensemble des poids de τ relativement à T sur l'ensemble des poids de $L(\tau)_{(\mathbf{C})}$ relativement à la sous-algèbre de Cartan $\mathfrak{t}_\mathbf{C}$ de $\mathfrak{g}_\mathbf{C}$.

Lemme 2. — *Soit* φ *une représentation linéaire de l'algèbre de Lie complexe* $\mathfrak{g}_\mathbf{C}$ *dans un espace vectoriel complexe* V *de dimension finie. Pour qu'il existe une représentation* τ *de* G *dans* V *telle que* $L(\tau)_{(\mathbf{C})} = \varphi$, *il faut et il suffit que* φ *soit semi-simple et que les poids de* $\mathfrak{t}_\mathbf{C}$ *dans* V *appartiennent à* $\delta(X(T))$.

S'il existe une représentation τ de G telle que $L(\tau)_{(\mathbf{C})} = \varphi$, alors φ est semi-simple car G est connexe et τ semi-simple (III, § 6, n° 5, cor. 2 à la prop. 13), et les poids de $\mathfrak{t}_\mathbf{C}$ dans V appartiennent à l'image de δ. La condition est donc nécessaire ; démontrons qu'elle est suffisante. Si φ est semi-simple, V est somme directe des $V_\mu(\mathfrak{t}_\mathbf{C})$, où μ parcourt l'ensemble des poids de $\mathfrak{t}_\mathbf{C}$ dans V (VII, § 2, n° 4, cor. 3 au th. 2) ; si tous ces poids appartiennent à l'image de δ, il existe une représentation τ_T de T dans V telle que $L(\tau_T)_{(\mathbf{C})} = \varphi | \mathfrak{t}_\mathbf{C}$: il suffit en effet de poser $\tau_T(t)\, v = t^\lambda v$ pour $t \in T$ et $v \in V_{\delta(\lambda)}(\mathfrak{t}_\mathbf{C})$. Le lemme résulte alors de la prop. 8 du § 2, n° 6.

THÉORÈME 1. — *a) Soit* $\tau : G \to \mathbf{GL}(V)$ *une représentation irréductible de* G. *Alors l'ensemble des poids de* τ (relativement à T) *possède un plus grand élément* λ, *celui-ci est dominant, et l'espace* $V_\lambda(T)$ *est de dimension* 1.

b) Pour que deux représentations irréductibles de G *soient équivalentes, il faut et il suffit que leurs plus grands poids soient égaux.*

c) Pour tout élément dominant λ *de* X(T), *il existe une représentation irréductible de* G *de plus grand poids* λ.

D'après le lemme 2, les classes d'équivalence de représentations irréductibles de G correspondent bijectivement aux classes de représentations irréductibles de dimension finie de $\mathfrak{g}$ dont les poids appartiennent à $\delta(\mathrm{X}(\mathrm{T}))$.

Notons $\mathscr{C}\mathfrak{g}_{\mathbf{C}}$ le centre et $\mathscr{D}\mathfrak{g}_{\mathbf{C}}$ l'algèbre de Lie dérivée de $\mathfrak{g}_{\mathbf{C}}$, de sorte que $\mathfrak{g}_{\mathbf{C}} = \mathscr{C}\mathfrak{g}_{\mathbf{C}} \oplus \mathscr{D}\mathfrak{g}_{\mathbf{C}}$. Pour toute forme linéaire μ sur $\mathfrak{t}_{\mathbf{C}} \cap \mathscr{D}\mathfrak{g}_{\mathbf{C}}$, notons $\mathrm{E}(\mu)$ le $\mathscr{D}\mathfrak{g}_{\mathbf{C}}$-module simple introduit en VIII, § 6, n° 3 ; pour toute forme linéaire ν sur $\mathscr{C}\mathfrak{g}_{\mathbf{C}}$, notons $\mathbf{C}(\nu)$ le $\mathscr{C}\mathfrak{g}_{\mathbf{C}}$-module de dimension 1 sur $\mathbf{C}$ associé. Alors les $\mathfrak{g}_{\mathbf{C}}$-modules $\mathbf{C}(\nu) \otimes \mathrm{E}(\mu)$ sont simples, et d'après VIII, § 7, n° 2, cor. 2 au th. 1 et A, VIII, § 11, n° 1, th. 1, tout $\mathfrak{g}_{\mathbf{C}}$-module simple de dimension finie est isomorphe à un $\mathfrak{g}_{\mathbf{C}}$-module $\mathbf{C}(\nu) \otimes \mathrm{E}(\mu)$; de plus (*loc. cit.*) $\mathbf{C}(\nu) \otimes \mathrm{E}(\mu)$ est de dimension finie si et seulement si $\mu(H_\alpha)$ est entier positif pour toute racine simple α. Si l'on note $\nu + \mu$ la forme linéaire sur $\mathfrak{t}_{\mathbf{C}}$ qui induit ν sur $\mathscr{C}\mathfrak{g}_{\mathbf{C}}$ et μ sur $\mathfrak{t}_{\mathbf{C}} \cap \mathscr{D}\mathfrak{g}_{\mathbf{C}}$, on a $(\nu + \mu)(H_\alpha) = \mu(H_\alpha)$; de plus, les poids de $\mathbf{C}(\nu) \otimes \mathrm{E}(\mu)$ sont les $\nu + \lambda$, où λ parcourt les poids de $\mathrm{E}(\mu)$, donc sont de la forme $\nu + \mu - \theta$, avec $\theta \in \delta(\mathrm{X}_+)$ (VIII, § 6, n° 2, lemme 2).

On en conclut que le $\mathfrak{g}$-module $\mathbf{C}(\nu) \otimes \mathrm{E}(\mu)$ est de dimension finie si et seulement si $(\nu + \mu)(H_\alpha)$ est entier positif pour toute racine simple α, et que ses poids appartiennent à $\delta(\mathrm{X}(\mathrm{T}))$ si et seulement si $\nu + \mu$ appartient à $\delta(\mathrm{X}(\mathrm{T}))$. La conjonction de ces deux conditions signifie que $\nu + \mu$ appartient à $\delta(\mathrm{X}_{++})$; dans ce cas, $\nu + \mu$ est le plus grand poids de $\mathbf{C}(\nu) \otimes \mathrm{E}(\mu)$. On a donc construit pour tout élément dominant λ de X(T) une représentation irréductible de G dont λ est le plus grand poids, et obtenu ainsi, à équivalence près, toutes les représentations irréductibles de G. Comme les vecteurs de poids $\nu + \mu$ dans $\mathbf{C}(\nu) \otimes \mathrm{E}(\mu)$ forment un sous-espace de dimension 1, on a ainsi achevé la démonstration.

COROLLAIRE. — *Le groupe* G *possède une représentation linéaire* fidèle (*de dimension finie*).

Observons d'abord que tout élément de X(T) est égal à la différence de deux éléments dominants : plus précisément, soit ϖ un élément de X_{++} tel que $\langle \varpi, K_\alpha \rangle > 0$ pour toute racine simple α ; pour tout $\lambda \in \mathrm{X}(\mathrm{T})$, il existe un entier positif n tel qu'on ait $\langle \lambda + n\varpi, K_\alpha \rangle \geqslant 0$ pour toute racine simple α, c'est-à-dire (n° 1, lemme 1) $\lambda + n\varpi \in \mathrm{X}_{++}$.

Par conséquent, il existe une famille finie $(\lambda_i)_{i \in \mathrm{I}}$ d'éléments de X_{++} engendrant le $\mathbf{Z}$-module X(T). Pour $i \in \mathrm{I}$, soit τ_i une représentation irréductible de G de plus grand poids λ_i (th. 1) ; soit τ la représentation somme directe des τ_i. Par construction l'ensemble $\mathrm{P}(\tau, \mathrm{T})$ des poids de τ (relativement à T) engendre le $\mathbf{Z}$-module X(T). Il résulte alors de la prop. 6 du § 4, n° 3, que l'homomorphisme τ est injectif, d'où le corollaire.

Remarques. — 1) Soit $\mathfrak{n}_+$ la sous-algèbre de $\mathfrak{g}_{\mathbf{C}}$ somme des $\mathfrak{g}^\alpha$ pour $\alpha > 0$. Soient $\tau : \mathrm{G} \to \mathbf{GL}(\mathrm{V})$ une représentation irréductible, $\lambda \in \mathrm{X}_{++}$ son plus grand poids et $\tau' : \mathfrak{g}_{\mathbf{C}} \to \mathfrak{gl}(\mathrm{V})$ la représentation déduite de τ. Alors $\mathrm{V}_\lambda(\mathrm{T})$ est le sous-espace formé des vecteurs v de V tels que $\tau'(x)\, v = 0$ pour tout $x \in \mathfrak{n}_+$.

Cela résulte en effet de l'énoncé correspondant pour les $\mathfrak{g}_{\mathbf{C}}$-modules $C(\nu) \otimes E(\mu)$ (VIII, § 6, n° 2, prop. 3).

2) Soit $\Theta(G)$ l'algèbre des fonctions représentatives continues de G à valeurs dans **C** (A, VIII). On fait opérer G sur $\Theta(G)$ par translations à droite et à gauche. Pour chaque $\lambda \in X_{++}$, soit $(V_\lambda, \tau_\lambda)$ une représentation irréductible de G de plus grand poids λ (th. 1), et $(V_\lambda^*, \check{\tau}_\lambda)$ la représentation contragrédiente (III, § 3, n° 11); alors d'après TS, la représentation de $G \times G$ dans $\Theta(G)$ est isomorphe à la somme directe, pour λ parcourant X_{++}, des représentations $(V_\lambda \otimes V_\lambda^*, \tau_\lambda \otimes \check{\tau}_\lambda)$. On déduit alors de la remarque 1 l'énoncé suivant : *Soit* $\lambda \in X_{++}$, *et soit* E_λ *le sous-espace vectoriel de* $\Theta(G)$ *formé des fonctions représentatives continues* f *sur* G *telles que* $f(gt) = \lambda(t)^{-1} f(g)$ *pour tout* $g \in G$ *et tout* $t \in T$, *et que* $f * x = 0$ *pour tout* $x \in \mathfrak{n}_- = \bigoplus_{\alpha<0} \mathfrak{g}^\alpha$. *Alors* E_λ *est stable par les translations à gauche, et la représentation de* G *dans* E_λ *par translations à gauche est irréductible, de plus grand poids* λ.

3) Soit $\tau : G \to \mathbf{GL}(V)$ une représentation irréductible. Il existe un élément ν de $X(C(G))$ tel que $\tau(s)\,v = \nu(s)\,v$ pour $s \in C(G)$, $v \in V$: en effet $\tau(C(G))$ est contenu dans le commutant de $\tau(G)$, qui est égal à $\mathbf{C}^* . 1_V$ (A, VIII, § 3, n° 2, th. 1). Pour tout poids λ de τ, la restriction de λ à $C(G)$ est égale à ν.

4) On généralise sans peine à la situation actuelle les définitions et énoncés de VIII, § 7, n°s 2 à 5; nous en laissons les détails au lecteur.

PROPOSITION 1. — *Soit* $\tau : G \to \mathbf{GL}(V)$ *une représentation irréductible de* G, *de plus grand poids* $\lambda \in X_{++}$. *Soit* m *l'entier* $\sum_{\alpha \in R_+} \langle \lambda, K_\alpha \rangle$, *et soit* w_0 *l'élément du groupe de Weyl tel que* $w_0(R_+) = R_-$ (VI, § 1, n° 6, cor. 3 de la prop. 17). *On est alors dans l'un des trois cas suivants* :

a) $w_0(\lambda) = -\lambda$ *et* m *est pair. Il existe alors une forme bilinéaire symétrique séparante sur* V, *invariante par* G; *la représentation* τ *est de type réel* (Appendice II).

b) $w_0(\lambda) \neq -\lambda$. *Toute forme bilinéaire sur* V *invariante par* G *est nulle*; *la représentation* τ *est de type complexe* (loc. cit.).

c) $w_0(\lambda) = -\lambda$ *et* m *est impair. Il existe une forme bilinéaire alternée séparante sur* V *invariante par* G ; *la représentation* τ *est de type quaternionien* (loc. cit.).

Si la restriction de τ *à* $C(G)_0$ *n'est pas triviale, on est alors dans le cas b).*

Une forme bilinéaire B sur V est invariante par G si et seulement si elle est invariante par $\mathfrak{g}_{\mathbf{C}}$ (III, § 6, n° 5, cor. 3). Si G est semi-simple, la proposition résulte donc de VIII, § 7, n° 5, prop. 12 et de la prop. 3 de l'Appendice II.

Dans le cas général, posons $C(G)_0 = S$, et identifions $X(T/S)$ à un sous-groupe de $X(T)$ (stable par W). Si $\tau(S) = \{1_V\}$, τ induit par passage au quotient une représentation $\tau' : G/S \to \mathbf{GL}(V)$, de plus grand poids λ; la proposition résulte dans ce cas de ce qui précède, appliqué à G/S.

Supposons $\tau(S) \neq \{1_V\}$. Il existe un élément non nul ν de $X(S)$ tel que $\tau(s) = \nu(s)_V$ pour tout $s \in S$ (remarque 3). Alors ν est l'image de λ par l'homomorphisme de restriction $X(T) \to X(S)$; puisque W opère trivialement sur $X(S)$, l'égalité $w_0(\lambda) = -\lambda$ entraînerait $\nu = -\nu$, ce qui est impossible : on a donc $w_0(\lambda) \neq -\lambda$.

D'autre part, si B est une forme bilinéaire sur V, invariante par G, on a, pour x, y dans V et s dans S,

$$B(\nu(s)\,x, \nu(s)\,y) = B(x, y) = \nu(s)^2 B(x, y)$$

ce qui entraîne B = 0, d'où la proposition.

Soit $\mathfrak{S}_{\mathbf{R}}(G)$ l'ensemble des classes de représentations continues irréductibles de G dans des espaces vectoriels réels de dimension finie. La prop. 1 et les résultats de l'Appendice II établissent une bijection $\Phi : X_{++}/\Sigma \to \mathfrak{S}_{\mathbf{R}}(G)$, où Σ désigne le sous-groupe $\{1, -w_0\}$ de Aut(X(T)). Plus précisément, soit $\lambda \in X_{++}$, et soit E_λ une représentation de G de plus grand poids λ ; on a

$$\Phi(\{\lambda, -w_0(\lambda)\}) = E_{\lambda[\mathbf{R}]} \quad \text{si} \quad \lambda \neq -w_0(\lambda) \quad \text{ou si} \quad \sum_{\alpha \in R_+} \langle \lambda, K_\alpha \rangle \notin 2\mathbf{Z}\,,$$

$$\Phi(\{\lambda, -w_0(\lambda)\}) = E'_\lambda \quad \text{si} \quad \lambda = -w_0(\lambda) \quad \text{et} \quad \sum_{\alpha \in R_+} \langle \lambda, K_\alpha \rangle \in 2\mathbf{Z}\,,$$

où E'_λ est une **R**-structure sur E_λ invariante par G.

3. L'anneau R(G)

Soit R(G) l'anneau des représentations (continues dans des espaces vectoriels complexes de dimension finie) de G (A, VIII, § 10, n° 6). Si τ est une représentation de G, on note $[\tau]$ sa classe dans R(G) ; si τ et τ' sont deux représentations de G, on a donc par définition

$$[\tau] + [\tau'] = [\tau \oplus \tau']$$
$$[\tau]\,[\tau'] = [\tau \otimes \tau']\,.$$

Puisque toute représentation de G est semi-simple, le **Z**-module R(G) est libre et admet comme base l'ensemble des classes de représentations irréductibles de G, ensemble qui s'identifie à X_{++} par le th. 1. L'application $\tau \mapsto L(\tau)_{(\mathbf{C})}$ induit un homomorphisme d'anneaux l de R(G) dans l'anneau $\mathscr{R}(\mathfrak{g}_{\mathbf{C}})$ des représentations de $\mathfrak{g}_{\mathbf{C}}$ (VIII, § 7, n° 6).

Soit $\tau : G \to \mathbf{GL}(V)$ une représentation de G ; considérons la graduation $(V_\lambda(T))_{\lambda \in X(T)}$ du **C**-espace vectoriel V. On note Ch(V), ou Ch(τ), le *caractère* de l'espace vectoriel gradué V (VIII, § 7, n° 7) ; si l'on désigne par $(e^\lambda)_{\lambda \in X(T)}$ la base canonique de l'algèbre $\mathbf{Z}[X(T)] = \mathbf{Z}^{(X(T))}$, on a par définition

$$\mathrm{Ch}(\tau) = \sum_{\lambda \in X(T)} (\dim V_\lambda(T))\, e^\lambda\,.$$

On définit ainsi (*loc. cit.*) un homomorphisme d'anneaux, encore noté Ch, de R(G) dans $\mathbf{Z}[X(T)]$. Si G est semi-simple, on a un diagramme commutatif

$$(1)\qquad \begin{array}{ccc} R(G) & \xrightarrow{\mathrm{Ch}} & \mathbf{Z}[X(T)] \\ {\scriptstyle l}\downarrow & & \downarrow{\scriptstyle \tilde{\delta}} \\ \mathscr{R}(\mathfrak{g}_{\mathbf{C}}) & \xrightarrow{\mathrm{ch}} & \mathbf{Z}[P] \end{array}$$

où P désigne le groupe des poids de $R(\mathfrak{g}_{\mathbf{C}}, \mathfrak{t}_{\mathbf{C}})$, et $\tilde{\delta}$ l'homomorphisme déduit de δ.

Le groupe de Weyl W opère par automorphismes dans le groupe X(T), donc dans l'anneau $\mathbf{Z}[X(T)]$. D'après la prop. 5 du § 4, n° 3, l'image de Ch est contenue dans le sous-anneau $\mathbf{Z}[X(T)]^W$ formé des éléments invariants par W.

PROPOSITION 2. — *L'homomorphisme* Ch *induit un isomorphisme de* R(G) *sur* $\mathbf{Z}[X(T)]^W$.

Pour $\lambda \in X_{++}$, notons $[\lambda]$ la classe dans R(G) de la représentation irréductible de plus grand poids λ. Puisque la famille $([\lambda])_{\lambda \in X_{++}}$ est une base du $\mathbf{Z}$-module R(G), il s'agit de démontrer l'assertion suivante :

La famille $(\mathrm{Ch}[\lambda])_{\lambda \in X_{++}}$ *est une base du* $\mathbf{Z}$*-module* $\mathbf{Z}[X(T)]^W$.

Pour tout élément $u = \sum_{\lambda} a_\lambda e^\lambda$ de $\mathbf{Z}[X(T)]$, appelons termes maximaux de u les $a_\lambda e^\lambda$ tels que λ soit un élément maximal de l'ensemble des $\mu \in X(T)$ avec $a_\mu \neq 0$. Le th. 1 implique que $\mathrm{Ch}[\lambda]$ possède un unique terme maximal, à savoir e^λ. La proposition résulte donc du lemme suivant.

Lemme 3. — *Pour chaque* $\lambda \in X_{++}$, *soit* C_λ *un élément de* $\mathbf{Z}[X(T)]^W$ *ayant pour unique terme maximal* e^λ. *Alors la famille* $(C_\lambda)_{\lambda \in X_{++}}$ *est une base de* $\mathbf{Z}[X(T)]^W$.

La démonstration est identique à celle de la prop. 3 de VI, § 3, n° 4, en y remplaçant A par $\mathbf{Z}$, P par X(T) et $P \cap \overline{C}$ par X_{++}.

Soit $\Theta(G)$ (resp. $\Theta(T)$) la $\mathbf{C}$-algèbre des fonctions représentatives continues sur G (resp. T), et soit $Z\Theta(G)$ (resp. $\Theta(T)^W$) la sous-algèbre formée de celles de ces fonctions qui sont centrales (resp. invariantes par W). L'application de restriction $\Theta(G) \to \Theta(T)$ induit un homomorphisme d'anneaux $r : Z\Theta(G) \to \Theta(T)^W$. D'autre part, l'application qui à une représentation τ associe son caractère (c'est-à-dire la fonction $g \mapsto \mathrm{Tr}\,\tau(g)$) se prolonge en un homomorphisme de $\mathbf{C}$-algèbres $\mathrm{Tr} : \mathbf{C} \otimes_{\mathbf{Z}} R(G) \to Z\Theta(G)$, qui, d'après TS, est un *isomorphisme*. De même, on déduit de l'injection canonique $X(T) \to \Theta(T)$ un isomorphisme de $\mathbf{C}$-algèbres $\iota : \mathbf{C}[X(T)] \to \Theta(T)$, qui induit un isomorphisme $\iota : \mathbf{C}[X(T)]^W \to \Theta(T)^W$. Le diagramme

$$(2)\qquad \begin{array}{ccc} \mathbf{C} \otimes_{\mathbf{Z}} R(G) & \xrightarrow{1 \otimes \mathrm{Ch}} & \mathbf{C}[X(T)]^W \\ {\scriptstyle \mathrm{Tr}}\downarrow & & \downarrow{\scriptstyle \iota} \\ Z\Theta(G) & \xrightarrow{\ r\ } & \Theta(T)^W \end{array}$$

est *commutatif* : en effet pour toute représentation $\tau : G \to \mathbf{GL}(V)$ et tout $t \in T$ on a

$$\operatorname{Tr} \tau(t) = \sum_{\lambda \in X(T)} (\dim V_\lambda(T))\, \lambda(t) = \iota(\operatorname{Ch} \tau)(t)$$

c'est-à-dire $(r \circ \operatorname{Tr})[\tau] = (\iota \circ \operatorname{Ch})[\tau]$.

On déduit alors de la proposition le résultat suivant.

COROLLAIRE. — *L'application de restriction* $r : Z\Theta(G) \to \Theta(T)^W$ *est bijective.*

4. La formule des caractères

Dans ce numéro, on note le groupe X(T) multiplicativement, et on considère ses éléments comme des fonctions sur T à valeurs complexes. *On suppose que l'élément* ρ *de* $X(T) \otimes \mathbf{Q}$ *appartient à* X(T).

On désigne par $L^2(T)$ l'espace hilbertien des classes de fonctions complexes de carré intégrable sur T, et par $\Theta(T)$ le sous-espace formé des fonctions représentatives continues. D'après TS, X(T) est une base orthonormale de $L^2(T)$ et une base algébrique de $\Theta(T)$.

Pour $f \in L^2(T)$ et $w \in W$, on note ${}^w\!f$ l'élément de $L^2(T)$ défini par ${}^w\!f(t) = f(w^{-1}(t))$; pour $\lambda \in X(T)$, on a donc ${}^w\lambda = w(\lambda)$. On note $\varepsilon : W \to \{1, -1\}$ la *signature* (unique homomorphisme tel que $\varepsilon(s) = -1$ pour toute réflexion s) ; pour $f \in L^2(T)$, on pose

$$J(f) = \sum_{w \in W} \varepsilon(w)\, {}^w\!f .$$

Si $\lambda \in X_{++}$, les caractères ${}^w(\lambda\rho)$ sont tous distincts ; il suffit en effet de prouver qu'on a ${}^w(\lambda\rho) \neq \lambda\rho$ pour tout $w \neq 1$; or cela résulte du lemme 1 (nº 1) et de ce qu'on a $\langle \lambda\rho, K_\alpha \rangle = \langle \lambda, K_\alpha \rangle + 1 > 0$ pour toute racine positive α. Par conséquent :

$$\| J(\lambda\rho) \|^2 = \operatorname{Card}(W) = w(G) .$$

On dit qu'un élément $f \in L^2(T)$ est *anti-invariant si* ${}^w\!f = \varepsilon(w) f$ pour tout $w \in W$ (c'est-à-dire si ${}^s\!f = -f$ pour toute réflexion s). Montrons que $\frac{1}{w(G)} J$ est le *projecteur orthogonal* de $L^2(T)$ sur le sous-espace des éléments anti-invariants. En effet, soient f, f' dans $L^2(T)$, avec f' anti-invariant ; alors $J(f)$ est anti-invariant et l'on a

$$\begin{aligned} \langle f', J(f) \rangle &= \sum_{w \in W} \varepsilon(w) \langle f', {}^w\!f \rangle = \sum_{w \in W} \langle {}^w\!f', {}^w\!f \rangle \\ &= \sum_{w \in W} \langle f', f \rangle = w(G) \langle f', f \rangle . \end{aligned}$$

PROPOSITION 3. — *Les éléments* $J(\lambda\rho)/\sqrt{w(G)}$, *pour* $\lambda \in X_{++}$, *forment une base orthonormale du sous-espace des éléments anti-invariants de* $L^2(T)$, *et une base algébrique du sous-espace des éléments anti-invariants de* $\Theta(T)$.

La démonstration est identique à celle de VI, § 3, nº 3, prop. 1.

D'après VI, *loc. cit.*, prop. 2, on a

(3) $$\mathrm{J}(\rho) = \rho \prod_{\alpha > 0} (1 - \alpha^{-1}) = \rho^{-1} \prod_{\alpha > 0} (\alpha - 1),$$

donc

(4) $$\mathrm{J}(\rho)\, \overline{\mathrm{J}(\rho)} = \prod_{\alpha} (\alpha - 1).$$

D'après le cor. 2 au th. 1 (§ 6, n° 2), on en déduit :

Lemme 4. — *Si* φ *et* ψ *sont deux fonctions continues centrales sur* G, *on a*

$$\int_{\mathrm{G}} \overline{\varphi(g)}\, \psi(g)\, dg = \frac{1}{w(\mathrm{G})} \int_{\mathrm{T}} \overline{(\varphi(t)\, \mathrm{J}(\rho)\, (t))}.(\psi(t)\, \mathrm{J}(\rho)\, (t))\, dt.$$

Pour tout $\lambda \in \mathrm{X}_{++}$, notons χ_λ le caractère d'une représentation irréductible de G de plus grand poids λ.

THÉORÈME 2 (H. Weyl). — *Pour tout* $\lambda \in \mathrm{X}_{++}$, *on a* $\mathrm{J}(\rho).\chi_\lambda|\mathrm{T} = \mathrm{J}(\lambda\rho)$.

La fonction $\mathrm{J}(\rho).\chi_\lambda|\mathrm{T}$ est anti-invariante par W, et est combinaison linéaire à coefficients entiers des éléments de X(T). D'après VI, § 3, n° 3, prop. 1, elle s'écrit donc $\sum_\mu a_\mu \mathrm{J}(\mu\rho)$, où μ parcourt X_{++}, et où les a_μ sont entiers et tous nuls sauf un nombre fini d'entre eux ; puisque $\int_{\mathrm{G}} |\chi_\lambda(g)|^2 dg = 1$(TS), il résulte de la prop. 3 et du lemme 4 que l'on a $\sum_\mu (a_\mu)^2 = 1$; les a_μ sont donc tous nuls, sauf l'un d'entre eux qui vaut 1 ou -1. Mais le coefficient de λ dans $\chi_\lambda|\mathrm{T}$ vaut 1 (th. 1), donc le coefficient de $\lambda\rho$ dans $\mathrm{J}(\rho).\chi_\lambda|\mathrm{T}$ vaut 1 (VI, § 3, n° 3, remarque 2), ce qui implique $a_{\lambda\rho} = 1$, d'où le théorème.

COROLLAIRE 1. — *Avec les notations du* n° 3, *on a dans* $\mathbf{Z}[\mathrm{X}(\mathrm{T})]$

$$\Big(\sum_{w \in \mathrm{W}} \varepsilon(w)\, e^{w\rho}\Big)\, \mathrm{Ch}[\lambda] = \sum_{w \in \mathrm{W}} \varepsilon(w)\, e^{w\lambda} e^{w\rho} \quad \text{pour tout} \quad \lambda \in \mathrm{X}_{++}.$$

Cela résulte du théorème et de la commutativité du diagramme (2) (n° 3).

COROLLAIRE 2. — *Pour tout* $\lambda \in \mathrm{X}_{++}$ *et tout élément régulier* t *de* T, *on a*

(5) $$\chi_\lambda(t) = \frac{\sum_w \varepsilon(w)\, \lambda(wt)\, \rho(wt)}{\sum_w \varepsilon(w)\, \rho(wt)}$$

où les deux sommations sont étendues aux éléments w *de* W.

En effet, $\mathrm{J}(\rho)\,(t)$ n'est pas nul, puisque t est régulier (formule (4)).

Si φ est une fonction centrale sur G, la restriction de φ à T est invariante par W, donc $\mathrm{J}(\rho).\varphi|\mathrm{T}$ est anti-invariante par W. Par ailleurs, d'après TS et le th. 1, la famille

$(\chi_\lambda)_{\lambda \in X_{++}}$ est une base algébrique de l'espace des fonctions représentatives centrales sur G et une base orthonormale de l'espace $ZL^2(G)$ des classes de fonctions centrales de carré intégrable sur G.

On déduit donc de la prop. 3 et du th. 2 :

COROLLAIRE 3. — *L'application qui, à chaque fonction continue centrale* φ *sur* G, *associe la fonction* $w(G)^{-1/2} J(\rho)(\varphi|T)$ *induit un isomorphisme de l'espace des fonctions représentatives centrales sur* G *sur l'espace des éléments anti-invariants de* $\Theta(T)$; *elle se prolonge par continuité en un isomorphisme d'espaces hilbertiens de* $ZL^2(G)$ *sur le sous-espace des éléments anti-invariants de* $L^2(T)$.

COROLLAIRE 4. — *Soit* φ *une fonction continue centrale sur* G. *On a*

$$\int_G \overline{\chi_\lambda(g)}\, \varphi(g)\, dg = \int_T \overline{\lambda(t)} \prod_{\alpha>0} (1 - \alpha(t)^{-1})\, \varphi(t)\, dt = \int_T \overline{\lambda\rho(t)}.\varphi(t)\, J(\rho)(t)\, dt\,.$$

En effet, d'après le lemme 4 et le th. 2, on a

$$\int_G \overline{\chi_\lambda(g)}\, \varphi(g)\, dg = \frac{1}{w(G)} \int_T \overline{\chi_\lambda(t)\, J(\rho)(t)}\, (\varphi(t)\, J(\rho)(t))\, dt$$
$$= \frac{1}{w(G)} \int_T \overline{J(\lambda\rho).(t)}\, \varphi(t)\, J(\rho)(t)\, dt\,.$$

Mais la fonction $t \mapsto \varphi(t)\, J(\rho)(t)$ est anti-invariante et $\frac{1}{w(G)} J(\lambda\rho)$ est la projection orthogonale de $\lambda\rho$ sur le sous-espace des éléments anti-invariants de $L^2(T)$, donc

$$\frac{1}{w(G)} \int_T \overline{J(\lambda\rho)(t)}\, \varphi(t)\, J(\rho)(t)\, dt = \int_T \overline{\lambda\rho(t)}\, \varphi(t)\, J(\rho)(t)\, dt\,;$$

enfin, d'après la formule (3), on a $\overline{\rho(t)}\, J(\rho)(t) = \prod_{\alpha>0} (1 - \alpha(t)^{-1})$, d'où le corollaire.

Remarques. — 1) Pour tout $w \in W$, posons $\rho_w = {}^w\rho/\rho$; on a

$$\sum_w \varepsilon(w)\, \rho_w = \prod_{\alpha>0} (1 - \alpha^{-1}) = \rho^{-2} \prod_{\alpha>0} (\alpha - 1)\,. \tag{6}$$

Si t est un élément régulier de T, on tire de (5)

$$\chi_\lambda(t) = \frac{\sum_w \varepsilon(w)\, {}^w\lambda(t)\, \rho_w(t)}{\sum_w \varepsilon(w)\, \rho_w(t)} = \frac{\sum_w \varepsilon(w)\, {}^w\lambda(t)\, \rho_w(t)}{\prod_{\alpha>0} (1 - \alpha(t)^{-1})}\,. \tag{7}$$

Notons que ρ_w est combinaison linéaire à coefficients entiers de racines, donc appartient à X(T) même si l'on ne suppose pas $\rho \in X(T)$. Il en résulte que la formule (7) est valable sans l'hypothèse $\rho \in X(T)$: on peut en effet pour la démontrer remplacer G par un revêtement connexe convenable, et on est ramené au cor. 2.

2) De même, la première égalité du cor. 4 reste valable sans l'hypothèse $\rho \in X(T)$.

3) On peut déduire le th. 2 de l'énoncé infinitésimal analogue (VIII, § 9, n° 1, th. 1) ; c'est le cas également pour le th. 3 du numéro suivant (qui est l'analogue du th. 2 de *loc. cit.*, n° 2).

5. Degré des représentations irréductibles

On revient à la notation additive pour le groupe X(T) et on ne suppose plus que ρ appartienne à X(T).

THÉORÈME 3. — *La dimension de l'espace d'une représentation irréductible de* G *de plus grand poids* λ *est donnée par*

$$\chi_\lambda(e) = \prod_{\alpha \in R_+} \frac{\langle \lambda + \rho, K_\alpha \rangle}{\langle \rho, K_\alpha \rangle}.$$

Posons $\gamma = \frac{1}{2} \sum_{\alpha > 0} K_\alpha$, d'où $\delta(\alpha)(\gamma) = 2\pi i$ pour toute racine simple α (VI, § 1, n° 10, prop. 29). La droite $\mathbf{R}\gamma$ n'est contenue dans aucun des hyperplans Ker $\delta(\alpha)$, donc $\exp(z\gamma)$ est un élément régulier de G pour tout $z \in \mathbf{R}^*$ assez petit ; pour tout $\mu \in X(T)$ et tout $z \in \mathbf{R}$, on a

$$J(\mu)(\exp(z\gamma)) = \sum_{w \in W} \varepsilon(w)\, e^{z\delta(\mu)(w^{-1}\gamma)}.$$

Admettons provisoirement le lemme suivant :

Lemme 5. — *On a*

$$J(\mu)(\exp(z\gamma)) = e^{z\delta(\mu)(\gamma)} \prod_{\alpha > 0} (1 - e^{-z\delta(\mu)(K_\alpha)}).$$

La fonction $J(\mu)(\exp(z\gamma))$ est donc le produit d'une fonction qui tend vers 1 lorsque z tend vers 0 et de

$$z^N \prod_{\alpha > 0} \delta(\mu)(K_\alpha) = (2\pi i z)^N \prod_{\alpha > 0} \langle \mu, K_\alpha \rangle$$

où $N = \mathrm{Card}\, R_+$.

Supposons d'abord $\rho \in X(T)$; appliquant alors le cor. 2 au th. 2, on voit que, lorsque z tend vers 0, $\chi_\lambda(z\gamma)$ tend vers

$$\prod_{\alpha > 0} \langle \lambda + \rho, K_\alpha \rangle \Big/ \prod_{\alpha > 0} \langle \rho, K_\alpha \rangle,$$

d'où le théorème en ce cas.

Dans le cas général, il suffit de remarquer qu'on peut toujours, pour démontrer le th. 3, remplacer G par un revêtement connexe convenable, et se réduire ainsi au cas précédent.

Démontrons maintenant le lemme 5. Soit $z \in \mathbf{C}$; notons φ_z l'application de $\mathfrak{t}$ dans la **C**-algèbre App(X(T), **C**) des applications de X(T) dans **C**, qui à $H \in \mathfrak{t}$ associe l'application

$$\varphi_z(H) : \mu \mapsto \mu(\exp zH) = e^{z\delta(\mu)(H)}.$$

On a $\varphi_z(H + H') = \varphi_z(H)\,\varphi_z(H')$, de sorte qu'il existe un homomorphisme d'anneaux

$$\psi_z : \mathbf{Z}[\mathfrak{t}] \to \mathrm{App}(\mathrm{X}(\mathrm{T}), \mathbf{C})$$

tel que $\psi_z(e^H)(\mu) = e^{z\delta(\mu)(H)}$. D'autre part, d'après VI, § 3, n° 3, prop. 2, on a dans $\mathbf{Z}[\mathfrak{t}]$ la relation

$$\sum_{w \in \mathrm{W}} \varepsilon(w) e^{w\gamma} = e^{\gamma} \prod_{\alpha > 0} (1 - e^{-K_\alpha}).$$

Appliquant l'homomorphisme ψ_z, en tenant compte de l'égalité

$$\psi_z(e^{w\gamma})(\mu) = e^{z\delta(\mu)(w\gamma)} = e^{z\delta(w^{-1}\mu)(\gamma)},$$

on en déduit la formule annoncée.

Corollaire 1. — *Soit* $\| \ \|$ *une norme sur* X(T) ⊗ **R**. *Pour tout* $\lambda \in \mathrm{X}_{++}$, *soit* $d(\lambda)$ *la dimension de l'espace d'une représentation irréductible de* G *de plus grand poids* λ.

a) *On a* $\sup_{\lambda \in \mathrm{X}_{++}} d(\lambda)/\|\lambda + \rho\|^{\mathrm{N}} < \infty$, *où* $\mathrm{N} = 1/2\,(\dim \mathrm{G} - \dim \mathrm{T})$.

b) *Si* G *est semi-simple, on a* $\inf_{\lambda \in \mathrm{X}_{++}} d(\lambda)/\|\lambda + \rho\| > 0$.

a) Pour tout $\alpha \in \mathrm{R}_+$, il existe $\mathrm{A}_\alpha > 0$ avec $|\langle \lambda + \rho, K_\alpha \rangle| \leqslant \mathrm{A}_\alpha \|\lambda + \rho\|$, d'où $d(\lambda)/\|\lambda + \rho\|^{\mathrm{N}} \leqslant \prod_{\alpha > 0} \mathrm{A}_\alpha / \langle \rho, K_\alpha \rangle$.

b) Supposons G semi-simple, notons $\beta_1, \ldots, \beta_r$ les racines simples et posons $N_i = K_{\beta_i}$. On a

$$d(\lambda) \geqslant \prod_{i=1}^{r} \frac{\langle \lambda + \rho, N_i \rangle}{\langle \rho, N_i \rangle} = \prod_{i=1}^{r} \langle \lambda + \rho, N_i \rangle ;$$

comme $\langle \lambda + \rho, N_i \rangle \geqslant \langle \rho, N_i \rangle = 1$, cela implique

$$d(\lambda) \geqslant \sup_i |\langle \lambda + \rho, N_i \rangle| .$$

Si G est semi-simple, $x \mapsto \sup |\langle x, N_i \rangle|$ est une norme sur X(T) ⊗ **R**, nécessairement équivalente à la norme donnée, d'où *b*).

COROLLAIRE 2. — *Supposons* G *semi-simple ; soit d un entier. L'ensemble des classes de représentations de* G *de dimension* $\leqslant d$ *est fini.*

Le cor. 1, *b*) entraîne que l'ensemble X_d des éléments λ de X_{++} tels que $d(\lambda) \leqslant d$ est fini. Pour tout λ dans X_d, soit V_λ une représentation irréductible de plus grand poids λ ; toute représentation de dimension $\leqslant d$ est isomorphe à une somme directe $\bigoplus_{\lambda \in X_d} V_\lambda^{n_\lambda}$, avec $n_\lambda \leqslant d$, d'où le corollaire.

6. Éléments de Casimir

D'après la prop. 3 du § 1, n° 3, il existe sur $\mathfrak{g}$ des formes bilinéaires symétriques *négatives*, séparantes et invariantes par Ad(G) (si G est semi-simple, on peut par exemple prendre la forme de Killing de $\mathfrak{g}$). Soit F une telle forme. Rappelons (I, § 3, n° 7) qu'on appelle élément de Casimir associé à F l'élément Γ du centre de l'algèbre enveloppante $U(\mathfrak{g})$ tel que pour toute base (e_i) de $\mathfrak{g}$ satisfaisant à $F(e_i, e_j) = -\delta_{ij}$, on ait $\Gamma = -\sum e_i^2$.

On appellera dans la suite de ce chapitre *éléments de Casimir de* G les éléments de $U(\mathfrak{g})$ obtenus ainsi à partir des formes bilinéaires symétriques invariantes séparantes et *négatives* sur $\mathfrak{g}$. Si Γ est un élément de Casimir de G et $\tau : G \to \mathbf{GL}(V)$ une représentation irréductible de G, alors l'endomorphisme Γ_V de V est une homothétie (A, VIII, § 3, n° 2, th. 1), dont nous noterons $\tilde{\Gamma}(\tau)$ le rapport.

PROPOSITION 4. — *Soit* Γ *un élément de Casimir de* G.

a) *Si* τ *est une représentation irréductible de* G, $\tilde{\Gamma}(\tau)$ *est réel et positif. Si* τ *n'est pas la représentation unité, on a même* $\tilde{\Gamma}(\tau) > 0$.

b) *Il existe une forme quadratique* Q_Γ *sur* $X(T) \otimes \mathbf{R}$, *et une seule, telle que, pour toute représentation irréductible* τ *de* G, *on ait*

$$\tilde{\Gamma}(\tau) = Q_\Gamma(\lambda + \rho) - Q_\Gamma(\rho),$$

où λ *est le plus grand poids de* τ. *La forme* Q_Γ *est positive, séparante et invariante par* W.

Soit F une forme bilinéaire symétrique négative et séparante sur $\mathfrak{g}$ définissant Γ. Soit $\tau : G \to \mathbf{GL}(V)$ une représentation irréductible de G ; soient $\langle\ ,\ \rangle$ un produit scalaire hilbertien sur V invariant par G (§ 1, n° 1), et (e_i) une base de $\mathfrak{g}$ telle que $F(e_i, e_j) = -\delta_{ij}$. Alors, pour tout élément v de V non invariant par G, on a

$$\tilde{\Gamma}(\tau)\langle v, v\rangle = \langle v, \Gamma_V(v)\rangle = -\sum_i \langle v, (e_i)_V^2 v\rangle = \sum_i \langle v, (e_i)_V^*(e_i)_V v\rangle$$
$$= \sum_i \langle (e_i)_V v, (e_i)_V v\rangle > 0 \quad ,$$

d'où *a*).

Soit B la forme inverse sur $\mathfrak{t}_{\mathbf{C}}^*$ de la restriction à $\mathfrak{t}_{\mathbf{C}}$ de la forme bilinéaire sur $\mathfrak{g}_{\mathbf{C}}$ déduite de F par extension des scalaires. D'après le corollaire à la prop. 7 de VIII,

§ 6, nº 4, on a [1] $\tilde{\Gamma}(\tau) = B(\delta(\lambda), \delta(\lambda + 2\rho))$. Étendons $\delta : X(T) \to t_{\mathbf{C}}^*$ en une application **R**-linéaire de $X(T) \otimes \mathbf{R}$ dans $t_{\mathbf{C}}^*$ et soit Q_Γ la forme quadratique $x \mapsto B(\delta(x), \delta(x))$ sur $X(T) \otimes \mathbf{R}$; elle est séparante et invariante par W, et on a

$$\tilde{\Gamma}(\tau) = B(\delta(\lambda + \rho), \delta(\lambda + \rho)) - B(\delta(\rho), \delta(\rho)) = Q_\Gamma(\lambda + \rho) - Q_\Gamma(\rho).$$

Montrons maintenant que la forme Q_Γ est *positive*. En effet, si $x \in X(T) \otimes \mathbf{R}$, l'élément $\delta(x)$ de $t_{\mathbf{C}}^*$ prend des valeurs imaginaires pures sur t, donc des valeurs réelles sur it ; on conclut en remarquant que, pour $y \in it$, on a $F(y, y) \geqslant 0$.

Il nous reste à prouver l'assertion d'unicité de *b*). Soit Q une forme quadratique sur $X(T) \otimes \mathbf{R}$ satisfaisant à la condition exigée, et soit Φ (resp. Φ_Γ) la forme bilinéaire associée à Q (resp. Q_Γ). Pour $\lambda, \mu \in X(T)_{++}$, on a

$$\begin{aligned}\Phi(\lambda, \mu) &= (Q(\lambda + \mu + \rho) - Q(\rho)) - (Q(\lambda + \rho) - Q(\rho)) - (Q(\mu + \rho) - Q(\rho)) \\ &= \Phi_\Gamma(\lambda, \mu).\end{aligned}$$

Comme $X(T)_{++}$ engendre le **R**-espace vectoriel $X(T) \otimes \mathbf{R}$, on a donc $\Phi = \Phi_\Gamma$, d'où $Q = Q_\Gamma$.

Remarque. — Soit $x \in \mathfrak{g}$. Il existe un nombre réel strictement positif A tel que, pour toute représentation irréductible $\tau : G \to \mathbf{GL}(V)$ et toute structure hilbertienne sur V invariante par G, on ait

$$\|L(\tau)(x)\|^2 \leqslant A.\tilde{\Gamma}(\tau).$$

En effet, avec les notations de la démonstration précédente, on peut choisir la base (e_i) de $\mathfrak{g}$ de façon que $x = ae_1$, $a \in \mathbf{R}$. Alors, pour $v \in V$, on a

$$\langle x_V v, x_V v \rangle = |a|^2 \langle e_1 v, e_1 v \rangle \leqslant |a|^2 \tilde{\Gamma}(\tau) \langle v, v \rangle.$$

§ 8. TRANSFORMATION DE FOURIER

On conserve les notations et conventions du paragraphe précédent.

1. Transformées de Fourier des fonctions intégrables

Dans ce numéro, on rappelle des définitions et résultats de TS [2].

Notons $\hat{G}$ l'ensemble des classes de représentations irréductibles de G (dans des espaces vectoriels complexes de dimension finie). Pour tout $u \in \hat{G}$, notons E_u l'espace

[1] La démonstration de *loc. cit.*, qui n'est énoncée que pour les algèbres de Lie semi-simples déployées, est valable directement dans le cas des algèbres réductives déployées.

[2] Voir note [1], § 7, p. 66.

de u et $d(u)$ sa dimension. Il existe des formes hermitiennes positives séparantes sur E_u invariantes pour u, et deux telles formes sont proportionnelles. On note A^* (resp. $\|A\|_\infty$) l'adjoint (resp. la norme) d'un élément A de $\mathrm{End}(E_u)$ relativement à l'une quelconque de ces formes ; pour tout $g \in G$, on a $u(g)^* = u(g)^{-1} = u(g^{-1})$ et $\|u(g)\|_\infty = 1$; pour tout $x \in \mathfrak{g}$, on a $u(x)^* = -u(x) = u(-x)$.

On munit $\mathrm{End}(E_u)$ de la structure d'espace hilbertien pour laquelle le produit scalaire est

$$\langle A|B \rangle = d(u)\,\mathrm{Tr}(A^*B) = d(u)\,\mathrm{Tr}(BA^*)\,, \tag{1}$$

et on pose

$$\|A\|_2 = \langle A|A \rangle^{1/2} = (d(u)\,\mathrm{Tr}(A^*A))^{1/2}\,. \tag{2}$$

On a

$$\sqrt{d(u)}\,\|A\|_\infty \leqslant \|A\|_2 \leqslant d(u)\,\|A\|_\infty\,, \tag{3}$$

donc

$$|\langle A|B \rangle| \leqslant d(u)^2\,\|A\|_\infty\,\|B\|_\infty\,. \tag{4}$$

Pour tout $g \in G$, on a $\|u(g)\|_2 = d(u)$.

Notons $F(\hat{G})$ l'algèbre $\prod_{u \in \hat{G}} \mathrm{End}(E_u)$. On note $L^2(\hat{G})$ la somme hilbertienne des espaces hilbertiens $\mathrm{End}(E_u)$; c'est l'espace des familles $A = (A_u) \in F(\hat{G})$ telles que $\sum_u \|A_u\|_2^2 < \infty$, muni du produit scalaire

$$\langle A|B \rangle = \sum_{u \in \hat{G}} \langle A_u|B_u \rangle = \sum_{u \in \hat{G}} d(u)\,\mathrm{Tr}(A_u^*B_u)\,. \tag{5}$$

On note encore $\|\ \|_2$ la norme hilbertienne sur $L^2(\hat{G})$, de sorte qu'on a $\|A\|_2^2 = \sum_{u \in \hat{G}} \|A_u\|_2^2$ pour $A \in L^2(\hat{G})$.

Si f est une fonction complexe intégrable sur G, on pose pour tout $u \in \hat{G}$,

$$u(f) = \int_G f(g)\,u(g)\,dg \in \mathrm{End}(E_u)\,. \tag{6}$$

On a $\|u(f)\|_\infty \leqslant \int_G |f(g)|\,dg = \|f\|_1$. On appelle *cotransformée de Fourier* de f et on note $\overline{\mathscr{F}}(f)$ la famille $(u(f))_{u \in \hat{G}} \in F(\hat{G})$. Si $f \in L^2(G)$, on a

$$\|f\|_2^2 = \sum_{u \in \hat{G}} \langle u(f)|u(f) \rangle = \|\overline{\mathscr{F}}(f)\|_2^2\,,$$

de sorte que $\overline{\mathscr{F}}$ induit une application linéaire isométrique de l'espace hilbertien $L^2(G)$ dans l'espace hilbertien $L^2(\hat{G})$: autrement dit pour f et f' dans $L^2(G)$, on a

$$\int_G \overline{f(g)}\,f'(g)\,dg = \langle \overline{\mathscr{F}}(f)|\overline{\mathscr{F}}(f') \rangle = \sum_{u \in \hat{G}} d(u)\,\mathrm{Tr}(u(f)^*u(f'))\,. \tag{7}$$

Pour f et f' dans $L^1(G)$, le produit de convolution $f * f'$ de f et f' est défini par

$$(f * f')(h) = \int_G f(hg^{-1}) f'(g)\, dg = \int_G f(g) f'(g^{-1}h)\, dg$$

(l'intégrale ayant un sens pour presque tout $h \in G$).

On a $f * f' \in L^1(G)$ et, pour tout $u \in \hat{G}$, $u(f * f') = u(f)\, u(f')$, donc

$$\overline{\mathcal{F}}(f * f') = \overline{\mathcal{F}}(f).\overline{\mathcal{F}}(f') . \tag{8}$$

Inversement, soit $A = (A_u)_{u \in \hat{G}}$ un élément de $F(\hat{G})$; pour tout $u \in \hat{G}$, soit $\mathcal{F}_u A$ la fonction (analytique) sur G définie par

$$(\mathcal{F}_u A)(g) = \langle u(g) | A_u \rangle = d(u) \operatorname{Tr}(A_u u(g)^{-1}) . \tag{9}$$

Si $A \in L^2(\hat{G})$, la famille $(\mathcal{F}_u A)_{u \in \hat{G}}$ est sommable dans $L^2(G)$; on appelle alors *transformée de Fourier* de A, et on note $\mathcal{F}(A)$, la somme de cette famille. Les applications $\overline{\mathcal{F}}$ et $\mathcal{F}$ sont des isomorphismes réciproques entre les espaces hilbertiens $L^2(G)$ et $L^2(\hat{G})$.

En d'autres termes :

PROPOSITION 1. — *Toute fonction complexe f de carré intégrable sur G est somme dans l'espace hilbertien $L^2(G)$ de la famille $(f_u)_{u \in \hat{G}}$, où pour tout $h \in G$ et tout $u \in \hat{G}$, on a*

$$f_u(h) = \langle u(h) | u(f) \rangle = d(u) \int_G f(g) \operatorname{Tr}(u(gh^{-1}))\, dg = d(u) \int_G f(gh) \operatorname{Tr}(u(g))\, dg . \tag{10}$$

Choisissons pour tout $u \in \hat{G}$ une base orthonormale B_u de E_u, et notons $(u_{ij}(g))$ la matrice de $u(g)$ dans cette base. La prop. 1 signifie aussi que la famille des fonctions $\sqrt{d(u)}\, u_{ij}$, pour u dans $\hat{G}$ et i, j dans B_u, est une *base orthonormale* de l'espace $L^2(G)$.

Si f est une fonction intégrable sur G telle que la famille (f_u) soit uniformément sommable, alors la somme de cette famille est une fonction continue, qui coïncide presque partout avec f; en d'autres termes, si on suppose en outre f continue, on a pour tout $h \in G$

$$f(h) = \sum_{u \in \hat{G}} d(u) \int_G f(gh) \operatorname{Tr}(u(g))\, dg . \tag{11}$$

Inversement, soit $A \in F(\hat{G})$; si la famille $(\mathcal{F}_u A)_{u \in \hat{G}}$ est uniformément sommable, alors la fonction

$$g \mapsto \sum_{u \in \hat{G}} (\mathcal{F}_u A)(g) = \sum_{u \in \hat{G}} d(u) \operatorname{Tr}(A_u u(g)^{-1})$$

est une fonction continue sur G, dont A est la cotransformée de Fourier.

Soit f une fonction intégrable sur G, et soit $s \in \mathrm{G}$. Notons $\gamma(s) f$ et $\delta(s) f$ les fonctions sur G définies par $\gamma(s) f = \varepsilon_s * f$, $\delta(s) f = f * \varepsilon_{s^{-1}}$, c'est-à-dire

$$(\gamma(s) f)(g) = f(s^{-1} g), \quad (\delta(s) f)(g) = f(gs) \quad \text{pour} \quad g \in \mathrm{G},$$

(III, § 3, n° 4 et INT, VII, § 1, n° 1). On a

$$u(\gamma(s) f) = \int_{\mathrm{G}} f(s^{-1}g)\, u(g)\, dg = \int_{\mathrm{G}} f(g)\, u(sg)\, dg,$$

donc

$$u(\gamma(s) f) = u(s)\, u(f), \tag{12}$$

et de même,

$$u(\delta(s^{-1}) f) = u(f)\, u(s). \tag{13}$$

Lorsque G est commutatif, $\hat{\mathrm{G}}$ est l'ensemble sous-jacent au groupe dual de G (TS, II, § 1, n° 1), on a $d(u) = 1$ pour tout $u \in \hat{\mathrm{G}}$, et on retrouve les définitions de la transformation de Fourier données en TS, II.

2. Transformées de Fourier des fonctions indéfiniment dérivables

Rappelons (III, § 3, n° 1, déf. 2) qu'on note U(G) l'algèbre des distributions sur G à support contenu dans $\{e\}$. L'injection canonique de $\mathfrak{g}$ dans U(G) se prolonge en un isomorphisme de l'algèbre enveloppante de l'algèbre de Lie $\mathfrak{g}$ sur U(G) (*loc. cit.*, n° 7, prop. 25) ; nous identifierons dans la suite ces deux algèbres par cet isomorphisme. Si f est une fonction complexe indéfiniment dérivable sur G et si $t \in \mathrm{U(G)}$, on note $\mathrm{L}_t f$ et $\mathrm{R}_t f$ les fonctions sur G définies par

$$\mathrm{L}_t f(g) = \langle \varepsilon_g * t, f \rangle, \quad \mathrm{R}_t f(g) = \langle t * \varepsilon_g, f \rangle$$

(*cf. loc. cit.*, n° 6). On a pour tout $g \in \mathrm{G}$,

$$\mathrm{L}_t \circ \gamma(g) = \gamma(g) \circ \mathrm{L}_t, \quad \mathrm{R}_t \circ \delta(g) = \delta(g) \circ \mathrm{R}_t.$$

Soit $u \in \hat{\mathrm{G}}$; notons E_u l'espace de u. Le morphisme de groupes de Lie $u : \mathrm{G} \to \mathbf{GL}(\mathrm{E}_u)$ donne par dérivation un homomorphisme d'algèbres de Lie (réelles) $\mathfrak{g} \to \mathrm{End}(\mathrm{E}_u)$, d'où un homomorphisme d'algèbres, encore noté u, de U(G) dans $\mathrm{End}(\mathrm{E}_u)$. Si $t \in \mathrm{U(G)}$ et si f est une fonction indéfiniment dérivable sur G, on a

$$u(\mathrm{L}_t f) = u(f)\, u(t^\vee), \quad u(\mathrm{R}_t f) = u(t^\vee)\, u(f), \tag{14}$$

où $t^\vee$ désigne l'image de t par l'anti-automorphisme principal de U(G) (I, § 2, n° 4) ; en effet il suffit de le vérifier pour $t \in \mathfrak{g}$, auquel cas cela résulte par dérivation des formules (12) et (13) (*cf.* III, § 3, n° 7, prop. 27).

Pour tout $u \in \hat{G}$, notons $\lambda(u)$ le plus grand poids de u (§ 7, nº 2, th. 1), de sorte que $u \mapsto \lambda(u)$ est une application bijective de $\hat{G}$ dans l'ensemble X_{++} des éléments dominants de X(T).

Soit $\Gamma \in U(G)$ un élément de Casimir de G (§ 7, nº 6); pour tout $u \in \hat{G}$, l'endomorphisme $u(\Gamma)$ de E_u est une homothétie, dont nous noterons $\tilde{\Gamma}(u)$ le rapport, d'où une application $u \mapsto \tilde{\Gamma}(u)$ de $\hat{G}$ dans **C**.

Si φ et ψ sont deux fonctions à valeurs réelles positives sur $\hat{G}$, on note « $\varphi \preccurlyeq \psi$ » ou « $\varphi(u) \preccurlyeq \psi(u)$ » la relation « il existe $M > 0$ tel que $\varphi(u) \leqslant M\psi(u)$ pour tout $u \in \hat{G}$ »; c'est une relation de préordre sur l'ensemble des fonctions sur $\hat{G}$ à valeurs réelles positives.

PROPOSITION 2. — *Soient* $m \mapsto \|m\|$ *une norme sur le* **R**-*espace vectoriel* $\mathbf{R} \otimes X(T)$ *et* Γ *un élément de Casimir de* G. *Soit* φ *une fonction sur* $\hat{G}$ *à valeurs réelles positives.*

a) *Les conditions suivantes sont équivalentes* :

(i) *Il existe un entier* $n > 0$ *tel que* $\varphi(u) \preccurlyeq (\|\lambda(u)\| + 1)^n$ (resp. *pour tout entier* $n > 0$, *on a* $\varphi(u) \preccurlyeq (\|\lambda(u)\| + 1)^{-n}$).

(ii) *Il existe un entier* $n > 0$ *tel que* $\varphi(u) \preccurlyeq (\tilde{\Gamma}(u) + 1)^n$ (resp. *pour tout entier* $n > 0$, *on a* $\varphi(u) \preccurlyeq (\tilde{\Gamma}(u) + 1)^{-n}$).

b) *Si* G *est semi-simple, les conditions* (i) *et* (ii) *ci-dessus équivalent aussi à* :

(iii) *Il existe un entier* $n > 0$ *tel que* $\varphi(u) \preccurlyeq d(u)^n$ (resp. *pour tout entier* $n > 0$, *on a* $\varphi(u) \preccurlyeq d(u)^{-n}$).

Notons d'abord que la condition (i) est évidemment indépendante de la norme choisie. On peut donc prendre pour norme celle qui est définie par la forme quadratique Q_Γ associée à Γ (§ 7, nº 6, prop. 4). On a alors

$$0 \leqslant \tilde{\Gamma}(u) = \|\lambda(u) + \rho\|^2 - \|\rho\|^2,$$

donc $\tilde{\Gamma}(u) + 1 \preccurlyeq (\|\lambda(u)\| + 1)^2 \preccurlyeq \tilde{\Gamma}(u) + 1$, d'où *a*).

Par ailleurs, si G est semi-simple, on a (§ 7, nº 5, cor. 1 au th. 3)

$$\|\lambda(u) + \rho\| \preccurlyeq d(u) \preccurlyeq \|\lambda(u) + \rho\|^N, \quad \text{où} \quad N = 1/2\,(\dim G - \dim T),$$

donc $\|\lambda(u)\| + 1 \preccurlyeq d(u) \preccurlyeq (\|\lambda(u)\| + 1)^N$, d'où *b*).

Il résulte de la prop. 2 que la condition (i) est indépendante du tore maximal, de la chambre, et de la norme choisis, et que la condition (ii) est indépendante de l'élément de Casimir choisi. Une fonction φ satisfaisant aux conditions (i) et (ii) est dite à *croissance modérée* (resp. à *décroissance rapide*). Le produit de deux fonctions à croissance modérée est à croissance modérée; le produit d'une fonction à croissance modérée par une fonction à décroissance rapide est à décroissance rapide. Si φ est à décroissance rapide, la famille $(\varphi(u))_{u \in \hat{G}}$ est sommable.

Exemples. — La fonction $u \mapsto d(u)$ est à croissance modérée (§ 7, nº 5, cor. 1 au th. 3); pour toute norme $\| \ \|$ sur $\mathbf{R} \otimes X(T)$, la fonction $u \mapsto \|\lambda(u)\|$ est à croissance modérée. Pour tout élément de Casimir Γ, la fonction $u \mapsto \tilde{\Gamma}(u)$ est à croissance modérée; plus généralement :

PROPOSITION 3. — *Pour tout* $t \in \mathrm{U}(\mathrm{G})$, *les fonctions* $u \mapsto \|u(t)\|_\infty$ *et* $u \mapsto \|u(t)\|_2$ *sont à croissance modérée sur* $\hat{\mathrm{G}}$.

Puisque le produit de deux fonctions à croissance modérée est à croissance modérée, il suffit de le démontrer lorsque $t \in \mathfrak{g}$; dans ce cas l'assertion résulte de la remarque du § 7, n° 6 et de l'inégalité

$$\|u(t)\|_2 \leqslant d(u)\,\|u(t)\|_\infty .$$

THÉORÈME 1. — *a) Soit f une fonction complexe indéfiniment dérivable sur* G. *Alors la famille* $(f_u)_{u\in\hat{\mathrm{G}}}$, *où* $f_u(g) = \langle u(g)|u(f)\rangle$, *est uniformément sommable sur* G, *et on a pour tout* $h \in \mathrm{G}$

$$f(h) = \sum_{u\in\hat{\mathrm{G}}} \langle u(h)|u(f)\rangle = \sum_{u\in\hat{\mathrm{G}}} d(u) \int_{\mathrm{G}} f(g)\,\mathrm{Tr}\,(u(gh^{-1}))\,dg .$$

b) Soit f une fonction intégrable sur G ; *pour que f soit presque partout égale à une fonction indéfiniment dérivable, il faut et il suffit que la fonction* $u \mapsto \|u(f)\|_\infty$ *soit à décroissance rapide sur* $\hat{\mathrm{G}}$.

Soit f une fonction indéfiniment dérivable sur G, et soit Γ un élément de Casimir pour G ; d'après la formule (14), on a pour tout entier $n \geqslant 0$

$$\tilde{\Gamma}(u)^n u(f) = u(f)\,u(\Gamma)^n = u((\mathrm{L}_\Gamma)^n f) ,$$

et par conséquent

$$\tilde{\Gamma}(u)^n\,\|u(f)\|_\infty \leqslant \|(\mathrm{L}_\Gamma)^n f\,\|_1 \leqslant \sup_{g\in\mathrm{G}} |((\mathrm{L}_\Gamma)^n f)\,(g)| \;; \tag{15}$$

la fonction $u \mapsto \|u(f)\|_\infty$ est donc bien à décroissance rapide.

Inversement, soit $\mathrm{A} = (\mathrm{A}_u)_{u\in\hat{\mathrm{G}}}$ un élément de $\mathrm{F}(\hat{\mathrm{G}})$ tel que la fonction $u \mapsto \|\mathrm{A}_u\|_\infty$ soit à décroissance rapide. Posons $f_u(g) = \langle u(g)|\mathrm{A}_u\rangle$; la fonction $g \mapsto f_u(g)$ est analytique, donc indéfiniment dérivable. Pour tout $x \in \mathfrak{g}$, on a d'après III, § 3, n° 7, prop. 27 :

$$(\mathrm{L}_x f_u)\,(g) = \langle u(g)\,u(x)|\mathrm{A}_u\rangle .$$

Soit $t \in \mathrm{U}(\mathrm{G})$; d'après la formule précédente, on a

$$(\mathrm{L}_t f_u)\,(g) = \langle u(g)\,u(t)|\mathrm{A}_u\rangle$$

et par suite

$$|(\mathrm{L}_t f_u)\,(g)| = |\langle u(g)\,u(t)|\mathrm{A}_u\rangle| \leqslant d(u)^2 \|\,u(t)\,\|_\infty \|u(g)\|_\infty \|\mathrm{A}_u\|_\infty = d(u)^2 \|\,u(t)\,\|_\infty \|\mathrm{A}_u\|_\infty .$$

La fonction $u \mapsto \sup_g |(\mathrm{L}_t f_u)\,(g)|$ est donc à décroissance rapide, puisque $d(u)$ et $\|\,u(t)\,\|_\infty$ sont à croissance modérée (prop. 3) et $\|\mathrm{A}_u\|_\infty$ à décroissance rapide ; la famille

$(\mathrm{L}_t f_u)_{u\in\hat{\mathrm{G}}}$ est donc uniformément sommable. On en déduit [1] que la somme de la famille (f_u) est une fonction indéfiniment dérivable sur G, dont la cotransformée de Fourier est (A_u), d'où le théorème.

Notons $\mathscr{S}(\hat{\mathrm{G}})$ le sous-espace vectoriel de $\mathrm{L}^2(\hat{\mathrm{G}})$ formé des familles $\mathrm{A} = (\mathrm{A}_u)_{u\in\hat{\mathrm{G}}}$ telles que la fonction $u \mapsto \|\mathrm{A}_u\|_\infty$ soit à décroissance rapide sur $\hat{\mathrm{G}}$. Il résulte du théorème que les applications $\overline{\mathscr{F}} : f \mapsto (u(f))_{u\in\hat{\mathrm{G}}}$ et $\mathscr{F} : \mathrm{A} \mapsto \sum_{u\in\hat{\mathrm{G}}} \langle u(g)|\mathrm{A}_u\rangle$ induisent des isomorphismes réciproques entre les espaces vectoriels complexes $\mathscr{C}^\infty(\mathrm{G}\,;\mathbf{C})$ et $\mathscr{S}(\hat{\mathrm{G}})$. Munissons l'espace $\mathscr{C}^\infty(\mathrm{G}\,;\mathbf{C})$ de la topologie de la C^∞-convergence uniforme (§ 6, nº 4) qui peut être définie par la famille des semi-normes $f \mapsto \sup_{g\in\mathrm{G}} |\mathrm{L}_t f(g)|$ pour $t \in \mathrm{U}(\mathrm{G})$, et l'espace $\mathscr{S}(\hat{\mathrm{G}})$ de la topologie définie par la suite des semi-normes $p_n : \mathrm{A} \mapsto \sup_{u\in\hat{\mathrm{G}}} (\tilde{\Gamma}(u) + 1)^n \|\mathrm{A}_u\|_\infty$. La formule (15) de la démonstration précédente entraîne que $\overline{\mathscr{F}}$ est continue. Soient $t \in \mathrm{U}(\mathrm{G})$, $\mathrm{A} = (\mathrm{A}_u)_{u\in\hat{\mathrm{G}}}$ un élément de $\mathscr{S}(\hat{\mathrm{G}})$; posons $f_u(g) = \langle u(g)|\mathrm{A}_u\rangle$. Soit p un entier tel que $\sum_{u\in\hat{\mathrm{G}}} \tilde{\Gamma}(u)^{-p} = \mathrm{M} < \infty$. D'après la démonstration précédente, il existe un entier positif m tel qu'on ait, pour tout $g \in \mathrm{G}$,

$$|(\mathrm{L}_t f_u)(g)| \leqslant d(u)^2 \, \|u(t)\|_\infty \, \|\mathrm{A}_u\|_\infty \leqslant m.(1 + \tilde{\Gamma}(u))^m \tilde{\Gamma}(u)^{-p} \|\mathrm{A}_u\|_\infty$$

d'où $|(\mathrm{L}_t \mathscr{F}(\mathrm{A}))(g)| \leqslant m\mathrm{M}p_m(\mathrm{A})$; ceci prouve que $\mathscr{F}$ est continue. Par conséquent :

COROLLAIRE. — *Les applications* $\overline{\mathscr{F}} : f \mapsto (u(f))_{u\in\hat{\mathrm{G}}}$ *et* $\mathscr{F} : \mathrm{A} \mapsto \sum_{u\in\hat{\mathrm{G}}} \langle u(g)|\mathrm{A}_u\rangle$ *induisent des isomorphismes réciproques entre les espaces vectoriels topologiques* $\mathscr{C}^\infty(\mathrm{G}\,;\mathbf{C})$ *et* $\mathscr{S}(\hat{\mathrm{G}})$.

3. Transformées de Fourier des fonctions centrales

Pour tout $u \in \hat{\mathrm{G}}$, notons χ_u le *caractère* de u ; on a donc

(16) $$\chi_u(g) = \mathrm{Tr}\,(u(g)), \quad (g \in \mathrm{G}).$$

Rappelons (TS) les formules

(17) $$\chi_u * \chi_v = 0 \qquad (u, v \in \hat{\mathrm{G}}, u \neq v)$$

(18) $$\chi_u * \chi_u = \frac{1}{d(u)} \chi_u \quad (u \in \hat{\mathrm{G}}).$$

[1] Cela résulte de ce que l'espace $\mathscr{C}^\infty(\mathrm{G}\,;\mathbf{C})$, muni de la topologie de la C^∞-convergence uniforme (§ 6, nº 4), est *complet*.

Pour tout $u \in \hat{G}$, notons ε_u l'application identique de E_u. Rappelons (§ 7, n° 4) qu'on note $ZL^2(G)$ le sous-espace de $L^2(G)$ formé des classes de fonctions f qui sont centrales, c'est-à-dire telles que $f \circ \mathrm{Int}\, s = f$ pour tout $s \in G$, ou de manière équivalente $\gamma(s) f = \delta(s^{-1}) f$ pour tout $s \in G$.

PROPOSITION 4. — *Soit $f \in L^2(G)$. Pour que f soit centrale, il faut et il suffit que $u(f)$ soit une homothétie pour tout $u \in \hat{G}$. On a alors*

$$u(f) = \frac{\varepsilon_u}{d(u)} \int_G f(g)\, \chi_u(g)\, dg\,. \tag{19}$$

D'après la prop. 1 (n° 1), dire que f est centrale signifie qu'on a $u(\gamma(s) f) = u(\delta(s^{-1}) f)$ pour tout $s \in G$ et tout $u \in \hat{G}$; mais cela s'écrit aussi $u(s)\, u(f) = u(f)\, u(s)$ pour tout $s \in G$ et tout $u \in \hat{G}$ (formules (12) et (13)), d'où la première assertion de la prop. 4 (lemme de Schur). Si $u(f)$ est une homothétie, on a $u(f) = \lambda_u \varepsilon_u$ avec

$$\lambda_u = \frac{1}{d(u)} \mathrm{Tr}\,(u(f)) = \frac{1}{d(u)} \int_G f(g)\, \mathrm{Tr}\,(u(g))\, dg = \frac{1}{d(u)} \int_G f(g)\, \chi_u(g)\, dg\,.$$

Pour $f \in ZL^2(G)$, on a par conséquent

$$u(f) = \langle \bar{\chi}_u | f \rangle \frac{\varepsilon_u}{d(u)}\,, \tag{20}$$

donc

$$\bar{\mathcal{F}}(f) = \left(\langle \bar{\chi}_u | f \rangle \frac{\varepsilon_u}{d(u)} \right)_{u \in \hat{G}}\,. \tag{21}$$

avec

$$\|\bar{\mathcal{F}}(f)\|_2^2 = \sum_u \left\| \langle \bar{\chi}_u | f \rangle \frac{\varepsilon_u}{d(u)} \right\|_2^2 = \sum_u |\langle \bar{\chi}_u | f \rangle|^2\,.$$

Inversement, si φ est une fonction complexe de carré intégrable sur $\hat{G}$, alors l'élément $\left(\frac{\varphi(u)}{d(u)} \varepsilon_u \right)_{u \in \hat{G}}$ de $F(\hat{G})$ appartient à $L^2(\hat{G})$, et on a (formule (9))

$$\left(\mathcal{F}_u \left(\frac{\varphi(u)}{d(u)} \varepsilon_u \right) \right)(g) = d(u)\, \mathrm{Tr} \left(\frac{\varphi(u)}{d(u)} \varepsilon_u u(g)^{-1} \right) = \varphi(u)\, \bar{\chi}_u(g)\,,$$

donc

$$\mathcal{F}\left(\left(\frac{\varphi(u)}{d(u)} \varepsilon_u \right) \right) = \sum_{u \in \hat{G}} \varphi(u)\, \bar{\chi}_u\,. \tag{22}$$

Notons que les formules (20) et (21) donnent en particulier pour u, v dans $\hat{G}$

(23) $$u(\overline{\chi}_v) = 0 \quad \text{si} \quad u \neq v\,,$$

(24) $$u(\overline{\chi}_u) = \frac{\varepsilon_u}{d(u)} \in \mathrm{End}(E_u)\,,$$

(25) $$\overline{\mathcal{F}}(\chi_u) = \frac{\varepsilon_u}{d(u)} \in \mathrm{End}(E_u) \subset F(\hat{G})\,.$$ [1]

PROPOSITION 5. — *Soit f une fonction continue centrale sur G. Pour que f soit indéfiniment dérivable, il faut et il suffit que la fonction $u \mapsto |\langle \chi_u | f \rangle|$ soit à décroissance rapide sur $\hat{G}$; on a alors pour tout $g \in G$*

$$f(g) = \sum_{u\in\hat{G}} \langle \chi_u | f \rangle \, \chi_u(g)\,.$$

D'après le th. 1, *b*), la fonction $\overline{f}$ est indéfiniment dérivable si et seulement si la fonction $u \mapsto \|u(\overline{f})\|_\infty$ est à décroissance rapide ; mais d'après (20), on a

$$\|u(\overline{f})\|_\infty = \frac{1}{d(u)} |\langle \chi_u | f \rangle|\,,$$

d'où la première assertion, puisque les fonctions $d(u)$ et $\frac{1}{d(u)}$ sont à croissance modérée.

Supposons f indéfiniment dérivable ; alors d'après le th. 1, *a*), on a pour tout $g \in G$, $f(g) = \sum_{u\in\hat{G}} f_u(g)$, où

$$f_u(g) = \langle u(g) | u(f) \rangle = d(u)\,\mathrm{Tr}(u(g)^{-1}.u(f)) = d(u)\ \mathrm{Tr}\Big(u(g)^{-1} \langle \overline{\chi}_u | f \rangle \frac{\varepsilon_u}{d(u)}\Big)$$
$$= \langle \overline{\chi}_u | f \rangle \mathrm{Tr}(u(g)^{-1}) = \langle \overline{\chi}_u | f \rangle \, \overline{\chi}_u(g)\,.$$

Donc $f(g) = \sum_{u\in G} \langle \overline{\chi}_u | f \rangle \overline{\chi}_u(g)$; mais, pour tout $u \in \hat{G}$, la représentation contragrédiente u' de u satisfait à $\overline{\chi}_u = \chi_{u'}$ et l'application $u \mapsto u'$ est une permutation de $\hat{G}$; on a donc aussi $f(g) = \sum_{u\in\hat{G}} \langle \chi_u | f \rangle \chi_u(g)$, d'où la proposition.

COROLLAIRE. — *Soit f une fonction continue centrale sur G. Pour que f soit indéfiniment dérivable, il faut et il suffit que la restriction de f à T soit indéfiniment dérivable.*

En effet, d'après le cor. 4 du § 7, n° 4, on a

$$\langle \chi_u | f \rangle = \int_G \overline{\lambda(u)\,(t)}\, \varphi(t)\, dt\,, \quad \text{où} \quad \varphi(t) = \prod_{\alpha>0} (1 - \alpha(t)^{-1}) f(t)\,.$$

[1] On plonge $\mathrm{End}(E_u)$ dans le produit $F(\hat{G}) = \prod_{v\in\hat{G}} \mathrm{End}(E_v)$ en associant à tout $A \in \mathrm{End}(E_u)$ la famille $(A_v)_{v\in\hat{G}}$ telle que $A_u = A$ et $A_v = 0$ pour $v \neq u$.

Si $f|\mathrm{T}$ est indéfiniment dérivable, φ l'est aussi ; d'après la prop. 5, appliquée au groupe T, la fonction $\mu \mapsto \int_{\mathrm{T}} \overline{\mu(t)}\, \varphi(t)\, dt$ sur $\hat{\mathrm{T}} = \mathrm{X}(\mathrm{T})$ est alors à décroissance rapide, et il en est de même de la fonction $u \mapsto \langle \chi_u | f \rangle$; la fonction f est donc indéfiniment dérivable (prop. 5). La réciproque est évidente.

4. Fonctions centrales sur G et fonctions sur T

Notons $\mathscr{C}(\mathrm{G})$ l'espace des fonctions continues complexes sur G et $\mathscr{C}^\infty(\mathrm{G})$ le sous-espace des fonctions indéfiniment dérivables. On a donc une suite d'inclusions

$$\Theta(\mathrm{G}) \subset \mathscr{C}^\infty(\mathrm{G}) \subset \mathscr{C}(\mathrm{G}) \subset \mathrm{L}^2(\mathrm{G}).$$

Notons $\mathrm{Z}\Theta(\mathrm{G})$, $\mathrm{Z}\mathscr{C}^\infty(\mathrm{G})$, $\mathrm{Z}\mathscr{C}(\mathrm{G})$, $\mathrm{ZL}^2(\mathrm{G})$ respectivement les sous-espaces formés des fonctions centrales dans ces divers espaces. Introduisons de même les espaces $\Theta(\mathrm{T})$, $\mathscr{C}^\infty(\mathrm{T})$, $\mathscr{C}(\mathrm{T})$ et $\mathrm{L}^2(\mathrm{T})$; pour tout espace E de cette liste, notons E^{W} (resp. $\mathrm{E}^{-\mathrm{W}}$) le sous-espace formé des éléments invariants (resp. anti-invariants) pour l'action du groupe W. On a un diagramme commutatif

$$\begin{array}{ccc}
\mathrm{Z}\mathscr{C}(\mathrm{G}) & \xrightarrow{a_c} & \mathscr{C}(\mathrm{T})^{\mathrm{W}} \\
\uparrow & & \uparrow \\
\mathrm{Z}\mathscr{C}^\infty(\mathrm{G}) & \xrightarrow{a_\infty} & \mathscr{C}^\infty(\mathrm{T})^{\mathrm{W}} \\
\uparrow & & \uparrow \\
\mathrm{Z}\Theta(\mathrm{G}) & \xrightarrow{a_\Theta} & \Theta(\mathrm{T})^{\mathrm{W}}
\end{array}$$

où les flèches verticales représentent les injections canoniques, et où les applications a_c, a_∞, a_Θ sont induites par l'application de restriction de $\mathscr{C}(\mathrm{G})$ dans $\mathscr{C}(\mathrm{T})$.

Les applications a_c, a_∞, a_Θ sont *bijectives* (§ 2, nº 5, cor. 1 à la prop. 5, § 8, nº 3, cor. à la prop. 5, et § 7, nº 3, cor. à la prop. 2).

Supposons maintenant que la demi-somme ρ des racines positives appartienne à X(T) et considérons l'application b qui à chaque fonction continue φ sur T associe $\varphi . \mathrm{J}(\rho)$. On a un diagramme commutatif

$$\begin{array}{ccccc}
\mathrm{ZL}^2(\mathrm{G}) & & \xrightarrow{\quad u \quad} & & \mathrm{L}^2(\mathrm{T})^{-\mathrm{W}} \\
\uparrow & & & & \uparrow \\
\mathrm{Z}\mathscr{C}(\mathrm{G}) & \xrightarrow{a_c} & \mathscr{C}(\mathrm{T})^{\mathrm{W}} & \xrightarrow{b_c} & \mathscr{C}(\mathrm{T})^{-\mathrm{W}} \\
\uparrow & & \uparrow & & \uparrow \\
\mathrm{Z}\mathscr{C}^\infty(\mathrm{G}) & \xrightarrow{a_\infty} & \mathscr{C}^\infty(\mathrm{T})^{\mathrm{W}} & \xrightarrow{b_\infty} & \mathscr{C}^\infty(\mathrm{T})^{-\mathrm{W}} \\
\uparrow & & \uparrow & & \uparrow \\
\mathrm{Z}\Theta(\mathrm{G}) & \xrightarrow{a_\Theta} & \Theta(\mathrm{T})^{\mathrm{W}} & \xrightarrow{b_\Theta} & \Theta(\mathrm{T})^{-\mathrm{W}}
\end{array}$$

où les flèches verticales sont les inclusions canoniques, les applications b_c, b_∞, b_Θ sont induites par b, et où u prolonge $b_c \circ a_c$ par continuité (§ 7, nº 4, cor. 3 au th. 2). Les applications u et b_Θ sont *bijectives* (*loc. cit.*) ; il en est de même pour b_∞ (exerc. 5) ; en revanche, b_c n'est pas en général surjective (exerc. 6).

§ 9. OPÉRATIONS DES GROUPES DE LIE COMPACTS SUR LES VARIÉTÉS

Dans ce paragraphe, on désigne par X *une variété réelle de classe* C^r $(1 \leqslant r \leqslant \omega)$, *séparée et localement de dimension finie.*

1. Plongement d'une variété au voisinage d'une partie compacte

Lemme 1. — *Soient* T *et* T′ *deux espaces topologiques,* A *et* A′ *des parties compactes de* T *et* T′ *respectivement,* W *un voisinage de* $A \times A'$ *dans* $T \times T'$. *Il existe un voisinage ouvert* U *de* A *dans* T *et un voisinage ouvert* U′ *de* A′ *dans* T′ *tels qu'on ait* $U \times U' \subset W$.

Soit $x \in A$; il existe des ouverts U_x de T et U'_x de T′ tels que $\{x\} \times A' \subset U_x \times U'_x \subset W$: en effet, on peut recouvrir la partie compacte $\{x\} \times A'$ de $T \times T'$ par un nombre fini d'ouverts contenus dans W, de la forme $U_i \times U'_i$, avec $x \in U_i$; il suffit de prendre $U_x = \bigcap_i U_i$ et $U'_x = \bigcup_i U'_i$.

Puisque A est compact, il existe des points $x_1, \ldots, x_m$ de A tels que $A \subset \bigcup_i U_{x_i}$; posons $U = \bigcup_i U_{x_i}$ et $U' = \bigcap_i U'_{x_i}$. On a alors $A \times A' \subset U \times U' \subset W$, d'où le lemme.

Dans la suite de ce numéro, on désigne par Y une variété séparée de classe C^r.

PROPOSITION 1. — *Soient* $\varphi : X \to Y$ *un morphisme de classe* C^r, A *une partie compacte de* X. *Les conditions suivantes sont équivalentes* :

(i) *La restriction de* φ *à* A *est injective, et* φ *est une immersion en tout point de* A ;

(ii) *il existe un voisinage ouvert* U *de* A *tel que* φ *induise un plongement de* U *dans* Y.

Lorsque ces conditions sont réalisées, on dit que φ est un *plongement au voisinage de* A.

Démontrons que (i) entraîne (ii), l'implication opposée étant évidente. Sous l'hypothèse (i), il existe un ouvert V de X contenant A tel que la restriction de φ à V soit une immersion (VAR, R, 5.7.1). Notons Γ l'ensemble des points (x, y) de $V \times V$ tels que $\varphi(x) = \varphi(y)$, et Δ la diagonale de $V \times V$. Alors Δ est une partie ouverte de Γ : en effet, pour tout $x \in V$, il existe un voisinage U_x de x tel que la restriction de φ à U_x soit injective, c'est-à-dire que l'on ait $\Gamma \cap (U_x \times U_x) = \Delta \cap (U_x \times U_x)$.

Puisque Y est séparée, Γ est fermé dans $V \times V$; par suite le complémentaire W de $\Gamma - \Delta$ dans $V \times V$ est ouvert. Par hypothèse, W contient $A \times A$; le lemme 1 entraîne qu'il existe un ouvert U′ de V contenant A tel que $U' \times U' \subset W$, c'est-à-dire que la restriction de φ à U′ soit injective. De plus il existe un voisinage ouvert U de A dont l'adhérence est compacte et contenue dans U′ (TG, I, p. 65, prop. 10). Alors φ induit un homéomorphisme de $\overline{U}$ sur $\varphi(\overline{U})$, et par suite de U sur $\varphi(U)$; il en résulte que la restriction de φ à U est un plongement (VAR, R, 5.8.3).

PROPOSITION 2. — *Supposons la variété* Y *paracompacte ; soit* A *une partie de* X, *et soit* $\varphi : X \to Y$ *un morphisme de classe* C^r *qui induit un homéomorphisme de* A *sur* $\varphi(A)$, *et qui est étale en tout point de* A. *Il existe alors un voisinage ouvert* U *de* A *tel que* φ *induise un isomorphisme de* U *sur une sous-variété ouverte de* Y.

Quitte à restreindre X et Y, on peut supposer φ étale et surjectif. Notons $\sigma : \varphi(A) \to A$ l'homéomorphisme réciproque de $\varphi | A$. Puisque Y est métrisable (VAR, R, 5.1.6), $\varphi(A)$ admet un système fondamental de voisinages paracompacts ; d'après TG, XI, il existe alors un voisinage ouvert V de $\varphi(A)$ dans Y et une application continue $s : V \to X$, qui coïncide avec σ sur $\varphi(A)$, telle que $\varphi(s(y)) = y$ pour tout $y \in V$. De plus, s est topologiquement étale, donc $s(V)$ est un ouvert U contenant A. Alors φ induit un homéomorphisme φ' de U sur V ; d'après VAR, R, 5.7.8, φ' est un isomorphisme.

Dans la suite de ce numéro, on suppose $r \neq \omega$.

PROPOSITION 3. — *Soit* A *une partie compacte de* X. *L'ensemble* $\mathscr{P}$ *des morphismes* $\varphi \in \mathscr{C}^r(X ; Y)$ *qui sont des plongements au voisinage de* A *est ouvert dans* $\mathscr{C}^r(X ; Y)$ *pour la topologie de la* C^r*-convergence compacte* (§ 6, n° 4).

Il suffit évidemment de démontrer la proposition pour $r = 1$.

a) Montrons d'abord que la partie J de $\mathscr{C}^1(X ; Y)$ formée des morphismes qui sont des immersions en tout point de A est ouverte. Considérons l'application $j_A : \mathscr{C}^1(X ; Y) \times A \to J^1(X, Y)$ telle que $j_A(\varphi, x) = j^1_x(\varphi)$ (VAR, R, 12.1).

Par définition de la topologie de $\mathscr{C}^1(X ; Y)$, l'application $\tilde{j}_A : \varphi \mapsto j_A(\varphi, .)$ de $\mathscr{C}^1(X ; Y)$ dans $\mathscr{C}(A ; J^1(X, Y))$ est continue ; on déduit alors de TG, X, p. 28, th. 3 que j_A est continue.

D'autre part, soit M l'ensemble des jets j de $J^1(X, Y)$ dont l'application tangente $T(j) : T_{s(j)}(X) \to T_{b(j)}(Y)$ (VAR, R, 12.3.4) est injective. L'ensemble M est ouvert dans $J^1(X, Y)$: en effet, il suffit de vérifier cette assertion lorsque X est un ouvert d'un espace vectoriel Ê de dimension finie, et Y un ouvert d'un espace de Banach F ; on est alors ramené (VAR, R, 12.3.1) à prouver que l'ensemble des applications linéaires continues injectives est ouvert dans $\mathscr{L}(E ; F)$, ce qui résulte de TS, III, § 2, n° 7, prop. 16.

On conclut de ce qui précède que l'ensemble $j_A^{-1}(M)$ est ouvert dans $\mathscr{C}^1(X ; Y) \times A$, donc que son complémentaire $\mathscr{F}$ est fermé. Puisque A est compact, la projection $pr_1 : \mathscr{C}^1(X ; Y) \times A \to \mathscr{C}^1(X ; Y)$ est un morphisme propre, donc fermé ; par conséquent l'ensemble J, qui est égal à $\mathscr{C}^1(X ; Y) - pr_1(\mathscr{F})$, est ouvert dans $\mathscr{C}^1(X ; Y)$.

b) Soit H le sous-ensemble de $J \times A \times A$ formé des éléments (f, x, y) tels que $f(x) = f(y)$. Il est clair que H contient $J \times \Delta$, où Δ désigne la diagonale du produit $A \times A$; montrons que $H' = H - (J \times \Delta)$ est *fermé* dans $J \times A \times A$. Comme $\mathscr{P}$ est le complémentaire dans J de l'image de H' par la projection propre $pr_1 : J \times A \times A \to J$, cela entraînera la proposition.

La topologie de $\mathscr{C}^1(X;Y)$ étant plus fine que la topologie de la convergence compacte, l'application $(\varphi, x) \mapsto \varphi(x)$ de $\mathscr{C}^1(X, Y) \times A$ dans Y est continue (TG, X, p. 28, cor. 1); on en déduit que H est fermé dans $J \times A \times A$. Il suffit donc de montrer que $J \times \Delta$ est ouvert dans H, autrement dit que pour tout $\varphi \in J$ et tout $x \in A$, il existe un voisinage Ω de φ dans J et un voisinage B de x dans X tels que pour tout morphisme ψ de Ω, la restriction de ψ à $A \cap B$ soit *injective*.

La proposition résulte donc du lemme suivant :

Lemme 2. — Soient x un point de X, $\varphi : X \to Y$ *un morphisme de classe* C^1 *qui est une immersion en* x. *Il existe un voisinage* Ω *de* φ *dans* $\mathscr{C}^1(X;Y)$ *et un voisinage* B *de* x *dans* X *tels que pour tout* $\psi \in \Omega$, *la restriction de* ψ *à* B *soit injective.*

Soit U un voisinage ouvert de x, relativement compact, isomorphe à un espace vectoriel de dimension finie, et tel que $\varphi(\overline{U})$ soit contenu dans un domaine de carte V. L'ensemble Ω_0 des $\psi \in \mathscr{C}^1(X;Y)$ tels que $\psi(\overline{U}) \subset V$ est ouvert dans $\mathscr{C}^1(X;Y)$, et l'application de restriction $\Omega_0 \to \mathscr{C}^1(U;V)$ est continue; on est donc ramené à démontrer le lemme pour $X = U$ et $Y = V$, autrement dit on peut supposer que X est un espace vectoriel de dimension finie et Y un espace de Banach. Choisissons des normes sur X et Y.

L'application linéaire $D\varphi(x) : X \to Y$ est injective; notons q sa conorme (TS, III, § 2, n° 6), de sorte qu'on a par définition $\| D\varphi(x).t \| \geqslant q \| t \|$ pour tout $t \in X$. Soit $\varepsilon \in \mathbf{R}$ tel que $0 < \varepsilon < q/2$, et soit B une boule fermée de centre x telle qu'on ait $\| D\varphi(u) - D\varphi(x) \| \leqslant \varepsilon$ pour tout $u \in B$. Notons Ω le sous-ensemble de $\mathscr{C}^1(X;Y)$ formé des morphismes ψ tels que $\| D\psi(u) - D\varphi(u) \| \leqslant \varepsilon$ pour tout $u \in B$; il est ouvert par définition de la topologie de $\mathscr{C}^1(X;Y)$. Pour $\psi \in \Omega$, posons $\psi_0 = \psi - D\varphi(x)$. On a $\| D\psi_0(u) \| \leqslant 2\varepsilon$ pour tout $u \in B$, et par conséquent $\| \psi_0(u) - \psi_0(v) \| \leqslant 2\varepsilon \| u - v \|$ quels que soient u et v dans B (VAR, R, 2.2.3). On en déduit

$$\| \psi(u) - \psi(v) \| \geqslant \| D\varphi(x).(u - v) \| - \| \psi_0(u) - \psi_0(v) \| \geqslant (q - 2\varepsilon) \| u - v \| .$$

Par suite la restriction de ψ à B est injective, d'où le lemme.

PROPOSITION 4. — *Soit* A *une partie compacte de* X. *Il existe un espace vectoriel* E *de dimension finie et un morphisme* $\varphi \in \mathscr{C}^r(X;E)$ $(r \neq \omega)$ *qui est un plongement au voisinage de* A.

Soit $(U_i, \varphi_i, E_i)_{i \in I}$ une famille finie de cartes de X dont les domaines recouvrent A. On convient d'étendre φ_i en une application de X dans E_i (encore notée φ_i) en posant $\varphi_i(x) = 0$ pour $x \notin U_i$. Soit $(V_i)_{i \in I}$ un recouvrement de A par des ouverts de X, tel que $\overline{V}_i \subset U_i$ pour tout $i \in I$ (l'existence d'un tel recouvrement résulte du cor. 1 de TG, IX, p. 48, appliqué à l'espace compact X′ obtenu en adjoignant à X un point à l'infini et au recouvrement de X′ formé par les ouverts U_i $(i \in I)$ et $X' - A$). Pour tout $i \in I$, soit α_i une fonction numérique de classe C^r sur X, égale à 1 en tout point de V_i, et de support contenu dans U_i (VAR, R, 5.3.6.).

Considérons l'application $\varphi : X \to \bigoplus_{i \in I} (E_i \oplus \mathbf{R})$ définie par

$$\varphi(x) = (\alpha_i(x)\, \varphi_i(x), \alpha_i(x))_{i \in I} .$$

Pour tout $i \in I$, l'application $\alpha_i \varphi_i$ est de classe C^r (puisque ses restrictions à U_i et au complémentaire du support de α_i le sont), et sa restriction à V_i est un plongement; il en résulte que φ est un morphisme de classe C^r et est une immersion en tout point de A. Montrons que la restriction de φ à A est injective. Soient x, y deux points de A tels que $\varphi(x) = \varphi(y)$, et soit $i \in I$ tel que $x \in V_i$. On a alors $\alpha_i(x) = 1$, donc $\alpha_i(y) = 1$, ce qui entraîne $y \in U_i$; mais on a aussi $\varphi_i(x) = \varphi_i(y)$, d'où $x = y$ puisque φ_i induit un plongement de U_i dans E_i.

On peut démontrer [1] que toute variété séparée dénombrable à l'infini de dimension pure n se plonge dans $\mathbf{R}^{2n}$; pour un résultat moins fort, *cf.* exercice 2.

2. Le théorème de plongement équivariant

Dans ce numéro, on suppose $r \neq \omega$.

Lemme 3. — *Soit* G *un groupe topologique compact opérant continûment sur un espace topologique* X; *soient* A *une partie de* X, *stable par* G, *et* W *un voisinage de* A. *Il existe alors un voisinage ouvert* V *de* A *stable par* G *et contenu dans* W.

Posons $F = X - \mathring{W}$ et $V = X - GF$. Alors V est ouvert (TG, III, p. 28, cor. 1), stable par G, et on a $A \subset V \subset W$.

THÉORÈME 1. — *Soient* G *un groupe de Lie compact,* $(g, x) \mapsto gx$ *une loi d'opération à gauche de classe* C^r *de* G *dans* X, *et* A *une partie compacte de* X. *Il existe une représentation linéaire analytique* ρ *de* G *dans un espace vectoriel* E *de dimension finie, un morphisme* $\varphi : X \to E$ *de classe* C^r, *compatible avec les opérations de* G, *et un voisinage ouvert* U *de* A, *stable par* G, *tels que la restriction de* φ *à* U *soit un plongement.*

Remplaçant A par la partie compacte GA, on se ramène au cas où A est stable par G.

Soit E_0 un espace vectoriel de dimension finie tel qu'il existe un élément de $\mathscr{C}^r(X; E_0)$ qui soit un plongement au voisinage de A (n° 1, prop. 4); l'ensemble $\mathscr{P}$ des morphismes possédant cette propriété est donc un ouvert non vide de $\mathscr{C}^r(X; E_0)$ (n° 1, prop. 3). Considérons la représentation linéaire continue du groupe compact G dans l'espace $\mathscr{C}^r(X; E_0)$ (§ 6, n° 4, lemme 4). D'après le théorème de Peter-Weyl (TS, à paraître), la réunion des sous-espaces de dimension finie, stables par G, est dense dans $\mathscr{C}^r(X; E_0)$; il existe donc un élément φ_0 de $\mathscr{P}$ tel que les applications $x \mapsto \varphi_0(gx)$, pour $g \in G$, engendrent un sous-espace vectoriel E_1 de *dimension finie* de $\mathscr{C}^r(X; E_0)$, évidemment stable pour l'action de G.

Prenons alors pour E l'espace $\mathrm{Hom}_{\mathbf{R}}(E_1, E_0)$, pour ρ la représentation de G dans E déduite de l'action sur E_1, et pour $\varphi : X \to E$ l'application qui à $x \in X$ associe l'application linéaire $\psi \mapsto \psi(x)$ de E_1 dans E_0. C'est un morphisme de classe C^r; pour $x \in X$, $g \in G$, $\psi \in E_1$, on a (en notant $\tau(g)$ l'automorphisme $x \mapsto gx$ de X) :

$$\varphi(gx)(\psi) = \psi(gx) = \varphi(x)(\psi \circ \tau(g)) = (\rho(g)\,\varphi(x))(\psi).$$

[1] Voir H. WHITNEY, The self-intersection of a smooth n-manifold in $2n$-space, *Ann. of Math.*, 45 (1944), 220-246.

Soit $\alpha : \mathrm{Hom}_{\mathbf{R}}(E_1, E_0) \to E_0$ l'application linéaire $u \mapsto u(\varphi_0)$; on a $\alpha \circ \varphi = \varphi_0$, de sorte que φ est un plongement au voisinage de A puisque φ_0 en est un. Il existe donc un voisinage ouvert U de A tel que la restriction de φ à U soit un plongement ; on peut choisir U stable par G d'après le lemme 3, d'où le théorème.

COROLLAIRE 1. — *Supposons X compacte. Il existe une représentation linéaire analytique* ρ *de* G *dans un espace vectoriel* E *de dimension finie et un plongement* $\varphi : X \to E$ *tels que* $\varphi(gx) = \rho(g)\,\varphi(x)$ *pour* $g \in G$, $x \in X$.

COROLLAIRE 2. — *Soit* H *un sous-groupe fermé de* G. *Il existe une représentation linéaire analytique de* G *dans un espace vectoriel* E *de dimension finie et un point* $v \in E$ *de fixateur* H.

Appliquons le cor. 1 à l'opération canonique de G sur la variété compacte G/H. On obtient alors une représentation linéaire analytique $\rho : G \to \mathbf{GL}(E)$, et un plongement $\varphi : G/H \to E$ tels que $\varphi(gx) = \rho(g)\,\varphi(x)$, $g \in G$, $x \in G/H$. Soient $\bar{e} \in G/H$ la classe de $e \in G$, et $v = \varphi(\bar{e})$ son image. Pour tout $g \in G$, on a $\rho(g)\,v = v \Leftrightarrow \varphi(g\bar{e}) = \varphi(\bar{e}) \Leftrightarrow g\bar{e} = \bar{e} \Leftrightarrow g \in H$.

COROLLAIRE 3. — *Supposons* X *paracompacte. Il existe un espace hilbertien réel* E, *une représentation unitaire continue* [1] ρ *de* G *dans* E *et un plongement* $\varphi : X \to E$ *de classe* C^r, *tels qu'on ait* $\varphi(gx) = \rho(g)\,\varphi(x)$ *pour tout* $g \in G$ *et tout* $x \in X$.

L'espace X/G est localement compact (TG, III, p. 33, prop. 11). Ses composantes connexes sont les images des composantes connexes de X, qui sont dénombrables à l'infini (TG, I, p. 70, th. 5) ; elles sont donc elles-mêmes dénombrables à l'infini, ce qui entraîne que X/G est paracompact (*loc. cit.*). Il existe donc un recouvrement localement fini $(U'_\alpha)_{\alpha\in I}$ de X/G par des ouverts relativement compacts, et un recouvrement $(V'_\alpha)_{\alpha\in I}$ tel que $\overline{V'_\alpha} \subset U'_\alpha$ pour tout $\alpha \in I$ (TG, IX, p. 48, cor. 1) ; par image réciproque, on en déduit deux recouvrements localement finis $(U_\alpha)_{\alpha\in I}$ et $(V_\alpha)_{\alpha\in I}$ de X par des ouverts relativement compacts stables par G, tels que $\overline{V}_\alpha \subset U_\alpha$ pour tout $\alpha \in I$.

Pour tout $\alpha \in I$, il existe une représentation ρ_α de G dans un espace vectoriel réel E_α de dimension finie et un morphisme $\varphi_\alpha \in \mathscr{C}^r(X ; E_\alpha)$, compatible aux opérations de G, dont la restriction à U_α est un plongement (th. 1). Pour $\alpha \in I$, soit a_α une fonction numérique de classe C^r sur X, égale à 1 sur V_α et à 0 en dehors de U_α (VAR, R, 5.3.6). Posons $b_\alpha(x) = \int_G a_\alpha(gx)\,dx$ pour $x \in X$. La fonction b_α est de classe C^r, invariante par G (§ 6, n° 4, cor. 2), égale à 1 sur V_α et à 0 en dehors de U_α. Munissons chaque E_α d'un produit scalaire hilbertien invariant par G (§ 1, n° 1), et **R** de sa structure hilbertienne canonique ; soit E l'espace somme hilbertienne de la famille $(E_\alpha \oplus \mathbf{R})_{\alpha\in I}$, et soit ρ la représentation de G dans E déduite des ρ_α et de l'action triviale de G sur **R**.

[1] C'est-à-dire (TS, à paraître) une représentation linéaire continue (INT, VIII, § 2, n° 1) telle que l'opérateur $\rho(g)$ soit unitaire pour tout $g \in G$.

Pour $x \in \mathrm{X}$, posons $\varphi(x) = (b_\alpha(x)\,\varphi_\alpha(x), b_\alpha(x))_{\alpha\in\mathrm{I}}$. Alors φ est un morphisme de classe C^r de X dans E, compatible avec les opérations de G ; on vérifie comme dans la démonstration de la prop. 4 (nº 1) que φ est un plongement, ce qui entraîne le corollaire.

3. Tubes et transversales

Lemme 4. — *Soient* H *un groupe de Lie compact,* $\rho : \mathrm{H} \to \mathbf{GL}(\mathrm{V})$ *une représentation continue* (*donc analytique*) *de* H *dans un espace vectoriel réel de dimension finie,* W *un voisinage de l'origine dans* V. *Il existe un voisinage ouvert de l'origine* B, *contenu dans* W, *stable par* H, *et un isomorphisme analytique* $u : \mathrm{V} \to \mathrm{B}$, *compatible aux opérations de* H, *tel que* $u(0) = 0$ *et* $\mathrm{D}u(0) = \mathrm{Id}_{\mathrm{V}}$.

Choisissons un produit scalaire sur V invariant par H (§ 1, nº 1). Il existe un nombre réel $r > 0$ tel que la boule ouverte B de rayon r soit contenue dans W ; elle est évidemment stable par H. Posons $u(v) = r(r^2 + \|v\|^2)^{-1/2}v$ pour tout $v \in \mathrm{V}$; alors u est une application analytique bijective de V dans B, compatible avec les opérations de H, et son application réciproque $w \mapsto r(r^2 - \|w\|^2)^{-1/2}w$ est analytique. On a de plus $u(0) = 0$ et $\mathrm{D}u(0) = \mathrm{Id}_{\mathrm{V}}$.

Proposition 5. — *Soient* H *un groupe de Lie compact,* $(h, x) \mapsto hx$ *une loi d'opération à gauche de classe* C^r *de* H *dans* X, x *un point de* X *fixe sous l'action de* H. *Le groupe* H *opère alors linéairement sur l'espace vectoriel* $\mathrm{T} = \mathrm{T}_x(\mathrm{X})$; *il existe un plongement ouvert* $\varphi : \mathrm{T} \to \mathrm{X}$ *de classe* C^r, *compatible avec les opérations de* H, *tel que* $\varphi(0) = x$ *et que* $\mathrm{T}_0(\varphi)$ *soit l'application identique de* T.

Soit (U, ψ, E) une carte de X en x, telle que U soit stable par H (nº 2, lemme 3) et qu'on ait $\psi(x) = 0$. Identifions E à T par $\mathrm{T}_x(\psi)$, et posons

$$\psi^\#(y) = \int_{\mathrm{H}} h.\psi(h^{-1}y)\,dh \quad \text{pour} \quad y \in \mathrm{U},$$

où dh est la mesure de Haar sur H de masse totale 1.

Alors (§ 6, nº 4, cor. 1) $\psi^\#$ est un morphisme de classe C^r de U dans T, compatible avec les opérations de H, tel que $\psi^\#(x) = 0$ et $d_x\psi^\# = \mathrm{Id}_{\mathrm{T}}$. Il existe donc un ouvert $\mathrm{U}' \subset \mathrm{U}$ contenant x, et un voisinage ouvert V de 0 dans T, tels que $\psi^\#$ induise un isomorphisme $\theta : \mathrm{U}' \to \mathrm{V}$. Quitte à restreindre U′ et V, on peut supposer qu'ils sont stables par H et qu'il existe un isomorphisme $u : \mathrm{T} \to \mathrm{V}$ compatible aux opérations de H (lemme 4). Il suffit alors de prendre $\varphi = \theta^{-1} \circ u$.

Rappelons (VAR, R, 6.5.1) que si G est un groupe de Lie, H un sous-groupe de Lie de G et Y une variété dans laquelle H opère à gauche, on note $\mathrm{G} \times^{\mathrm{H}} \mathrm{Y}$ le quotient de la variété produit $\mathrm{G} \times \mathrm{Y}$ par l'opération à droite $((g, y), h) \mapsto (gh, h^{-1}y)$ de H ; c'est une variété dans laquelle le groupe de Lie G opère naturellement à gauche ; la projection $\mathrm{G} \times^{\mathrm{H}} \mathrm{Y} \to \mathrm{G}/\mathrm{H}$ est une fibration de fibre Y. Si de plus Y est un espace vectoriel de dimension finie sur lequel H opère linéairement, $G \times^H Y$ est muni d'une structure naturelle de G-fibré vectoriel de base G/H (VAR, R, 7.10.2).

Soit G un groupe de Lie opérant *proprement* sur la variété X (TG, III, p. 27, déf. 1) de façon que la loi d'opération $(g, x) \mapsto gx$ soit de classe C^r. Pour tout point x de X, l'orbite Gx de x est alors une sous-variété fermée de X, isomorphe à l'espace homogène de Lie G/G_x, où G_x est le fixateur de x dans G (*cf.* III, § 1, nº 7, prop. 14, (ii), et TG, III, p. 29, prop. 4) ; celui-ci est un groupe de Lie compact (*loc. cit.*).

PROPOSITION 6. — *Supposons la variété* X *paracompacte* ; *soient* x *un point de* X, G_x *son fixateur. Il existe une représentation linéaire analytique de dimension finie* $\tau : G_x \to GL(W)$, *et un plongement ouvert* $\alpha : G \times^{G_x} W \to X$ *de classe* C^r, *compatible avec les opérations de* G, *qui applique la classe de* $(e, 0) \in G \times W$ *sur* x.

Posons $T = T_x(X)$. Soit W un sous-espace de T, stable par G_x, supplémentaire de $T_x(Gx)$ dans T (par exemple l'orthogonal de $T_x(Gx)$ relativement à un produit scalaire sur T invariant par G_x). Soit d'autre part $\varphi : T \to X$ un morphisme possédant les propriétés énoncées dans la prop. 5 (relativement à $H = G_x$). Considérons le morphisme $\lambda : G \times W \to X$ défini par $\lambda(g, w) = g\varphi(w)$. Il induit par passage au quotient un morphisme $\mu : G \times^{G_x} W \to X$ de classe C^r, compatible avec les opérations de G, qui applique la classe z de $(e, 0)$ sur x.

Montrons que μ est étale au point z. On a

$$\dim(G \times^{G_x} W) = \dim(G) + \dim(W) - \dim(G_x) = \dim(Gx) + \dim(W) = \dim(T),$$

et il suffit donc de montrer que μ est submersif en z, ou encore que λ est submersif en $(e, 0)$. Or, l'application tangente $T_{(e,0)}(\lambda) : T_e(G) \oplus W \to T$ est égale à $T_e(\rho(x)) + i$, où $\rho(x)$ est l'application orbitale $g \mapsto gx$ et i l'injection canonique de W dans T ; comme on a $\operatorname{Im} T_e(\rho(x)) = T_x(Gx)$, l'application $T_{(e,0)}(\lambda)$ est surjective, et μ est étale en z.

Nous allons démontrer qu'il existe un voisinage ouvert Ω de Gz dans $G \times^{G_x} W$, *stable par* G, tel que μ induise un isomorphisme de Ω sur un ouvert de X. Cela entraînera la proposition : en effet, l'image réciproque de Ω dans $G \times W$ est stable par G, donc de la forme $G \times B$, où B est un ouvert de W contenant l'origine et stable par G_x ; quitte à restreindre Ω, on peut supposer qu'il existe un isomorphisme $u : W \to B$, compatible aux opérations de G_x (lemme 4). Il est clair que le morphisme composé

$\alpha : G \times^{G_x} W \xrightarrow{(Id,u)} G \times^{G_x} B \xrightarrow{\mu} X$ satisfait aux conditions de l'énoncé.

La proposition résulte donc du lemme suivant :

Lemme 5. — *Soient* Z *une variété séparée de classe* C^r, *munie d'une loi d'opération à gauche* $m : G \times Z \to Z$ *de classe* C^r, *et* $\mu : Z \to X$ *un morphisme* (*de classe* C^r) *compatible avec les opérations de* G. *Soient* z *un point de* Z, *et* $x = \mu(z)$. *On suppose que* μ *est étale en* z, *et que le fixateur de* z *dans* G *est égal au fixateur* G_x *de* x. *Il existe alors un voisinage ouvert* Ω *de l'orbite* Gz, *stable par* G, *tel que* μ *induise un isomorphisme de* Ω *sur un ouvert de* X.

Puisque μ est compatible avec les opérations de G, il est étale en tout point de Gz ; comme l'application canonique $G/G_x \rightarrow Gx$ est un homéomorphisme, il en est de même de l'application de Gz dans Gx induite par μ. Il résulte donc de la prop. 2 du n° 1 qu'il existe un voisinage ouvert U de Gz dans Z tel que μ induise un plongement ouvert de U dans X.

Puisque G opère proprement dans X, il existe un voisinage ouvert V de x et une partie compacte K de G tels qu'on ait $gV \cap V = \varnothing$ pour $g \notin K$ (TG, III, p. 31, prop. 7) ; on a en particulier $e \in K$. L'ensemble W_1 des points $y \in Z$ tels que $Ky \subset U$ est ouvert dans Z : en effet, $Z - W_1$ est l'image du fermé $(K \times Z) - m^{-1}(U)$ par la projection propre $pr_2 : K \times Z \rightarrow Z$. Posons $W = W_1 \cap \mu^{-1}(V)$; c'est un ouvert de Z, contenant z, et satisfaisant aux conditions suivantes :

(i) $KW \subset U$, et en particulier $W \subset U$;

(ii) $\mu(W) \subset V$.

Posons $\Omega = GW$ et considérons la restriction de μ à Ω. C'est un morphisme étale, puisque tout point de Ω est conjugué par G à un point de U. Montrons qu'il est injectif : soient g, h dans G et u, v dans W tels que $\mu(gu) = \mu(hv)$. Posons $k = g^{-1}h$; on a $\mu(u) = k\mu(v)$, d'où $k \in K$ d'après (ii). Mais kv et u appartiennent à U par (i) ; on a donc $u = kv$ puisque la restriction de μ à V est injective, d'où $gu = hv$. Ainsi la restriction de μ à Ω est injective, et par suite (VAR, R, 5.7.8) est un isomorphisme sur une sous-variété ouverte de X, ce qui termine la démonstration.

Sous les conditions de la proposition 6, l'image de α est un voisinage ouvert T de l'orbite A de x, muni d'une structure de fibré vectoriel de base A, pour laquelle la section nulle est l'orbite A elle-même. Un tel voisinage s'appelle un *tube linéaire* (autour de l'orbite considérée). Pour chaque point $a \in A$, la fibre Y_a de cette fibration vectorielle est une sous-variété de X, stable par le fixateur G_a de a, et telle que le morphisme de $G \times^{G_a} Y_a$ dans X qui applique la classe de $(g, y) \in G \times Y_a$ sur $gy \in X$ induise un isomorphisme de classe C^r de $G \times^{G_a} Y_a$ sur T. On dit que Y_a est la *transversale* en a du tube T. On remarquera que l'espace tangent en a à Y_a est canoniquement isomorphe à Y_a et que c'est un supplémentaire de $T_a(A)$ dans $T_a(X)$; le fibré vectoriel T de base A est donc canoniquement isomorphe au fibré normal de A dans X (VAR, R, 8.1.3).

4. Types d'orbites

Soit G un groupe topologique opérant continûment dans un espace topologique séparé E. Pour chaque point x de E, notons G_x le fixateur de x dans G, et supposons que l'application canonique $G/G_x \rightarrow Gx$ soit un homéomorphisme ; c'est le cas notamment dans les deux cas suivants :

a) les topologies de G et E sont discrètes ;

b) G opère proprement dans E (TG, III, p. 29, prop. 4), par exemple, G est compact (TG, III, p. 28, prop. 2).

Notons $\mathscr{T}$ l'ensemble des classes de conjugaison de sous-groupes fermés de G.

Pour tout $x \in E$, on appelle *type de l'orbite* de x, ou parfois type de x, la classe dans $\mathcal{T}$ de G_x ; deux points d'une même orbite ont même type d'orbite (A, I, p. 52, prop. 2) ; deux orbites sont de même type si et seulement si elles sont isomorphes comme G-ensembles (A, I, p. 57, th. 1). Pour tout $t \in \mathcal{T}$, on note $E_{(t)}$ l'ensemble des points de E de type t, c'est-à-dire la réunion des orbites de type t ; c'est une partie stable de E. Pour $H \in t$, on écrit aussi $E_{(H)}$ pour $E_{(t)}$; par exemple, $E_{(G)}$ est le sous-espace fermé de E formé des points fixés par G.

Munissons $\mathcal{T}$ de la relation de préordre suivante

$$t \leqslant t' \Leftrightarrow \text{il existe } H \in t \text{ et } H' \in t' \text{ tels que } H \supset H' .$$

Soient Ω et Ω' deux orbites de G dans E, t et t' leurs types ; pour que $t \leqslant t'$, il faut et il suffit qu'il existe un G-morphisme (nécessairement surjectif et continu) de Ω' dans Ω.

Soient x, x' dans E, t et t' leurs types ; pour que $t \leqslant t'$, il faut et il suffit qu'il existe $a \in G$ tel que $aG_{x'}a^{-1} \subset G_x$.

Lemme 6. — *Soit* G *un groupe de Lie.*

a) *Toute suite décroissante de sous-groupes compacts de* G *est stationnaire.*

b) *Soient* H *et* H′ *deux sous-groupes compacts de* G, *tels que* $H \subset H'$ *et qu'il existe un isomorphisme* (*de groupes topologiques*) *de* H′ *sur* H. *On a alors* $H = H'$.

c) *Muni de la relation* $t \leqslant t'$, *l'ensemble* $\mathcal{T}$ *est un ensemble ordonné nœthérien* (E, III, p. 51).

a) Soit $(H_i)_{i \geqslant 1}$ une suite décroissante de sous-groupes compacts de G ; ce sont des sous-groupes de Lie (III, § 8, nº 2, th. 2). La suite d'entiers $(\dim H_i)_{i \geqslant 1}$ est décroissante, donc stationnaire, et il existe un entier N tel que les sous-groupes H_i aient tous la même composante neutre pour $i \geqslant N$. Alors la suite décroissante d'entiers positifs $(H_i : (H_i)_0)_{i \geqslant N}$ est stationnaire, donc on a $H_i = H_{i+1}$ pour i assez grand.

b) Soit f un isomorphisme de H′ sur H. La suite $(f^n(H))_{n \geqslant 0}$ est une suite décroissante de sous-groupes compacts de G, de sorte qu'on a $f^n(H) = f^{n+1}(H)$ pour n assez grand, d'après *a*). Comme f est un isomorphisme, ceci entraîne $f(H) = H = f(H')$, d'où $H = H'$.

c) Soient $t, t' \in \mathcal{T}$ tels que $t \leqslant t'$ et $t' \leqslant t$. Il existe alors $H, H_1 \in t$ et $H', H'_1 \in t'$ tels que $H \supset H'$ et $H_1 \subset H'_1$. Soient g et g' deux éléments de G tels que $H_1 = gHg^{-1}$ et $H'_1 = g'H'g'^{-1}$; posons $u = g'^{-1}g$. On a

$$uHu^{-1} \subset H' \subset H ;$$

d'après *b*), ceci entraîne $uHu^{-1} = H$, donc $H' = H$ et $t' = t$. L'ensemble $\mathcal{T}$ est donc ordonné, et nœthérien d'après *a*).

THÉORÈME 2. — *Soit* G *un groupe de Lie opérant proprement sur* X, *de façon que la loi d'opération* $(g, x) \mapsto gx$ *soit de classe* C^r. *On suppose* X *paracompacte.*

a) *L'application qui, à chaque point de* X, *associe son type d'orbite, possède la propriété de semi-continuité suivante : soit* $x \in X$ *et soit* $t \in \mathcal{T}$ *son type d'orbite ; il existe un voisinage ouvert stable* U *de* x *tel que, pour tout* $u \in U$, *le type de* u *soit* $\geqslant t$.

b) Pour tout $t \in \mathcal{T}$, $X_{(t)}$ *est une sous-variété de* X, *la relation d'équivalence dans* $X_{(t)}$ *déduite de l'opération de* G *est régulière* (VAR, R, 5.9.5), *et le morphisme* $X_{(t)} \to X_{(t)}/G$ *est une fibration.*

c) Supposons X/G *connexe. Alors l'ensemble des types d'orbite des éléments de* X *possède un plus grand élément* τ ; *de plus,* $X_{(\tau)}$ *est une partie ouverte et dense de* X *et* $X_{(\tau)}/G$ *est connexe.*

Soient x un point de X et $t \in \mathcal{T}$ son type. Pour démontrer *a*) et *b*), on peut remplacer X par un ouvert stable contenant x, donc (prop. 6) supposer que X est de la forme $G \times^H W$, où W est l'espace d'une représentation linéaire analytique de dimension finie d'un sous-groupe compact H de G, le point x étant l'image $p(e, 0)$ de $(e, 0) \in G \times W$ par la projection canonique $p : G \times W \to G \times^H W$. Si $u = p(g, y) \in G \times^H W$ et $a \in G$, alors $au = u$ si et seulement s'il existe $h \in H$ avec $(ag, y) = (gh^{-1}, hy)$ c'est-à-dire si $a \in gH_y g^{-1}$. On a donc $G_u = gH_y g^{-1}$; en particulier $G_x = H$, donc G_u est conjugué à un sous-groupe de G_x, ce qui prouve que le type de u est $\geqslant t$, d'où *a*).

Par ailleurs, pour que u soit de type t, il faut et il suffit que G_u soit conjugué à H dans G, ou encore que H_y soit conjugué à H dans G ; d'après le lemme 6, *b*), cela signifie que $H_y = H$, donc que y est fixé par H. Si W′ est le sous-espace vectoriel de W formé des éléments fixés par H, il en résulte que $X_{(t)}$ s'identifie à $G \times^H W'$, donc aussi à $G/H \times W'$, d'où *b*).

Pour démontrer *c*), observons que l'hypothèse de connexité de X/G entraîne que X est pure de dimension finie : en effet, pour tout $k \geqslant 0$, notons X_k l'ensemble des points $x \in X$ tels que $\dim_x X = k$; alors X_k est ouvert et fermé dans X, et stable par G, de sorte que X est égal à l'un des X_k.

Démontrons maintenant *c*) par récurrence sur la dimension de X, l'assertion étant évidente pour $\dim X = 0$. Soit τ un élément maximal parmi les types d'orbite des points de X (un tel élément existe d'après le lemme 6, *c*)). Nous allons prouver l'assertion suivante :

c′) Pour toute partie A *de* $X_{(\tau)}$, *ouverte et fermée dans* $X_{(\tau)}$ *et stable par* G, *l'adhérence* $\overline{A}$ *de* A *dans* X *est ouverte.*

Cette assertion implique *c*). En effet, notons d'abord que $X_{(\tau)}$ est ouvert dans X, d'après *a*) ; l'assertion *c′*) entraîne que $\overline{X}_{(\tau)}$ est ouvert et fermé dans X, donc égal à X puisqu'il est stable par G et que X/G est connexe. Soit A une partie ouverte et fermée non vide de $X_{(\tau)}$, stable par G ; d'après *c′*), $\overline{A}$ est ouverte et fermée dans X et stable par G, donc égale à X ; ceci entraîne que A est dense dans $X_{(\tau)}$, donc égale à $X_{(\tau)}$. Par conséquent toute partie ouverte et fermée non vide de $X_{(\tau)}/G$ est égale à $X_{(\tau)}/G$, ce qui prouve que $X_{(\tau)}/G$ est connexe. Enfin puisque $X_{(\tau)}$ est dense dans X, il résulte de *a*) que tout point de X est de type $\leqslant \tau$; autrement dit τ est le plus grand élément parmi les types d'orbite des points de X.

Démontrons maintenant *c′*). On peut supposer A non vide ; soit $x \in \overline{A}$. Il s'agit de montrer que $\overline{A}$ est un voisinage de x. Pour cela on peut, comme ci-dessus, supposer $X = G \times^H W$, avec H compact, x étant l'image canonique de $(e, 0)$. Supposons d'abord que H opère trivialement dans W : alors X s'identifie à $(G/H) \times W$, et

$X_{(\tau)}/G = X/G$ est homéomorphe à W, donc connexe; on a alors $A/G = X/G$, d'où $A = X$. Nous supposerons désormais que H n'opère pas trivialement sur W. Choisissons sur W un produit scalaire invariant par le groupe compact H; soit S la sphère unité de W (ensemble des vecteurs de norme 1). Notons que S/H est connexe : en effet si $\dim(W) \geqslant 2$, S est connexe, et si $\dim(W) = 1$, S est un espace à deux points sur lequel H opère de façon non triviale. Posons $Y = G \times^H S$; c'est une sous-variété fermée de X, stable par G, de codimension 1, et Y/G, qui est homéomorphe à S/H, est connexe. En vertu de l'hypothèse de récurrence, il existe donc un type d'orbite θ maximal pour Y, l'ensemble $Y_{(\theta)}$ est ouvert et dense dans Y, et $Y_{(\theta)}/G$ est connexe.

Considérons l'action de $\mathbf{R}_+^*$ sur X déduite par passage au quotient de la loi d'opération $(\lambda, (g, w)) \mapsto (g, \lambda w)$ de $\mathbf{R}_+^*$ sur $G \times W$. Deux points de X conjugués par cette action ont même type d'orbite; par conséquent $X_{(\theta)}$ contient $\mathbf{R}_+^* Y_{(\theta)}$, qui est un ouvert dense de X. Or $X_{(\tau)}$ est ouvert d'après *a*), donc rencontre $X_{(\theta)}$, de sorte qu'on a $\theta = \tau$.

D'autre part, l'homéomorphisme $(\lambda, w) \mapsto \lambda w$ de $\mathbf{R}_+^* \times S$ dans $W - \{0\}$ (TG, VI, p. 10, prop. 3) induit un homéomorphisme de $\mathbf{R}_+^* \times (S/H)$ dans $(\mathbf{R}_+^* S)/H$, donc aussi de $\mathbf{R}_+^* \times (Y/G)$ dans $(\mathbf{R}_+^* Y)/G$, et de $\mathbf{R}_+^* \times (Y_{(\theta)}/G)$ dans $(\mathbf{R}_+^* Y_{(\theta)})/G$. Ainsi $(\mathbf{R}_+^* Y_{(\theta)})/G$ est connexe, et $X_{(\tau)}/G$, qui contient un sous-ensemble dense connexe, est lui-même connexe (TG, I, p. 81, prop. 1). Par suite A est égal à $X_{(\tau)}$, donc est dense dans X, et $\overline{A}$ est un voisinage de x. Ceci termine la démonstration du théorème.

Avec les notations du th. 2, *c*), les points de $X_{(\tau)}$ sont dits *principaux* et leurs orbites *principales*. Si x est un point de X, et si $G \times^{G_x} W$ est un tube linéaire de X autour de l'orbite de x, le point x est principal si et seulement si G_x opère trivialement dans W, c'est-à-dire si le tube est de la forme $(G/G_x) \times W$.

Exemples. — 1) Soit G un groupe de Lie compact connexe, opérant sur lui-même par automorphismes intérieurs. Le fixateur d'un élément x de G n'est autre que le centralisateur $Z(x)$ de x dans G; il contient tout tore maximal contenant x. Il en résulte que le plus grand type d'orbite τ est la classe de conjugaison des tores maximaux de G. L'ouvert $G_{(\tau)}$ est l'ensemble des éléments *très réguliers* de G (§ 5, n° 1, remarque). Supposons G simplement connexe. Alors $G_{(\tau)}$ est égal à l'ensemble G_r des éléments réguliers de G (§ 5, n° 2, remarque 2); si A est une alcôve d'une sous-algèbre de Cartan $\mathfrak{t}$ de $\mathfrak{g} = L(G)$, *l'application composée* $\pi : A \xrightarrow{\exp} G_r \longrightarrow G_r/\mathrm{Int}(G)$ *est un isomorphisme de variétés analytiques.* C'est en effet un homéomorphisme (§ 5, n° 2, cor. 1 à la prop. 2); soit $a \in A$, posons $t = \exp a$ et identifions $T_t(G)$ à $\mathfrak{g}$ par la translation $\gamma(t)$. L'application tangente $T_a(\pi)$ s'identifie alors à l'application composée de l'injection canonique $\mathfrak{t} \to \mathfrak{g}$ et de l'application de passage au quotient $\mathfrak{g} \to \mathfrak{g}/\mathrm{Im}(\mathrm{Ad}\, t^{-1} - 1)$. Puisque t est régulier, $T_a(\pi)$ est un isomorphisme, d'où le résultat annoncé (VAR, R, 5.7.8).

2) Soient E un espace affine réel euclidien, $\mathfrak{H}$ un ensemble d'hyperplans de E, W le groupe de déplacements de E engendré par les réflexions orthogonales par

rapport aux hyperplans de $\mathfrak{H}$. On suppose que $\mathfrak{H}$ est stable par W et que le groupe W, muni de la topologie discrète, opère proprement dans E.

On peut appliquer ce qui précède à l'action de W sur E. Le fixateur d'un point x de E est le sous-groupe de W engendré par les réflexions par rapport aux hyperplans de $\mathfrak{H}$ contenant x (V, § 3, n° 3, prop. 2). Par conséquent, le plus grand type d'orbite τ est la classe du sous-groupe $\{\mathrm{Id}_E\}$, et $E_{(\tau)}$ est la réunion des chambres de E. On notera que dans ce cas le revêtement $E_{(\tau)} \to E_{(\tau)}/W$ est *trivial*, et en particulier que $E_{(\tau)}$ n'est pas connexe si $\mathfrak{H}$ est non vide.

APPENDICE I

Structure des groupes compacts

1. Plongement d'un groupe compact dans un produit de groupes de Lie

PROPOSITION 1. — *Tout groupe topologique compact* G *est isomorphe à un sous-groupe fermé d'un produit de groupes de Lie compacts.*

Notons $\hat{G}$ l'ensemble des classes de représentations continues irréductibles unitaires de G dans des espaces hilbertiens complexes de dimension finie (TS, à paraître). Pour tout $u \in \hat{G}$, soient H_u l'espace de u et $\rho_u : G \to U(H_u)$ l'homomorphisme associé à u. D'après le théorème de Peter-Weyl (TS, à paraître), l'homomorphisme continu $\rho = (\rho_u)_{u \in \hat{G}}$ de G dans $\prod_{u \in \hat{G}} U(H_u)$ est injectif; puisque G est compact, ρ induit un isomorphisme de G sur un sous-groupe fermé du groupe $\prod_{u \in \hat{G}} U(H_u)$.

COROLLAIRE 1. — *Soit* V *un voisinage de l'élément neutre dans* G. *Alors* V *contient un sous-groupe fermé distingué* H *de* G *tel que le quotient* G/H *soit un groupe de Lie.*

Soit $(K_\lambda)_{\lambda \in L}$ une famille de groupes de Lie compacts telle que G s'identifie à un sous-groupe fermé de $\prod_{\lambda \in L} K_\lambda$; pour $\lambda \in L$, notons $p_\lambda : G \to K_\lambda$ la restriction à G de la projection canonique. Il existe un ensemble fini $J \subset L$, et pour chaque $\lambda \in J$ un voisinage de l'origine V_λ dans K_λ, tels que V contienne $\bigcap_{\lambda \in J} p_\lambda^{-1}(V_\lambda)$. Il suffit alors de poser $H = \bigcap_{\lambda \in J} \mathrm{Ker}(p_\lambda)$.

Notons $(H_\alpha)_{\alpha \in I}$ la famille filtrante décroissante des sous-groupes fermés distingués de G, tels que le quotient G/H_α soit un groupe de Lie. Considérons le système projectif des groupes de Lie compacts G/H_α (*cf.* TG, III, p. 60).

COROLLAIRE 2. — *L'application canonique* $G \to \varprojlim_\alpha G/H_\alpha$ *est un isomorphisme de groupes topologiques.*

En effet le cor. 1 entraîne que la condition (AP) de TG, III, p. 60 est vérifiée; l'assertion résulte alors de la prop. 2 de *loc. cit.*

COROLLAIRE 3. — *Pour que* G *soit un groupe de Lie, il faut et il suffit qu'il existe un voisinage de l'élément neutre* e *de* G *qui ne contienne aucun sous-groupe distingué distinct de* $\{e\}$.

La nécessité de cette condition a déjà été prouvée (III, § 4, n° 2, cor. 1 au th. 2), et la suffisance est une conséquence immédiate du cor. 1.

2. Limites projectives de groupes de Lie

Lemme 1. — *Soient* $(G_\alpha, f_{\alpha\beta})$ *un système projectif de groupes topologiques relatif à un ensemble d'indices* I *filtrant,* G *sa limite. On suppose que les applications canoniques* $f_\alpha : G \to G_\alpha$ *sont surjectives.*

a) Les sous-groupes $\overline{D(G_\alpha)}$ (resp. $C(G_\alpha)$, resp. $C(G_\alpha)_0$) *forment un système projectif de parties des* G_α.

b) On a $\overline{D(G)} = \varprojlim_\alpha \overline{D(G_\alpha)}$ *et* $C(G) = \varprojlim_\alpha C(G_\alpha)$.

c) Si G_α *est compact pour tout* $\alpha \in I$, *on a* $C(G)_0 = \varprojlim_\alpha C(G_\alpha)_0$.

Soient α, β deux éléments de I, avec $\alpha \leqslant \beta$. On a $f_{\alpha\beta}(D(G_\beta)) \subset D(G_\alpha)$, et $f_{\alpha\beta}(C(G_\beta)) \subset C(G_\alpha)$ puisque $f_{\alpha\beta}$ est surjectif; comme $f_{\alpha\beta}$ est continu, on en déduit $f_{\alpha\beta}(\overline{D(G_\beta)}) \subset \overline{D(G_\alpha)}$ et $f_{\alpha\beta}(C(G_\beta)_0) \subset C(G_\alpha)_0$, d'où *a*). Puisque f_α est surjectif, on a $f_\alpha(D(G)) = D(G_\alpha)$ (A, I, p. 67, prop. 6), d'où $\overline{D(G)} = \varprojlim \overline{D(G_\alpha)}$ (TG, I, p. 29, corollaire). La surjectivité de f_α entraîne aussi l'inclusion $f_\alpha(C(G)) \subset C(G_\alpha)$ et donc $C(G) \subset \varprojlim C(G_\alpha)$; l'inclusion opposée est immédiate. Enfin l'assertion *c*) résulte de *b*) et de TG, III, p. 62, prop. 4.

Lemme 2. — *Soient* $(S_a)_{a\in A}$, $(T_b)_{b\in B}$ *deux familles finies de groupes de Lie simplement connexes presque simples* (III, § 9, n° 8, déf. 3), *et soit* $u : \prod_{a\in A} S_a \to \prod_{b\in B} T_b$ *un morphisme surjectif. Il existe alors une application injective* $l : B \to A$ *et des isomorphismes* $u_b : S_{l(b)} \to T_b$ $(b \in B)$ *tels qu'on ait* $u((s_a)_{a\in A}) = (u_b(s_{l(b)}))_{b\in B}$ *pour tout élément* $(s_a)_{a\in A}$ *de* $\prod_{a\in A} S_a$.

Notons $\mathfrak{s}_a$ (resp. $\mathfrak{t}_b$) l'algèbre de Lie de S_a (resp. T_b) pour $a \in A$ (resp. $b \in B$), et considérons l'homomorphisme $L(u) : \prod_{a\in A} \mathfrak{s}_a \to \prod_{b\in B} \mathfrak{t}_b$. Son noyau est un idéal de l'algèbre de Lie semi-simple $\prod_{a\in A} \mathfrak{s}_a$, donc est de la forme $\prod_{a\in A''} \mathfrak{s}_a$, avec $A'' \subset A$ (I, § 6, n° 2, cor. 1). Posons $A' = A - A''$. Par restriction, $L(u)$ induit un isomorphisme $f : \prod_{a\in A'} \mathfrak{s}_a \to \prod_{b\in B} \mathfrak{t}_b$. D'après *loc. cit.*, pour tout a dans A', l'idéal $f(\mathfrak{s}_a)$ est égal à l'un des $\mathfrak{t}_b$; il existe donc une bijection $l : B \to A'$ telle que $f(\mathfrak{s}_{l(b)}) = \mathfrak{t}_b$ pour $b \in B$, et f induit un isomorphisme $f_b : \mathfrak{s}_{l(b)} \to \mathfrak{t}_b$. Puisque les groupes S_a et T_b sont simplement connexes, il existe des isomorphismes $u_b : S_{l(b)} \to T_b$ tels que $L(u_b) = f_b$ pour $b \in B$ (III, § 6, n° 3, th. 3).

Notons $\tilde{u} : \prod_{a\in A} S_a \to \prod_{b\in B} T_b$ le morphisme défini par $\tilde{u}((s_a)_{a\in A}) = (u_b(s_{l(b)}))_{b\in B}$. On a par construction $L(\tilde{u}) = f = L(u)$, d'où $\tilde{u} = u$, ce qui démontre le lemme.

Lemme 3. — *Sous les hypothèses du lemme* 1, *on suppose que les* G_α *sont des groupes de Lie compacts simplement connexes. Le groupe topologique* G *est alors isomorphe au produit d'une famille de groupes de Lie compacts, presque simples, simplement connexes.*

Pour tout $\alpha \in I$, le groupe G_α est produit direct d'une famille finie de sous-groupes presque simples simplement connexes $(S_\alpha^\lambda)_{\lambda \in L_\alpha}$ (III, § 9, n° 8, prop. 28). Soit $\beta \in I$, $\beta \geqslant \alpha$. D'après le lemme 2, il existe une application $l_{\beta\alpha} : L_\alpha \to L_\beta$ telle que $f_{\alpha\beta}(S_\beta^{l_{\beta\alpha}(\lambda)}) = S_\alpha^\lambda$ pour $\lambda \in L_\alpha$. On a $l_{\gamma\beta} \circ l_{\beta\alpha} = l_{\gamma\alpha}$ pour $\alpha \leqslant \beta \leqslant \gamma$, de sorte que $(L_\alpha, l_{\beta\alpha})$ est un système inductif d'ensembles relatif à I. Soit L sa limite; les applications $l_{\beta\alpha}$ étant injectives, on peut identifier L_α à un sous-ensemble de L, de sorte qu'on a $L = \bigcup_{\alpha \in I} L_\alpha$.

Soit $\lambda \in L$. Posons $S_\alpha^\lambda = \{1\}$ lorsque $\lambda \notin L_\alpha$, et notons $\varphi_{\alpha\beta}^\lambda : S_\beta^\lambda \to S_\alpha^\lambda$ le morphisme déduit de $f_{\alpha\beta}$; on obtient ainsi un système projectif de groupes topologiques $(S_\alpha^\lambda, \varphi_{\alpha\beta}^\lambda)$, dont la limite S_λ est isomorphe à S_λ pour α assez grand. L'homomorphisme canonique de groupes topologiques

$$\varprojlim_{\alpha \in I} \Big(\prod_{\lambda \in L} S_\alpha^\lambda\Big) \to \prod_{\lambda \in L} \Big(\varprojlim_{\alpha \in I} S_\alpha^\lambda\Big)$$

est bijectif (E, III, p. 57, cor. 2); c'est donc un isomorphisme puisque les groupes considérés sont compacts. Or le premier de ces groupes s'identifie à G et le second au produit des S_λ, d'où le lemme.

3. Structure des groupes compacts connexes

Soit G un groupe compact commutatif. Rappelons (TS, II, § 1, n° 9, prop. 11) que G est alors isomorphe au groupe topologique dual d'un groupe commutatif *discret* $\hat{G}$. Le groupe G est connexe si et seulement si $\hat{G}$ est sans torsion (TS, II, § 2, n° 2, cor. 1 à la prop. 4).

Les propriétés suivantes sont équivalentes (TS, II, § 2, n° 2, cor. 2 à la prop. 4 et § 1, n° 9, cor. 2 à la prop. 11) :

(i) G est totalement discontinu ;

(ii) $\hat{G}$ est un groupe de torsion ;

(iii) le groupe topologique G est isomorphe à la limite d'un système projectif de groupes (commutatifs) finis, munis de la topologie discrète.

La proposition ci-dessous généralise le cor. 1 à la prop. 4 du § 1, n° 4.

PROPOSITION 2. — *Soit* G *un groupe compact connexe.*

a) $C(G)_0$ *est un groupe compact connexe commutatif*; D(G) *est un groupe compact connexe, égal à son groupe dérivé.*

b) *L'homomorphisme continu* $(x, y) \mapsto xy$ *de* $C(G)_0 \times D(G)$ *dans* G *est surjectif et son noyau est un sous-groupe central de* $C(G)_0 \times D(G)$, *compact et totalement discontinu.*

c) Il existe une famille $(S_\lambda)_{\lambda\in L}$ *de groupes de Lie compacts presque simples et un homomorphisme continu surjectif* $\prod_{\alpha\in L} S_\alpha \to D(G)$, *dont le noyau est un sous-groupe central compact totalement discontinu.*

Soit $(G_\alpha, f_{\alpha\beta})$ un système projectif de groupes de Lie compacts, relatif à un ensemble filtrant I, tel que G soit isomorphe à $\varprojlim G_\alpha$ et que les applications canoniques $f_\alpha : G \to G_\alpha$ soient surjectives (cor. 2 à la prop. 1). Pour $\alpha \in I$, soit $\pi_\alpha : \tilde{D}(G_\alpha) \to D(G_\alpha)$ un revêtement universel du groupe $D(G_\alpha)$. On déduit des $f_{\alpha\beta}$ des morphismes $\tilde{f}_{\alpha\beta} : \tilde{D}(G_\beta) \to \tilde{D}(G_\alpha)$, de sorte que $(\tilde{D}(G_\alpha), \tilde{f}_{\alpha\beta})$ est un système projectif de groupes topologiques satisfaisant aux hypothèses du lemme 3.

Il résulte de ce lemme que le groupe topologique $\varprojlim \tilde{D}(G_\alpha)$ est isomorphe au produit d'une famille $(S_\lambda)_{\lambda\in L}$ de groupes de Lie compacts presque simples. La limite du système projectif d'homomorphismes (π_α) s'identifie d'après le lemme 1 à un homomorphisme continu $\pi : \prod_{\lambda\in L} S_\lambda \to \overline{D(G)}$, qui est surjectif (TG, I, p. 65, cor. 2).

Observons maintenant que le groupe $\prod_{\lambda\in L} S_\lambda$ est égal à son groupe dérivé : cela résulte du § 4, n° 5, cor. à la prop. 10. Il en est donc de même pour $\overline{D(G)}$, puisque π est surjectif. On a par conséquent $D(G) \supset D(\overline{D(G)}) = \overline{D(G)}$. Ainsi le groupe D(G) est compact et égal à son groupe dérivé ; ceci prouve *a*), car les assertions concernant $C(G)_0$ sont triviales.

D'autre part le noyau de $\pi : \prod_{\lambda\in L} S_\lambda \to D(G)$ s'identifie à $\varprojlim \mathrm{Ker}(\pi_\alpha)$ (A, II, p. 89, remarque 1), donc à un sous-groupe central, compact et totalement discontinu, d'où *c*).

Prouvons *b*). Pour tout α dans I, le morphisme $s_\alpha : C(G_\alpha)_0 \times D(G_\alpha) \to G_\alpha$ tel que $s_\alpha(x, y) = xy$ pour $x \in C(G_\alpha)_0$, $y \in D(G_\alpha)$, est surjectif et a pour noyau un sous-groupe fini central (§ 1, n° 4, cor. 1 à la prop. 4). Les s_α forment un système projectif d'applications, dont la limite s'identifie d'après ce qui précède à l'homomorphisme $(x, y) \mapsto xy$ de $C(G)_0 \times D(G)$ dans G. On voit alors comme précédemment que celui-ci est surjectif et que son noyau est central et totalement discontinu, d'où *b*).

COROLLAIRE. — *Tout groupe compact connexe résoluble est commutatif.*

En effet le groupe dérivé est alors résoluble et égal à son groupe dérivé (prop. 2, *a*)), donc réduit à l'élément neutre.

APPENDICE II

Représentations de type réel, complexe ou quaternionien

1. Représentations des algèbres réelles

On note σ l'automorphisme $\alpha \mapsto \bar{\alpha}$ de **C**; si W est un espace vectoriel complexe, on note $\overline{W}$ le **C**-espace vectoriel $\sigma_*(W)$ (c'est-à-dire le groupe W muni de la loi d'action $(\alpha, w) \mapsto \bar{\alpha}w$ pour $\alpha \in \mathbf{C}$, $w \in W$).

PROPOSITION 1. — *Soient* A *une* **R**-*algèbre* (*associative et unifère*) *et* V *un* A-*module simple de dimension finie sur* **R**. *On est alors dans l'un des trois cas suivants* :

α) *Le commutant de* V (A, VIII, § 5, n° 1) *est isomorphe à* **R**, *et le* $A_{(\mathbf{C})}$-*module* $V_{(\mathbf{C})}$ *est simple*;

β) *le commutant de* V *est isomorphe à* **C**; *le* $A_{(\mathbf{C})}$-*module* $V_{(\mathbf{C})}$ *est somme directe de deux sous-*$A_{(\mathbf{C})}$-*modules simples non isomorphes, échangés par* $\sigma \otimes 1_V$;

γ) *le commutant de* V *est isomorphe à* **H**; *le* $A_{(\mathbf{C})}$-*module* $V_{(\mathbf{C})}$ *est somme directe de deux sous-*$A_{(\mathbf{C})}$-*modules simples isomorphes échangés par* $\sigma \otimes 1_V$.

Le commutant E de V est un corps, extension finie de **R** (A, VIII, § 3, n° 2, prop. 2), donc isomorphe à **R**, **C** ou **H** (A, VIII, § 15). Le $A_{(\mathbf{C})}$-module $V_{(\mathbf{C})}$ est semi-simple (A, VIII, § 11, n° 4), et son commutant s'identifie à $\mathbf{C} \otimes_{\mathbf{R}} E$ (A, VIII, § 11, n° 2, lemme 1).

Si E est isomorphe à **R**, le commutant de $V_{(\mathbf{C})}$ est isomorphe à **C**, et $V_{(\mathbf{C})}$ est un $A_{(\mathbf{C})}$-module simple (A, VIII, § 11, n° 4).

Si E n'est pas isomorphe à **R**, il contient un corps isomorphe à **C**; on en déduit sur V une structure de $A_{(\mathbf{C})}$-module, notée V^c. Alors V^c est un $A_{(\mathbf{C})}$-module simple, et l'application **C**-linéaire $\psi : V_{(\mathbf{C})} \to V^c \oplus \overline{V}^c$ telle que $\psi(\alpha \otimes v) = (\alpha v, \bar{\alpha} v)$ pour $\alpha \in \mathbf{C}$, $v \in V$, est un isomorphisme (A, V, p. 61, prop. 8). De plus $\sigma \otimes 1_V$ correspond par cet isomorphisme au **R**-automorphisme $(v, v') \mapsto (v', v)$ de $V^c \oplus \overline{V}^c$, donc échange les sous-$A_{(\mathbf{C})}$-modules $\psi^{-1}(V^c)$ et $\psi^{-1}(\overline{V}^c)$.

Le commutant $E_{(\mathbf{C})}$ de $V_{(\mathbf{C})}$ contient donc $\mathbf{C} \times \mathbf{C}$, opérant par homothéties sur $V^c \oplus \overline{V}^c$. Pour qu'il n'existe pas d'isomorphisme de $A_{(\mathbf{C})}$-modules de V^c sur $\overline{V}^c$, il faut et il suffit que $E_{(\mathbf{C})}$ soit réduit à $\mathbf{C} \times \mathbf{C}$, c'est-à-dire que E soit isomorphe à **C**. Ceci achève la démonstration.

PROPOSITION 2. — *Soient* A *une* **R**-*algèbre* (*associative et unifère*), *et* W *un* $A_{(\mathbf{C})}$-*module simple, de dimension finie sur* **C**. *On est alors dans l'un des trois cas suivants* :

a) *Il existe un* $A_{(\mathbf{C})}$-*isomorphisme* θ *de* W *sur* $\overline{W}$, *avec* $\theta \circ \theta = 1_W$. *Alors l'ensemble* V *des points fixes de* θ *est une* **R**-*structure sur* W, *et un* A-*module simple de commutant* $\mathbf{R}.1_V$. *De plus,* $W_{[\mathbf{R}]}$ *est somme directe de deux* A-*modules simples isomorphes.*

b) *Les* $A_{(\mathbf{C})}$-*modules* W *et* $\overline{W}$ *ne sont pas isomorphes; alors* $W_{[\mathbf{R}]}$ *est un* A-*module simple, de commutant* $\mathbf{C}.1_W$.

c) Il existe un $A_{(C)}$*-isomorphisme* θ *de* W *sur* $\overline{W}$, *avec* $\theta \circ \theta = -1_W$. *Alors le* A*-module* $W_{[R]}$ *est simple, et son commutant est le corps* $\mathbf{C}.1_W \oplus \mathbf{C}.\theta$, *isomorphe à* **H**.

L'espace vectoriel complexe $\mathrm{Hom}_{A_{(C)}}(W, \overline{W})$ est de dimension $\leqslant 1$ (A, VIII, § 3, n° 2); si $\theta \in \mathrm{Hom}_{A_{(C)}}(W, \overline{W})$, l'endomorphisme $\theta \circ \theta$ de W est une homothétie, de rapport $\alpha \in \mathbf{C}$. Pour tout $w \in W$, on a $\alpha\theta(w) = \theta \circ \theta \circ \theta(w) = \theta(\alpha w) = \bar{\alpha}\theta(w)$ de sorte que α est réel. Si $\theta' = \lambda\theta$, avec $\lambda \in \mathbf{C}$, on a $\theta' \circ \theta' = |\lambda|^2 \theta \circ \theta$; une et une seule des trois possibilités suivantes est donc réalisée :

a) Il existe $\theta \in \mathrm{Hom}_{A_{(C)}}(W, \overline{W})$ avec $\theta \circ \theta = 1_W$;

b) $\mathrm{Hom}_{A_{(C)}}(W, \overline{W}) = \{0\}$;

c) Il existe $\theta \in \mathrm{Hom}_{A_{(C)}}(W, \overline{W})$ avec $\theta \circ \theta = -1_W$.

Dans le cas *a*), l'ensemble V des points fixes de θ est une **R**-structure sur W (A, V, p. 61, prop. 7); puisque $V_{(C)}$ est isomorphe à W, le A-module V est simple, de commutant $\mathbf{R}.1_V$ (prop. 1), et $W_{[R]}$ n'est pas simple.

Inversement, si $W_{[R]}$ n'est pas simple, soit V un sous-A-module simple de $W_{[R]}$; puisque le $A_{(C)}$-module W est simple, on a $V + iV = W$ et $V \cap iV = \{0\}$, c'est-à-dire $W = V \oplus iV$. Ainsi V est une **R**-structure sur W, et l'isomorphisme θ de W sur $\overline{W}$ tel que $\theta(v + iv') = v - iv'$ pour v et v' dans V satisfait à $\theta \circ \theta = 1_W$.

Par conséquent, dans les cas *b*) et *c*), le A-module $W_{[R]}$ est simple; d'après la prop. 1, son commutant E est isomorphe à **C** dans le cas *b*), et à **H** dans le cas *c*). De plus il est clair que E contient $\mathbf{C}.1_W$, et $\mathbf{C}.\theta$ dans le cas *c*), d'où la proposition.

Sous les hypothèses de la proposition, on dit que le $A_{(C)}$-module W est de *type réel, complexe ou quaternionien* (relativement à A) suivant qu'on est dans le cas *a*), *b*) ou *c*) respectivement.

Pour K = **R** ou **C**, notons $\mathfrak{S}_K(A)$ l'ensemble des classes de $A_{(K)}$-modules simples, de dimension finie sur K. Le groupe $\Gamma = \mathrm{Gal}(\mathbf{C}/\mathbf{R})$ opère sur $\mathfrak{S}_{\mathbf{C}}(A)$; les deux propositions précédentes établissent une *correspondance bijective* entre $\mathfrak{S}_{\mathbf{R}}(A)$ et l'ensemble quotient $\mathfrak{S}_{\mathbf{C}}(A)/\Gamma$.

2. Représentations des groupes compacts

Soit G un groupe topologique compact, et soit $\rho : G \to \mathbf{GL}(W)$ une représentation continue de G dans un espace vectoriel complexe de dimension finie. On dira que ρ est irréductible de type réel, complexe ou quaternionien s'il en est ainsi du $\mathbf{C}^{(G)}$-module W (relativement à l'algèbre $A = \mathbf{R}^{(G)}$). Soit H une forme hermitienne positive séparante sur W, invariante par G.

PROPOSITION 3. — *Supposons* ρ *irréductible.*

a) La représentation ρ *est de type réel si et seulement s'il existe une forme bilinéaire symétrique* B *non nulle sur* W, *invariante par* G. *Dans ce cas la forme* B *est séparante; l'ensemble* V *des* $w \in W$ *tels que* $H(w, x) = B(w, x)$ *pour tout* $x \in W$ *est une* **R***-structure sur* W *invariante par* G.

b) La représentation ρ *est de type complexe si et seulement s'il n'existe pas de forme bilinéaire non nulle sur* W *invariante par* G.

c) La représentation ρ *est de type quaternionien si et seulement s'il existe une forme bilinéaire alternée non nulle sur* W, *invariante par* G ; *une telle forme est nécessairement séparante.*

Pour $\theta \in \mathrm{Hom}_{\mathbf{C}^{(G)}}(\mathrm{W}, \overline{\mathrm{W}})$ et $x, y \in \mathrm{W}$, posons $\mathrm{B}_\theta(x, y) = \mathrm{H}(\theta x, y)$. Alors B_θ est une forme bilinéaire sur W, invariante par G, séparante si θ est non nul. Notons $\mathscr{B}(\mathrm{W})^{\mathrm{G}}$ l'espace des formes bilinéaires sur W invariantes par G ; l'application $\theta \mapsto \mathrm{B}_\theta$ de $\mathrm{Hom}_{\mathbf{C}^{(G)}}(\mathrm{W}, \overline{\mathrm{W}})$ sur $\mathscr{B}(\mathrm{W})^{\mathrm{G}}$ est un isomorphisme de **C**-espaces vectoriels. Ceci entraîne, en particulier, l'assertion *b*).

Soit θ un $\mathbf{C}^{(G)}$-isomorphisme de W sur $\overline{\mathrm{W}}$ tel que $\theta \circ \theta = \alpha_{\mathrm{W}}$, avec $\alpha \in \{-1, +1\}$ (prop. 2) ; puisque $\mathscr{B}(\mathrm{W})^{\mathrm{G}}$ est de dimension 1, il existe $\varepsilon \in \mathbf{C}$ tel que

$$\mathrm{B}_\theta(y, x) = \varepsilon \mathrm{B}_\theta(x, y) \quad \text{quels que soient } x, y \text{ dans W}.$$

On obtient en itérant $\mathrm{B}_\theta(y, x) = \varepsilon \mathrm{B}_\theta(x, y) = \varepsilon^2 \mathrm{B}_\theta(y, x)$, d'où $\varepsilon^2 = 1$ et $\varepsilon \in \{-1, +1\}$. On a par ailleurs, pour x dans W,

$$\mathrm{H}(\theta x, \theta x) = \mathrm{B}_\theta(x, \theta x) = \varepsilon \mathrm{B}_\theta(\theta x, x) = \varepsilon \mathrm{H}(\theta \circ \theta(x), x) = \varepsilon\alpha \mathrm{H}(x, x)$$

d'où $\varepsilon\alpha > 0$ puisque H est positive, c'est-à-dire $\varepsilon = \alpha$. Les assertions *a*) et *c*) résultent alors de la prop. 2.

Notons dg la mesure de Haar de masse totale 1 sur G.

Lemme 1. — *Soit* W^{G} *le sous-espace de* W *formé des éléments invariants par* G. *L'endomorphisme* $\int_{\mathrm{G}} \rho(g)\, dg$ *de* W *est un projecteur d'image* W^{G}, *compatible aux opérations de* G. *On a en particulier*

$$\dim \mathrm{W}^{\mathrm{G}} = \int_{\mathrm{G}} \mathrm{Tr}\, \rho(g)\, dg\,.$$

Posons $p = \int_{\mathrm{G}} \rho(g)\, dg$; on a, pour $h \in \mathrm{G}$,

$$\rho(h) \circ p = \int_{\mathrm{G}} \rho(hg)\, dg = \int_{\mathrm{G}} \rho(g)\, dg = p$$

et de même $p \circ \rho(h) = p$. Ainsi p est compatible aux opérations de G, et son image est contenue dans W^{G}. Si $w \in \mathrm{W}^{\mathrm{G}}$, on a $p(w) = \int_{\mathrm{G}} \rho(g) w\, dg = w$, d'où le lemme.

Lemme 2. — *Soit* u *un endomorphisme d'un espace vectoriel* E *de dimension finie sur un corps* K. *On a*

$$\mathrm{Tr}\, u^2 = \mathrm{Tr}\, \mathbf{S}^2(u) - \mathrm{Tr}\, \mathbf{\Lambda}^2(u)\,.$$

Soit $\chi_u(X) = \prod_{i=1}^{n} (X - \alpha_i)$ une décomposition en facteurs linéaires du polynôme caractéristique de u dans une extension convenable de K. On a $\mathrm{Tr}\, u^2 = \sum_i \alpha_i^2$, $\mathrm{Tr}\, \mathsf{\Lambda}^2(u) = \sum_{i<j} \alpha_i\alpha_j$, $\mathrm{Tr}\, \mathbf{S}^2(u) = \sum_{i \leqslant j} \alpha_i\alpha_j$ (*cf.* A, VII, p. 37, cor. 3), d'où le résultat.

PROPOSITION 4. — *Supposons* ρ *irréductible. Pour que* ρ *soit de type réel* (resp. *complexe*, resp. *quaternionien*), *il faut et il suffit que l'intégrale* $\int_G \mathrm{Tr}\, \rho(g^2)\, dg$ *soit égale à* 1 (resp. 0, resp. -1).

Notons $\check{\rho}$ la représentation contragrédiente de ρ dans W* (définie par $\check{\rho}(g) = {}^t\rho(g^{-1})$). En appliquant le lemme 2 à $\check{\rho}(g)$ et en intégrant sur G, on obtient

$$\int_G \mathrm{Tr}\, \rho(g^2)\, dg = \int_G \mathrm{Tr}\, {}^t\rho(g^{-2})\, dg = \int_G \mathrm{Tr}\, \mathbf{S}^2(\check{\rho}(g))\, dg - \int_G \mathrm{Tr}\, \mathsf{\Lambda}^2(\check{\rho}(g))\, dg$$

d'où, d'après le lemme 1,

$$\int_G \mathrm{Tr}\, \rho(g^2)\, dg = \dim(\mathbf{S}^2\mathrm{W}^*)^G - \dim(\mathsf{\Lambda}^2\mathrm{W}^*)^G .$$

Or $\mathbf{S}^2\mathrm{W}^*$ (resp. $\mathsf{\Lambda}^2\mathrm{W}^*$) s'identifie à l'espace des formes bilinéaires symétriques (resp. alternées) sur W. La proposition résulte donc aussitôt de la prop. 3.

Exercices

§ 1

1) Soit G un groupe de Lie *complexe* commutatif, connexe, de dimension finie, et soit V son algèbre de Lie.
a) L'application $\exp_G : V \to G$ est un homomorphisme surjectif; son noyau Γ est un sous-groupe discret de V.
b) G est compact si et seulement si Γ est un réseau dans V; on dit alors que G est un *tore complexe*.
c) Soit Γ le sous-groupe discret de $\mathbf{C}^2$ engendré par les éléments $e_1 = (1, 0)$, $e_2 = (0, 1)$, $e_3 = (\sqrt{2}, i)$; on pose $G = \mathbf{C}^2/\Gamma$, $H = (\Gamma + \mathbf{C}e_1)/\Gamma$. Montrer que H est isomorphe à $\mathbf{C}^*$, que G/H est un tore complexe de dimension 1, mais que G ne contient aucun tore complexe non nul.
d) Tout groupe de Lie complexe compact connexe de dimension finie est un tore complexe (*cf.* III, § 6, nº 3, prop. 6).

2) Soit H l'ensemble des nombres complexes τ tels que $\mathscr{I}(\tau) > 0$.
a) Montrer qu'on définit une loi d'opération à gauche analytique du groupe discret **SL**(2, **Z**) dans H en posant $\gamma\tau = \dfrac{a\tau + b}{c\tau + d}$ pour tout $\tau \in H$ et $\gamma = \begin{pmatrix} a & b \\ c & d \end{pmatrix} \in \mathbf{SL}(2, \mathbf{Z})$.
b) Pour $\tau \in H$, on désigne par T_τ le tore complexe $\mathbf{C}/(\mathbf{Z} + \mathbf{Z}\tau)$. Montrer que l'application $\tau \mapsto T_\tau$ induit par passage au quotient une application bijective de l'ensemble H/**SL**(2, **Z**) sur l'ensemble des classes d'isomorphisme de tores complexes de dimension un.

3) Soit G un sous-groupe intégral de **O**(*n*), tel que la représentation identique de G dans $\mathbf{R}^n$ soit irréductible. Démontrer que G est fermé (écrire G sous la forme K × N, où K est compact et N commutatif, et démontrer qu'on a $\dim \overline{N} \leqslant 1$).

4) Montrer que les conditions équivalentes de la prop. 3 (nº 3) sont encore équivalentes à chacune des conditions suivantes :
(ii′) Le groupe Ad(G) est relativement compact dans Aut(L(G)).
(ii″) Le groupe Ad(G) est relativement compact dans End(L(G)).
(v) Tout voisinage de l'élément neutre *e* dans G contient un voisinage de *e* stable par automorphismes intérieurs.
(*cf.* INT, VII, § 3, nº 1, prop. 1).

5) Soit A le sous-groupe fermé de **GL**(3, **R**) formé des matrices (a_{ij}) telles que $a_{ij} = 0$ pour $i > j$, $a_{ii} = 1$ pour $1 \leqslant i \leqslant 3$, $a_{12} \in \mathbf{Z}$, $a_{23} \in \mathbf{Z}$; soit B le sous-groupe de A formé des matrices (a_{ij}) telles que $a_{12} = a_{23} = 0$ et $a_{13} \in \mathbf{Z}$, et soit G = A/B.
a) Montrer que G est un groupe de Lie de dimension un, d'algèbre de Lie compacte.
b) Montrer qu'on a $C(G) = D(G) = G_0$, et que G_0 est le plus grand sous-groupe compact de G.
c) Montrer que G n'est pas produit semi-direct de G_0 par un sous-groupe.

6) Montrer que pour qu'une algèbre de Lie (réelle) soit compacte, il faut et il suffit qu'elle admette une base $(e_\lambda)_{\lambda \in L}$ pour laquelle les constantes de structure $\gamma_{\lambda\mu\nu}$ soient antisymétriques en λ, μ, ν (c'est-à-dire vérifient $\gamma_{\lambda\mu\nu} = -\gamma_{\mu\lambda\nu} = -\gamma_{\lambda\nu\mu}$).

7) On appelle *algèbre de Lie involutive* une algèbre de Lie (réelle) $\mathfrak{g}$ munie d'un automorphisme s tel que $s \circ s = 1_{\mathfrak{g}}$. On note $\mathfrak{g}^+$ (resp. $\mathfrak{g}^-$) le sous-espace propre de $\mathfrak{g}$ relatif à la valeur propre $+1$ (resp. -1) de s.
a) Montrer que $\mathfrak{g}^+$ est une sous-algèbre de $\mathfrak{g}$ et que $\mathfrak{g}^-$ est un $\mathfrak{g}^+$-module ; on a $[\mathfrak{g}^-, \mathfrak{g}^-] \subset \mathfrak{g}^+$, et $\mathfrak{g}^+$ et $\mathfrak{g}^-$ sont orthogonaux pour la forme de Killing.
b) Montrer que les conditions suivantes sont équivalentes :
(i) Le $\mathfrak{g}^+$-module $\mathfrak{g}^-$ est simple ;
(ii) L'algèbre $\mathfrak{g}^+$ est maximale parmi les sous-algèbres de $\mathfrak{g}$ distinctes de $\mathfrak{g}$.
Si ces conditions sont réalisées, et si $\mathfrak{g}^+$ ne contient aucun idéal non nul de $\mathfrak{g}$, on dit que l'algèbre de Lie involutive $(\mathfrak{g}, s)$ est *irréductible.*
c) On suppose $\mathfrak{g}$ semi-simple. Montrer que les conditions suivantes sont équivalentes :
(i) Les seuls idéaux de $\mathfrak{g}$ stables par s sont $\{0\}$ et $\mathfrak{g}$;
(ii) $\mathfrak{g}$ est simple ou somme de deux idéaux simples échangés par s.
Montrer que ces conditions sont satisfaites lorsque $(\mathfrak{g}, s)$ est irréductible (observer que $\mathfrak{g}$ est somme directe d'idéaux stables par s et vérifiant (ii)).
d) On suppose désormais que $\mathfrak{g}$ est semi-simple compacte. Montrer que l'algèbre de Lie involutive $(\mathfrak{g}, s)$ est irréductible si et seulement si s est différent de l'identité et $(\mathfrak{g}, s)$ vérifie les conditions équivalentes de *c*) (soient $\mathfrak{p}$ un sous-$\mathfrak{g}^+$-module de $\mathfrak{g}^-$ et $\mathfrak{q}$ son orthogonal pour la forme de Killing ; observer que $[\mathfrak{p}, \mathfrak{q}] = 0$ et en déduire que $\mathfrak{p} + [\mathfrak{p}, \mathfrak{p}]$ est un idéal de $\mathfrak{g}$).
e) Démontrer que $\mathfrak{g}$ est somme directe d'une famille $(\mathfrak{g}_i)_{0 \leqslant i \leqslant n}$ d'idéaux stables par s, tels que $\mathfrak{g}_0$ soit fixé par s et que les algèbres involutives $(\mathfrak{g}_i, s|\mathfrak{g}_i)$ soient irréductibles pour $1 \leqslant i \leqslant n$.

8) Soient G un groupe de Lie compact semi-simple, u un automorphisme de G d'ordre deux, K la composante neutre de l'ensemble des points fixes de u, et X la variété G/K (on dit alors que l'espace homogène X est *symétrique*).
a) Si G est presque simple, montrer que K est maximal parmi les sous-groupes fermés connexes de G distincts de G ; en d'autres termes (III, § 3, exer. 8), l'action de G sur X est primitive. On dit alors que l'espace symétrique X est *irréductible.*
b) On suppose que la variété X est simplement connexe ; montrer qu'elle est alors isomorphe à un produit de variétés dont chacune est isomorphe ou bien à un groupe de Lie, ou bien à un espace symétrique irréductible.

9) Soit $\mathfrak{a}$ une algèbre de Lie réelle ou complexe, et soit G un sous-groupe compact de Aut($\mathfrak{a}$). Démontrer que $\mathfrak{a}$ possède une sous-algèbre de Levi (I, § 6, nº 8, déf. 7) stable par G (se ramener au cas où le radical de $\mathfrak{a}$ est abélien, et utiliser INT, VII, § 3, nº 2, lemme 2).

§ 2

1) Soient G un groupe de Lie compact connexe, g un élément de G.
a) Montrer qu'il existe un entier $n \geqslant 1$ tel que le centralisateur $Z(g^n)$ soit connexe (prouver que pour n convenable, le sous-groupe fermé engendré par g^n est un tore).
b) On suppose que la dimension de $\mathrm{Ker}(\mathrm{Ad}\, g^n - 1)$ est indépendante de n ($n \geqslant 1$). Démontrer que $Z(g)$ est connexe.
c) Si g^n est régulier pour tout $n \geqslant 1$, $Z(g)$ est connexe.

2) Montrer que tout groupe de Lie compact connexe G est produit semi-direct de son groupe dérivé par un tore (si T est un tore maximal de G, observer que $T \cap D(G)$ est un tore).

3) Soient G un groupe de Lie compact, $\mathfrak{g}$ son algèbre de Lie, $\mathfrak{s}$ un sous-espace vectoriel de $\mathfrak{g}$ tel que, pour x, y, z dans $\mathfrak{s}$, on ait $[x, [y, z]] \in \mathfrak{s}$. Soit $\mathscr{L}$ l'ensemble des sous-algèbres commutatives de $\mathfrak{g}$ contenues dans $\mathfrak{s}$. Montrer que la composante neutre du stabilisateur de $\mathfrak{s}$ dans G opère transitivement sur l'ensemble des éléments maximaux de $\mathscr{L}$ (raisonner comme dans la démonstration du th. 1).

4) Soient G un groupe de Lie compact connexe, T un tore maximal de G et S un sous-tore de T. Notons Σ (resp. F) le stabilisateur (resp. le fixateur) de S dans $W_G(T)$.

a) Démontrer que le groupe $N_G(S)/Z_G(S)$ est isomorphe au quotient Σ/F.
b) Soit H un sous-groupe fermé connexe de G, tel que S soit un tore maximal de H. Montrer que tout élément de $W_H(S)$, considéré comme automorphisme de S, est la restriction à S d'un élément de Σ.

5) Soient G un groupe de Lie compact connexe et S un tore de G. Montrer que les conditions suivantes sont équivalentes :
(i) S est contenu dans un seul tore maximal ;
(ii) $Z_G(S)$ est un tore maximal ;
(iii) S contient un élément régulier.

6) Soient G un groupe de Lie compact connexe, T un tore maximal de G, $\mathfrak{g}$ (resp. $\mathfrak{t}$) l'algèbre de Lie de G (resp. T), et $i:\mathfrak{t} \to \mathfrak{g}$ l'injection canonique. Démontrer que l'application ${}^t i:\mathfrak{g}^* \to \mathfrak{t}^*$ induit par passage au quotient un homéomorphisme de $\mathfrak{g}^*/G$ sur $\mathfrak{t}^*/W_G(T)$.

¶ 7) Soient X et Y deux variétés réelles de classe C^r ($1 \leqslant r \leqslant \omega$), séparées, connexes de dimension n ; soit $f:X \to Y$ un morphisme de classe C^r, propre, muni d'une orientation F (VAR, R, 10.2.5).
a) Montrer qu'il existe un nombre réel d et un seul tel qu'on ait $\int_X f^*\alpha = d \int_Y \alpha$ pour toute forme différentielle tordue α de degré n sur Y, de classe C^1, à support compact (utiliser VAR, R, 11.2.4).
b) Soit $y \in Y$ tel que f soit étale en tout point de $f^{-1}(y)$. Pour $x \in f^{-1}(y)$, on pose $\nu_x(f) = 1$ (resp. $\nu_x(f) = -1$) si les applications F_x et $\tilde{f}_x$ (VAR, R, 10.2.5, exemple *b*)) de $Or(T_x(X))$ dans $Or(T_y(Y))$ coïncident (resp. sont opposées). Démontrer qu'on a $d = \sum_{x \in f^{-1}(y)} \nu_x(f)$, et en particulier $d \in \mathbf{Z}$.
On dit que d est le *degré* de f et on le note $\deg f$. Si X = Y et si X est orientable, on convient de prendre pour F l'orientation qui préserve l'orientation de X.
c) Si $\deg f \neq 0$, montrer que f est surjectif.
d) S'il existe $x \in X$ tel que $f^{-1}(f(x)) = \{x\}$ et que f soit étale en x, f est surjectif.

8) Soient G un groupe de Lie compact connexe, dg la mesure de Haar normalisée de G.
a) Soit $f:G \to G$ un morphisme de variétés ; pour $g \in G$, on identifie par translations à gauche la différentielle $T_g(f)$ à une application linéaire de L(G) dans L(G). Démontrer les formules

$$\deg f . \int_G \varphi(g)\, dg = \int_G \varphi(f(g)) \det T_g(f)\, dg$$

pour toute fonction φ intégrable sur G (à valeurs complexes), et $\deg f = \int_G \det T_g(f)\, dg$.
b) Soit $\psi_k : G \to G$ l'application $g \mapsto g^k$. Démontrer la formule

$$\deg \psi_k = \int_G \det(1 + \mathrm{Ad}\, g + \cdots + (\mathrm{Ad}\, g)^{k-1})\, dg\,.$$

c) Soient T un tore maximal de G, et T_r l'ensemble des éléments réguliers de T. Montrer qu'on a $\exp_G^{-1}(T_r) \subset L(T)$ et $\psi_k^{-1}(T_r) \subset T_r$ pour tout $k \geqslant 1$.
d) Montrer qu'on a $\deg \psi_k = k^{\dim(T)}$; en déduire l'égalité

$$\int_G \det(1 + \mathrm{Ad}\, g + \cdots + (\mathrm{Ad}\, g)^{k-1})\, dg = k^{\dim(T)}\,.$$

9) Cet exercice est consacré à une autre démonstration du th. 2. Soient G un groupe de Lie compact connexe, T un tore maximal de G, N son normalisateur. On note $G \times^N T$ la variété quotient de $G \times T$ par N pour l'action définie par $(g, t).n = (gn, n^{-1}tn)$ (VAR, R, 6.5.1).
a) Montrer que le morphisme $(g, t) \mapsto gtg^{-1}$ de $G \times T$ dans G définit par passage au quotient un morphisme analytique $f : G \times^N T \to G$.
b) Soit θ un élément de T dont l'ensemble des puissances soit dense dans T (TG, VII, p. 7, cor. 2). Montrer que $f^{-1}(\theta) = \{x\}$, où x est la classe de (e, θ) dans $G \times^N T$, et que f est étale en x.
c) Conclure de l'exer. 7, *d*) que f est surjectif, et en déduire une autre démonstration du th. 2.

10) * Dans cet exercice, on utilise le résultat de topologie algébrique suivant (*formule de Lefschetz* [1]) : soient X une variété compacte de dimension finie, et f un morphisme de X dans elle-même. On suppose que l'ensemble F des points x de X tels que $f(x) = x$ est fini, et que pour tout $x \in F$ le nombre $\delta(x) = \det(1 - T_x(f))$ est non nul. Si l'on désigne par $H^i(f)$ l'endomorphisme de l'espace vectoriel $H^i(X, \mathbf{R})$ induit par f (pour $i \geqslant 0$), on a

$$\sum_{x \in F} \delta(x)/|\delta(x)| = \sum_{i \geqslant 0} (-1)^i \operatorname{Tr} H^i(f) .$$

Soient G un groupe de Lie compact connexe, T un tore maximal de G. Pour $g \in G$, on note $\tau(g)$ l'automorphisme de la variété G/T déduit de la multiplication à gauche par g.
a) Soit t un élément de T tel que le sous-groupe engendré par t soit dense dans T. Montrer que les points fixes de $\tau(t)$ sont les classes nT pour $n \in N_G(T)$. En déduire qu'on a $(N_G(T):T) = \sum_i (-1)^i \dim_{\mathbf{R}} H^i(G/T, \mathbf{R})$.
b) Soit g un élément quelconque de G ; démontrer que l'ensemble des points fixes de $\tau(g)$ est non vide, et en déduire une autre démonstration du th. 2. *

11) Soit G un groupe de Lie compact. On dit qu'un sous-groupe S de G est *de type* (C) s'il est égal à l'adhérence d'un sous-groupe cyclique et d'indice fini dans son normalisateur.
a) Soit S un sous-groupe de type (C) ; montrer que S_0 est un tore maximal de G_0, et que S est produit direct de S_0 et d'un sous-groupe cyclique fini.
b) Démontrer que tout élément g de G est contenu dans un sous-groupe de type (C) (considérer le groupe engendré par g et par un tore maximal de $Z(g)_0$).
c) Soient S un sous-groupe de type (C), et s un élément de S dont l'ensemble des puissances soit dense dans S. Montrer que tout élément de sG_0 est conjugué par $\operatorname{Int}(G_0)$ à un élément de sS_0 (on pourra utiliser la méthode de l'exerc. 10).
d) On note $p : G \to G/G_0$ l'application de passage au quotient. Montrer que l'application $S \mapsto p(S)$ induit une bijection de l'ensemble des classes de conjugaison de sous-groupes de G de type (C) sur l'ensemble des classes de conjugaison de sous-groupes cycliques de G/G_0.
e) Soit S un sous-groupe de type (C) de G ; on note S_ρ l'ensemble des éléments de S dont la classe dans S/S_0 engendre S/S_0. Montrer que deux éléments de S_ρ qui sont conjugués dans G sont conjugués dans $N_G(S)$.

§ 3

1) Soit G un groupe de Lie compact, de dimension > 0. Pour que tout sous-groupe fini commutatif de G soit cyclique, il faut et il suffit que G soit isomorphe à **U**, à $\mathbf{SU}(2, \mathbf{C})$, ou au normalisateur d'un tore maximal dans $\mathbf{SU}(2, \mathbf{C})$.

2) On désigne par K l'un des corps **R**, **C** ou **H**, et par n un entier $\geqslant 1$. On munit l'espace K_s^n de la forme hermitienne usuelle.
a) Montrer que $\mathbf{U}(n, K)$ est un groupe de Lie réel compact.

[1] Pour une démonstration de ce théorème, voir par exemple S. LEFSCHETZ, Intersections and transformations of complexes and manifolds, *Trans. Amer. Math. Soc.*, 28 (1926), 1-49.

b) Démontrer que la sphère de rayon 1 dans K_s^n est un espace homogène de Lie (réel) pour $U(n, K)$; le fixateur d'un point est isomorphe à $U(n - 1, K)$.
c) En déduire que les groupes $U(n, \mathbf{C})$ et $U(n, \mathbf{H})$ sont connexes, et que $\mathbf{O}(n, \mathbf{R})$ a deux composantes connexes.
d) Montrer que les groupes $\mathbf{SO}(n, \mathbf{R})$ et $\mathbf{SU}(n, \mathbf{C})$ sont connexes.
e) Montrer que le groupe $\mathbf{O}(n, \mathbf{R})$ (resp. $U(n, \mathbf{C})$) est produit semi-direct de $\mathbf{Z}/2\mathbf{Z}$ (resp. $\mathbf{T}$) par $\mathbf{SO}(n, \mathbf{R})$ (resp. $\mathbf{SU}(n, \mathbf{C})$).

3) *a*) Montrer que l'algèbre de Lie du groupe de Lie réel $U(n, \mathbf{H})$ est l'ensemble des matrices $x \in \mathbf{M}_n(\mathbf{H})$ telles que ${}^t\bar{x} = -x$, muni du crochet $[x, y] = xy - yx$. On la note $\mathfrak{u}(n, \mathbf{H})$.
b) On identifie $\mathbf{C}$ au sous-corps $\mathbf{R}(i)$ de $\mathbf{H}$, et $\mathbf{C}^{2n}$ à $\mathbf{H}^n$ par l'isomorphisme $(z_1, \ldots, z_{2n}) \mapsto (z_1 + jz_{n+1}, \ldots, z_n + jz_{2n})$. Démontrer l'égalité $U(n, \mathbf{H}) = U(2n, \mathbf{C}) \cap \mathbf{Sp}(2n, \mathbf{C})$.
c) Déduire de *b*) que toute algèbre de Lie (réelle) simple compacte de type C_n est isomorphe à $\mathfrak{u}(n, \mathbf{H})$.

4) Soit n un entier $\geqslant 1$.
a) Montrer que le groupe $\mathbf{SU}(n, \mathbf{C})$ est simplement connexe (utiliser l'exerc. 2).
b) Montrer que le centre de $\mathbf{SU}(n, \mathbf{C})$ est formé des matrices $\lambda . I_n$ pour $\lambda \in \mathbf{C}$, $\lambda^n = 1$.
c) Tout groupe de Lie compact presque simple de type A_n est isomorphe au quotient de $\mathbf{SU}(n + 1, \mathbf{C})$ par le sous-groupe cyclique formé des matrices $\zeta^k . I_{n+1}$ $(0 \leqslant k < d)$, où d divise $n + 1$ et où ζ est une racine primitive d-ième de l'unité.
d) Démontrer que le groupe $\mathbf{SL}(n, \mathbf{C})$ est simplement connexe (utiliser III, § 6, n° 9, th. 6).

5) Pour n entier $\geqslant 1$, on désigne par $\mathbf{Spin}(n, \mathbf{R})$ le groupe de Clifford réduit associé à la forme quadratique usuelle sur $\mathbf{R}^n$ (A, IX, § 9, n° 5).
a) Montrer que $\mathbf{Spin}(n, \mathbf{R})$ est un groupe de Lie compact et que l'homomorphisme surjectif $\varphi : \mathbf{Spin}(n, \mathbf{R}) \to \mathbf{SO}(n, \mathbf{R})$ (*loc. cit.*) est analytique, de noyau $\{+1, -1\}$.
b) Pour $n \geqslant 2$, montrer que $\mathbf{Spin}(n, \mathbf{R})$ est connexe et simplement connexe (utiliser l'exerc. 2). Le groupe $\pi_1(\mathbf{SO}(n, \mathbf{R}))$ est cyclique d'ordre 2.
c) Soit Z_n le centre de $\mathbf{Spin}(n, \mathbf{R})$. Montrer qu'on a $Z_n = \{+1, -1\}$ si n est impair, et $Z_n = \{+1, -1, \varepsilon, -\varepsilon\}$ si n est pair, où $\varepsilon = e_1 \ldots e_n$ est le produit des éléments de la base canonique de $\mathbf{R}^n$; le groupe Z_{2r} est isomorphe à $(\mathbf{Z}/2\mathbf{Z})^2$ (resp. à $\mathbf{Z}/4\mathbf{Z}$) si r est pair (resp. impair).
d) Démontrer que tout groupe de Lie compact connexe presque simple de type B_n $(n \geqslant 2)$ est isomorphe à $\mathbf{Spin}(2n + 1, \mathbf{R})$ ou à $\mathbf{SO}(2n + 1, \mathbf{R})$.
e) Si r est impair (resp. pair) $\geqslant 2$, tout groupe de Lie compact connexe presque simple de type D_r est isomorphe à $\mathbf{Spin}(2r, \mathbf{R})$, à $\mathbf{SO}(2r, \mathbf{R})$ ou à $\mathbf{SO}(2r, \mathbf{R})/\{\pm I_{2r}\}$ (resp. à l'un des groupes précédents, ou à $\mathbf{Spin}(2r, \mathbf{R})/\{1, \varepsilon\}$).

6) *a*) Montrer que le groupe de Lie compact $U(n, \mathbf{H})$ est connexe et simplement connexe (utiliser l'exerc. 2), et que son centre est $\{\pm I_n\}$.
b) Tout groupe de Lie compact connexe presque simple de type C_n $(n \geqslant 3)$ est isomorphe à $U(n, \mathbf{H})$ ou $U(n, \mathbf{H})/\{\pm I_n\}$.

7) Soit A l'algèbre des octonions de Cayley (A, III, p. 176), munie de la base $(e_i)_{0 \leqslant i \leqslant 7}$ de *loc. cit.* Notons V le sous-espace des octonions purs engendré par $e_1, \ldots, e_7$ et E le sous-espace de V engendré par $e_1, e_2, e_3, e_5, e_6, e_7$. Identifions la sous-algèbre de A engendrée par e_0, e_4 au corps $\mathbf{C}$ des nombres complexes, et notons G le groupe topologique des automorphismes de l'algèbre unifère A.
a) Notons Q la forme quadratique sur V induite par la norme cayleyenne, de sorte que $(e_i)_{1 \leqslant i \leqslant 7}$ est une base orthonormale de V. Démontrer que l'application $\sigma \mapsto \sigma | V$ est un homomorphisme injectif de G dans le groupe $\mathbf{SO}(Q)$, isomorphe à $\mathbf{SO}(7, \mathbf{R})$.
b) Montrer que la multiplication de A munit E d'une structure de $\mathbf{C}$-espace vectoriel de dimension 3, dont $\{e_1, e_2, e_3\}$ est une base. Notons Φ la forme hermitienne sur E pour laquelle cette base est orthonormale. Soit H le fixateur de e_4 dans G. Montrer que l'application $\sigma \mapsto \sigma | E$ est un isomorphisme de H sur le groupe $\mathbf{SU}(\Phi)$, isomorphe à $\mathbf{SU}(3, \mathbf{C})$. L'application $\sigma \mapsto \sigma(e_4)$ induit un plongement de G/H dans la sphère de V, isomorphe à $\mathbf{S}_6$.

c) Soit T le tore de H formé des automorphismes σ tels que $\sigma(e_0) = e_0$, $\sigma(e_1) = \alpha e_1$, $\sigma(e_2) = \beta e_2$, $\sigma(e_3) = \gamma e_3$, $\sigma(e_4) = e_4$, $\sigma(e_5) = \bar{\alpha} e_5$, $\sigma(e_6) = \bar{\beta} e_6$, $\sigma(e_7) = \bar{\gamma} e_7$, où α, β, γ sont trois nombres complexes de module 1 tels que $\alpha\beta\gamma = 1$. Soit N le normalisateur de T dans G ; montrer que N/T est d'ordre 12 (noter que chaque élément de N doit stabiliser l'ensemble des $\pm e_i$, $i \neq 0$) ; en déduire que G est de rang 2.
d) Montrer que G est connexe semi-simple de type G_2 et que G/H s'identifie à $\mathbf{S}_6$ (montrer que $G_0 \neq H$; en déduire que G_0 est de type G_2, puis utiliser un argument de dimension). Tout groupe compact de type G_2 est isomorphe à G.

8) Soit G un groupe de Lie compact, connexe, presque simple de type A_n, B_n, C_n, D_n ou G_2. Démontrer qu'on a $\pi_2(G) = 0$ et $\pi_3(G) = \mathbf{Z}$ (utiliser les exerc. 2 à 7 et le fait que $\pi_i(S_n)$ est nul pour $i < n$ et cyclique pour $i = n$, *cf.* TG, XI).

9) Soient $\mathfrak{g}$ une algèbre de Lie compacte, $\mathfrak{t}$ une sous-algèbre de Cartan de $\mathfrak{g}$; soit $(X_\alpha)_{\alpha\in R}$ un système de Chevalley de l'algèbre réductive déployée $(\mathfrak{g}_{\mathbf{C}}, \mathfrak{t}_{\mathbf{C}})$, tel que X_α et $X_{-\alpha}$ soient conjugués (par rapport à $\mathfrak{g}$) pour tout $\alpha \in R$.
a) Soit $\mathscr{T}$ un sous-**Z**-module de $\mathfrak{t}_{\mathbf{C}}$ contenant les iH_α ($\alpha \in R$) et tel que $\alpha(\mathscr{T}) \subset \mathbf{Z}i$ pour tout $\alpha \in R$. Montrer que le sous-**Z**-module $\mathscr{G}$ de $\mathfrak{g}_{\mathbf{C}}$ engendré par $\mathscr{T}$ et par les éléments u_α et v_α ($\alpha \in R$) est une sous-**Z**-algèbre de Lie de $\mathfrak{g}$.
b) On suppose que $\mathfrak{g}$ (resp. $\mathfrak{t}$) est l'algèbre de Lie d'un groupe compact G (resp. d'un tore maximal T de G). Soit $\Gamma(T)$ le noyau de l'homomorphisme $\exp_T : \mathfrak{t} \to T$. Montrer que le **Z**-module $(2\pi)^{-1}\Gamma(T)$ vérifie les hypothèses de *a*).
c) Soit $\langle\, , \rangle$ un produit scalaire invariant sur $\mathfrak{g}$; soit μ (resp. τ) la mesure de Haar sur $\mathfrak{g}$ (resp. $\mathfrak{t}$) qui correspond à la mesure de Lebesgue lorsqu'on identifie $\mathfrak{g}$ (resp. $\mathfrak{t}$) à un espace $\mathbf{R}^n$ à l'aide d'une base orthonormale. On note encore μ (resp. τ) la mesure sur $\mathfrak{g}/\mathscr{G}$ (resp. $\mathfrak{t}/\mathscr{T}$) quotient de μ (resp. τ) par la mesure de Haar normalisée sur $\mathscr{G}$ (resp. $\mathscr{T}$). Démontrer la formule $\mu(\mathfrak{g}/\mathscr{G}) = \tau(\mathfrak{t}/\mathscr{T}).\prod_{\alpha\in R_+} \langle iH_\alpha, iH_\alpha\rangle$.

§ 4

1) On prend pour G l'un des groupes $\mathbf{SU}(n, \mathbf{C})$ ou $\mathbf{U}(n, \mathbf{H})$; on identifie $\mathfrak{g}_{\mathbf{C}}$ à $\mathfrak{sl}(n, \mathbf{C})$ ou à $\mathfrak{sp}(2n, \mathbf{C})$ respectivement, *cf.* § 3, n° 4 et exerc. 3. On utilise les notations de VIII, § 13, n°s 1 et 3, avec $k = \mathbf{C}$.
a) Montrer que le sous-groupe T de G formé des matrices diagonales à coefficients complexes est un tore maximal, et qu'on a $L(T)_{(\mathbf{C})} = \mathfrak{h}$.
b) On identifie X(T) à un sous-groupe de $\mathfrak{h}^*$ par l'homomorphisme δ. Montrer que les formes linéaires ε_i et les poids fondamentaux ϖ_j appartiennent à X(T). Si $t = \operatorname{diag}(t_1, ..., t_n) \in T$, on a $\varepsilon_i(t) = t_i$ et $\varpi_j(t) = t_1 \dots t_j$ pour $1 \leqslant i, j \leqslant n$.
c) Déduire de *b*) une autre démonstration du fait que les groupes $\mathbf{SU}(n, \mathbf{C})$ et $\mathbf{U}(n, \mathbf{H})$ sont simplement connexes (*cf.* § 3, exerc. 4 et 6).

2) On prend $G = \mathbf{SO}(n, \mathbf{R})$, avec $n \geqslant 3$; on pose $n = 2l + 1$ si n est impair, et $n = 2l$ si n est pair. L'algèbre $\mathfrak{g}_{\mathbf{C}}$ s'identifie à $\mathfrak{o}(n, \mathbf{C})$; on utilisera les notations de VIII, § 13, n°s 2 et 4. On note $(f_i)_{1\leqslant i\leqslant n}$ la base canonique de $\mathbf{R}^n$. On pose $e_j = \dfrac{1}{\sqrt{2}}(f_{2j-1} + if_{2j})$ et $e_{-j} = \dfrac{1}{\sqrt{2}}(f_{2j-1} - if_{2j})$ pour $1 \leqslant j \leqslant l$, et $e_0 = i\sqrt{2}f_{2l+1}$ lorsque n est impair ; on choisit sur $\mathbf{C}^n$ la base de Witt $e_1, ..., e_l, e_{-l}, ..., e_{-1}$ si n est pair (resp. $e_1, ..., e_l, e_0, e_{-l}, ..., e_{-1}$ si n est impair).
a) Soit H_i le sous-espace de $\mathbf{R}^n$ engendré par f_{2i-1} et f_{2i} ($1 \leqslant i \leqslant l$) ; montrer que le sous-groupe de G formé des éléments g tels que $g(H_i) \subset H_i$ et $\det(g|H_i) = 1$ pour $1 \leqslant i \leqslant l$ est un tore maximal T de G, et que $L(T)_{(\mathbf{C})} = \mathfrak{h}$.
b) On identifie X(T) à un sous-groupe de $\mathfrak{h}^*$ par δ. Montrer que les formes linéaires ε_i appartiennent à X(T) ; si $t \in T$ et si la restriction de t à H_j est une rotation d'angle θ_j, on a $\varepsilon_j(t) = e^{i\theta_j}$.

Les poids $\varpi_1, \ldots, \varpi_{l-2}$; $2\varpi_{l-1}$, $2\varpi_l$, $\varpi_{l-1} \pm \varpi_l$ appartiennent à X(T). Si n est impair, ϖ_{l-1} appartient à X(T).
c) Soient $\tilde{G} = \mathbf{Spin}(n, \mathbf{R})$ et $\varphi : \tilde{G} \to G$ le revêtement canonique. Pour $\boldsymbol{\theta} = (\theta_1, \ldots, \theta_l) \in \mathbf{R}^l$, on pose $t(\boldsymbol{\theta}) = \prod_{i=1}^{l} (\cos \theta_i - f_{2i-1} f_{2i} \sin \theta_i) \in \tilde{G}$. Montrer que l'ensemble des $t(\boldsymbol{\theta})$ pour $\boldsymbol{\theta} \in \mathbf{R}^l$ est un tore maximal $\tilde{T}$ de $\tilde{G}$, tel que $\varphi(\tilde{T}) = T$. Lorsqu'on identifie $X(\tilde{T})$ à un sous-groupe de $\mathfrak{h}^*$, on a $\varepsilon_j(t(\boldsymbol{\theta})) = e^{2i\theta_j}$.
d) Montrer que les poids ϖ_{l-1} et ϖ_l appartiennent à $X(\tilde{T})$; en déduire que **Spin**$(n, \mathbf{R})$ est simplement connexe (*cf.* § 3, exerc. 5).

3) *a*) Montrer que l'automorphisme $\sigma : A \mapsto \bar{A}$ de $\mathbf{SU}(n, \mathbf{C})$ n'est pas intérieur pour $n \geqslant 3$. Tout automorphisme non intérieur de $\mathbf{SU}(n, \mathbf{C})$ est de la forme $(\operatorname{Int} g) \circ \sigma$, $g \in \mathbf{SU}(n, \mathbf{C})$.
b) Montrer que pour tout groupe G compact connexe presque simple de type A_n $(n \geqslant 2)$, le groupe Aut(G)/Int(G) est cyclique d'ordre 2 (*cf.* § 3, exerc. 4).

4) Soit n un entier $\geqslant 2$.
a) Soit $g \in \mathbf{O}(2n, \mathbf{R})$ avec $\det g = -1$; montrer que l'automorphisme $\operatorname{Int} g$ de $\mathbf{O}(2n, \mathbf{R})$ induit un automorphisme de $\mathbf{SO}(2n, \mathbf{R})$ qui n'est pas intérieur.
b) Pour $n \geqslant 2$, le groupe $\operatorname{Aut}(\mathbf{SO}(2n, \mathbf{R}))$ est égal à $\operatorname{Int}(\mathbf{O}(2n, \mathbf{R}))$ (isomorphe à $\mathbf{O}(2n, \mathbf{R})/\{\pm I_{2n}\}$).
c) Établir un résultat analogue pour les groupes $\mathbf{Spin}(2n, \mathbf{R})$ et $\mathbf{SO}(2n, \mathbf{R})/\{\pm I_{2n}\}$. Si n est pair $\neq 2$, tout automorphisme du groupe $\mathbf{Spin}(2n, \mathbf{R})/\{1, \varepsilon\}$ (§ 3, exerc. 5) est intérieur.

5) Soit R un système de racines irréductible et réduit.
a) Montrer que l'ensemble des racines de R de plus grande longueur est une partie close et symétrique de R, stable par W(R).
b) Montrer que toute partie non vide P de R, close, symétrique et stable par W(R), est égale à R ou à l'ensemble des racines de plus grande longueur de R.
c) On suppose $P \neq R$. Montrer que le système de racines P est de type D_l (resp. $(A_1)^l$, D_4, A_2) si R est de type B_l (resp. C_l, F_4, G_2).

6) Soit H un sous-groupe fermé de G contenant $N_G(T)$.
a) Montrer que H est égal à son normalisateur dans G, et que H/H_0 est isomorphe à $W/W_{H_0}(T)$.
b) Montrer que $R(H_0, T)$ est stable par W. Inversement si K est un sous-groupe fermé connexe contenant T tel que R(K, T) soit stable par W, le normalisateur de K contient celui de T.
c) On suppose G presque simple. Prouver que H est égal à $N_G(T)$, ou à G, ou qu'on est (à isomorphisme près) dans l'une des situations suivantes :
α) (resp. α′)) $G = \mathbf{Spin}(2l + 1, \mathbf{R})$ (resp. $G = \mathbf{SO}(2l + 1, \mathbf{R})$) et H_0 est le fixateur d'un vecteur non nul de $\mathbf{R}^{2l+1}$, isomorphe à $\mathbf{Spin}(2l, \mathbf{R})$ (resp. $\mathbf{SO}(2l, \mathbf{R})$) ;
β) $G = \mathbf{U}(l, \mathbf{H})$ et H_0 est le sous-groupe D formé des matrices diagonales ;
β′) $G = \mathbf{U}(l, \mathbf{H})/\{\pm 1\}$ et $H_0 = D/\{\pm 1\}$;
γ) G est de type F_4, et H_0 est isomorphe à $\mathbf{Spin}(8, \mathbf{R})$;
δ) G est de type G_2, et H_0 est le sous-groupe (isomorphe à $\mathbf{SU}(3, \mathbf{C})$) défini dans l'exerc. 7 du § 3.

7) Soit $\tau : G \to \mathbf{GL}(V)$ une représentation continue de G dans un espace vectoriel réel de dimension finie. On suppose que pour tout $\lambda \in X(T)$, on a $\dim_{\mathbf{C}} \tilde{V}_\lambda \leqslant 1$.
a) Montrer que la représentation τ est somme directe d'une famille finie $(\tau_i)_{1 \leqslant i \leqslant s}$ de représentations irréductibles, deux à deux non isomorphes, dont les commutants K_i $(1 \leqslant i \leqslant s)$ sont isomorphes à **R** ou **C**.
b) Pour qu'il existe sur V une structure de **C**-espace vectoriel pour laquelle les opérations de $\tau(G)$ soient **C**-linéaires, il faut et il suffit que $K_1, \ldots, K_s$ soient isomorphes à **C** ; il y a alors 2^s structures de ce type.

8) Soient H un sous-groupe fermé connexe de G, de rang maximum, $\mathfrak{h}$ son algèbre de Lie, X la variété G/H et V l'espace tangent à X au point correspondant à la classe de H ; on identifie V au quotient $\mathfrak{g}/\mathfrak{h}$.

a) Si j est une structure presque complexe (VAR, R, 8.8.3) sur X, on note $V''(j)$ le sous-espace de l'espace vectoriel complexe $\mathbf{C} \otimes V$ formé des éléments u tels que $j(u) = -iu$, et $\mathfrak{q}(j)$ le sous-espace de $\mathfrak{g}_{\mathbf{C}}$ image réciproque de $V''(j)$, de sorte que l'application canonique $V \to \mathfrak{g}_{\mathbf{C}}/\mathfrak{q}(j)$ est un isomorphisme $\mathbf{C}$-linéaire lorsqu'on munit V de la structure de $\mathbf{C}$-espace vectoriel déduite de j. Démontrer que l'application $j \mapsto \mathfrak{q}(j)$ est une bijection de l'ensemble des structures presque complexes sur X, invariantes par G, sur l'ensemble des sous-espaces complexes $\mathfrak{p}$ de $\mathfrak{g}_{\mathbf{C}}$ satisfaisant aux conditions suivantes :

(1) $$\mathfrak{p} + \overline{\mathfrak{p}} = \mathfrak{g}_{\mathbf{C}}$$

(2) $$\mathfrak{p} \cap \overline{\mathfrak{p}} = \mathfrak{h}_{\mathbf{C}}$$

(3) $$[\mathfrak{h}, \mathfrak{p}] \subset \mathfrak{p}\,.$$

b) Pour qu'il existe une telle structure sur X, il faut et il suffit que les corps commutants des sous-représentations irréductibles de la représentation adjointe de H dans V soient tous isomorphes à $\mathbf{C}$; s'il en est ainsi, il y a 2^s telles structures, où s est le nombre des sous-représentations irréductibles de V (utiliser l'exerc. 7).

c) Soient j une structure presque complexe sur X, invariante par G, et $\mathfrak{p} = \mathfrak{q}(j)$ le sous-espace associé. Pour que j soit *intégrable* (c'est-à-dire associée à une structure de variété analytique complexe sur X, *cf.* VAR, R, 8.8.5 à 8.8.8), il faut et il suffit que $\mathfrak{p}$ satisfasse à la condition

(4) $$[\mathfrak{p}, \mathfrak{p}] \subset \mathfrak{p}\,.$$

d) Pour qu'il existe une structure complexe (c'est-à-dire presque complexe intégrable) sur X, invariante par G, il faut et il suffit que H soit le centralisateur d'un sous-tore de G (montrer que les conditions (1) à (4) ci-dessus impliquent que $\mathfrak{p}$ est une sous-algèbre parabolique de $\mathfrak{g}_{\mathbf{C}}$ (VIII, § 3, nº 5)) ; ces structures complexes correspondent dans ce cas bijectivement aux sous-algèbres paraboliques $\mathfrak{p}$ de $\mathfrak{g}_{\mathbf{C}}$ qui sont somme directe de $\mathfrak{h}_{\mathbf{C}}$ et de leur radical unipotent (*cf.* VIII, § 3, nº 4).

e) Démontrer qu'il existe exactement Card(W) structures complexes sur G/T invariantes par G ; si σ et σ' sont deux telles structures, il existe un élément $w \in W$, uniquement déterminé, telle que l'action canonique de w sur G/T (par automorphismes intérieurs) transforme σ en σ'. Si w est un élément non neutre de W, l'opération de w sur G/T n'est $\mathbf{C}$-analytique pour aucune structure complexe sur G/T invariante par G.

f) Déterminer les structures complexes sur $\mathbf{S}^2$ invariantes par $\mathbf{SO}(3)$.

g) * Avec les notations de l'exerc. 8, *d*), soient G_c le complexifié de G et P le sous-groupe de Lie complexe de G_c d'algèbre de Lie $\mathfrak{p}$. Montrer que l'application canonique $G/H \to G_c/P$ est un isomorphisme de variétés analytiques complexes. *

9) Soit H un sous-groupe fermé connexe de G, de rang maximum, distinct de G et maximal pour ces propriétés. Notons Z le groupe quotient C(H)/C(G).

a) On a $\dim Z \leqslant 1$; si $\dim Z = 0$, alors Z est d'ordre 2, 3 ou 5 (se ramener au cas où G est presque simple, de centre trivial ; appliquer VI, § 4, exerc. 4).

b) On suppose G presque simple et Z d'ordre 3 ou 5 ; on pose $z = \mathrm{Card}(Z)$ et $\pi = \mathrm{Card}\,(\pi_1(H))/\mathrm{Card}\,(\pi_1(G))$. Montrer qu'on est dans l'un des sept cas suivants :

(i) G est de type G_2, H de type A_2, on a $z = 3$, $\pi = 1$;
(ii) G est de type F_4, H de type $A_2 \times A_2$, on a $z = \pi = 3$;
(iii) G est de type E_6, H de type $A_2 \times A_2 \times A_2$, on a $z = \pi = 3$;
(iv) G est de type E_7, H de type $A_2 \times A_5$, on a $z = \pi = 3$;
(v) G est de type E_8, H de type A_8, on a $z = \pi = 3$;
(vi) G est de type E_8, H de type $A_2 \times E_6$, on a $z = \pi = 3$;
(vii) G est de type E_8, H de type $A_4 \times A_4$, on a $z = \pi = 5$.

(Utiliser *loc. cit.* et les planches de VI ; pour calculer π, remarquer que si f et f' désignent les indices de connexions de G et H respectivement, on a $z\pi f = f'$.)

c) Dans chacun des cas précédents, déterminer le groupe H.

10) On garde les notations de l'exercice précédent.

a) On suppose $\dim Z = 1$. Alors il y a exactement deux structures complexes sur G/H inva-

riantes par G ; il existe un automorphisme de G qui laisse H stable et échange ces deux structures (utiliser l'exerc. 8).
b) Déterminer les structures complexes sur $\mathbf{P}_n(\mathbf{C})$ invariantes par $\mathbf{SU}(n+1, \mathbf{C})$.
c) On suppose $\dim Z = 0$ et $\operatorname{Card}(Z) \neq 2$. Montrer qu'il existe des structures presque complexes sur G/H invariantes par G (si z est un élément de C(H) non central dans G, Int z induit un automorphisme d'ordre impair de G/H (exerc. 9); utiliser l'exerc. 8, *b*)). Montrer qu'il n'existe aucune structure complexe sur G/H invariante par G (utiliser l'exerc. 8, *d*)).
d) Il n'existe aucune structure complexe sur $\mathbf{S}_6$ invariante par $\mathbf{SO}(7, \mathbf{R})$ (utiliser l'exerc. 7 du § 3).

11) On garde les notations des exerc. 9 et 10.
a) Pour que l'espace homogène G/H soit symétrique (§ 1, exerc. 8), il faut et il suffit que Z soit d'ordre 2 ou de dimension 1. L'espace symétrique G/H est alors irréductible (*loc. cit.*).
b) On suppose $\dim Z = 1$; on note X la variété analytique complexe G/H. Montrer qu'on est alors dans l'une des situations suivantes :
(i) G est de type A_l et D(H) de type $A_{p-1} \times A_{l-p}$; X est isomorphe à la grassmannienne $\mathbf{G}_p(\mathbf{C}^{l+1})$.
(ii) G est de type B_l et D(H) de type B_{l-1} ; X est isomorphe à la sous-variété de $\mathbf{P}_{2l}(\mathbf{C})$ définie par l'annulation d'une forme quadratique séparante (*quadrique projective lisse*).
(ii') G est de type D_l et D(H) de type D_{l-1} ; X est isomorphe à une quadrique projective lisse dans $\mathbf{P}_{2l-1}(\mathbf{C})$.
(iii) G est de type C_l et D(H) de type A_{l-1} ; X est isomorphe à la sous-variété de $\mathbf{G}_l(\mathbf{C}^{2l})$ formée des sous-espaces qui sont isotropes maximaux pour la forme bilinéaire alternée usuelle sur $\mathbf{C}^{2l}$.
(iv) G est de type D_l et D(H) de type A_{l-1} ; X est isomorphe à la sous-variété de $\mathbf{G}_l(\mathbf{C}^{2l})$ formée des sous-espaces qui sont isotropes maximaux pour la forme bilinéaire symétrique usuelle sur $\mathbf{C}^{2l}$.
(v) G est de type E_6 et D(H) de type D_5.
(vi) G est de type E_7 et D(H) de type E_6.
c) On suppose $\operatorname{Card}(Z) = 2$; donner la liste des situations possibles. Si G est de type A_l, B_l, C_l ou D_l, montrer que la variété réelle G/H est isomorphe à une variété grassmannienne $\mathbf{G}_p(K^q)$, avec $K = \mathbf{R}$, $\mathbf{C}$ ou $\mathbf{H}$.

¶ 12) On suppose G simplement connexe ; pour tout $\alpha \in R(G, T)$, on pose $t_\alpha = \exp(\frac{1}{2} K_\alpha)$. On pose $N = N_G(T)$, et on note $\varphi : N \to W$ l'application canonique. Soit B une base de R(G, T) ; pour tout $\alpha \in B$, on choisit un élément n_α de $(N \cap S_\alpha) - (T \cap S_\alpha)$.
a) Montrer qu'on a $\varphi(n_\alpha) = s_\alpha$ et $n_\alpha^2 = t_\alpha$, donc $n_\alpha^4 = 1$.
b) Soient α et β deux éléments distincts de B, et soit $m_{\alpha\beta}$ l'ordre de $s_\alpha s_\beta$ dans W. Prouver qu'on a

$$\begin{aligned} n_\alpha n_\beta &= n_\beta n_\alpha && \text{si} \quad m_{\alpha\beta} = 2 \\ n_\alpha n_\beta n_\alpha &= n_\beta n_\alpha n_\beta && \text{si} \quad m_{\alpha\beta} = 3 \\ (n_\alpha n_\beta)^2 &= (n_\beta n_\alpha)^2 && \text{si} \quad m_{\alpha\beta} = 4 \\ (n_\alpha n_\beta)^3 &= (n_\beta n_\alpha)^3 && \text{si} \quad m_{\alpha\beta} = 6 \end{aligned}$$

(si par exemple $m_{\alpha\beta} = 3$, on a $(s_\alpha s_\beta)\, s_\alpha (s_\alpha s_\beta)^{-1} = s_\beta$ et $s_\alpha s_\beta(\alpha) = \beta$; montrer que $n_\alpha n_\beta n_\alpha n_\beta^{-1} n_\alpha^{-1} n_\beta^{-1}$ appartient à S_β, et conclure en remarquant que $S_\alpha \cap S_\beta \cap T = \{e\}$).
c) Déduire de *b*) qu'il existe une unique section $\nu : W \to N$ de φ telle que $\nu(s_\alpha) = n_\alpha$ et $\nu(ww') = \nu(w)\,\nu(w')$ si $l(ww') = l(w) + l(w')$ (on désigne par $l(w)$ la longueur de w par rapport au système générateur $(s_\alpha)_{\alpha \in B}$; *cf.* IV, § 1, nº 5, prop. 5). On pose $n_w = \nu(w)$.
d) Soit W* le sous-groupe de N engendré par les n_α ; montrer que $W^* \cap T$ est le sous-groupe T_2 de T formé des éléments d'ordre $\leqslant 2$ et que W s'identifie à W^*/T_2.
e) Soit $w \in W$ tel que $w^2 = 1$; montrer qu'on a $n_w^2 = \prod_{\alpha \in R_w} t_\alpha$, où R_w est l'ensemble des racines positives α telles que $w(\alpha) < 0$ (écrire $w = s_{\alpha_1} \dots s_{\alpha_r}$, avec $r = l(w)$ et $\alpha_i \in B$; appliquer *c*) et VI, § 1, nº 6, cor. 2 à la prop. 17).
f) On suppose G presque simple. Soient c une transformation de Coxeter de W et h le nombre de Coxeter de W (VI, § 1, nº 11). Montrer qu'on a $n_c^h = \prod_{\alpha \in R_+} t_\alpha$ (utiliser *c*), *e*) et l'exerc. 2 de V, § 6).

13) *a*) On choisit une base de B de R(G, T), et on note R_+ l'ensemble des racines positives de R(G, T). Démontrer que $z_G = \prod_{\alpha \in R_+} \exp(\frac{1}{2} K_\alpha)$ est un élément de C(G), indépendant du choix de T et de B ; on a $z_G^2 = e$.
b) Soit H un autre groupe de Lie compact connexe. On a $z_{G\times H} = (z_G, z_H)$; si $f:G \to H$ est un morphisme surjectif de groupes de Lie, démontrer qu'on a $f(z_G) = z_H$.
c) On pose R = R(G, T) ; on suppose G simplement connexe, de sorte que X(T) s'identifie à P(R). Montrer que l'homomorphisme $\chi \mapsto \chi(z_G)$ de X(T) dans $\{1, -1\}$ a pour noyau le sous-groupe P′(R) défini dans l'exerc. 8 de VI, § 1.
d) Si $G = \mathbf{SU}(n, \mathbf{C})$, on a $z_G = (-1)^{n+1} I_n$;
si $G = \mathbf{SU}(n, \mathbf{H})$, on a $z_G = -I_n$;
si $G = \mathbf{Spin}(n, \mathbf{R})$ avec $n \equiv 3, 4, 5$ ou 6 (mod. 8), on a $z_G = -1$;
si $G = \mathbf{Spin}(n, \mathbf{R})$ avec $n \equiv 0, 1, 2, 7$ (mod. 8), on a $z_G = 1$;
si G est de type E_6, E_8, F_4 ou G_2, on a $z_G = e$;
si G est simplement connexe de type E_7, z_G est l'unique élément non nul de C(G).
(Utiliser VI, § 4, exerc. 5).

14) On suppose le groupe G *presque simple* ; on note *h* le nombre de Coxeter de R(G, T) (VI, § 1, n° 11). On dit qu'un élément *g* de G est un *élément de Coxeter* s'il existe un tore maximal S de G tel que *g* appartienne à $N_G(S)$ et que sa classe dans $W_G(S)$ soit une transformation de Coxeter (*loc. cit.*).
a) Montrer que deux éléments de Coxeter sont conjugués (raisonner comme dans la démonstration du cor. de la prop. 10, n° 5).
b) Un élément de Coxeter *g* est régulier et vérifie $g^h = z_G$, où z_G est l'élément de C(G) défini dans l'exerc. 13 ; en particulier, *g* est d'ordre *h* ou 2*h* suivant que z_G est égal ou non à *e* (utiliser l'exerc. 12, *f*)).
c) Pour que $g \in G$ soit un élément de Coxeter, il faut et il suffit que l'automorphisme $\mathrm{Ad}\, g \otimes 1_{\mathbf{C}}$ de $\mathfrak{g}_{\mathbf{C}}$ vérifie les conditions équivalentes de VIII, § 5, exerc. 5, *f*).
d) Montrer que tout élément *g* de G, régulier et tel que $g^h \in C(G)$, est un élément de Coxeter ; pour $p < h$, il n'existe pas d'élément régulier *k* tel que $k^p \in C(G)$.

15) Soit H un sous-groupe fermé connexe de G. On dit que H est *net* s'il n'est contenu dans aucun sous-groupe fermé connexe de rang maximum distinct de G.
a) Montrer que H est net si et seulement si son centralisateur dans G est égal à C(G). En particulier, si H est net on a $C(H) = C(G) \cap H$.
b) On suppose désormais que H est net. Montrer que pour tout tore maximal S de H, on a $C(H) = S \cap C(G)$.
c) Soit H′ un sous-groupe fermé connexe de G contenant H. Démontrer qu'on a $\mathrm{rg}\, H < \mathrm{rg}\, H'$, et en déduire que H est net dans H′.
d) Soit K un sous-groupe fermé connexe de H, net dans H et contenant un élément régulier de G. Montrer que K est net dans G.

16) Soit H un sous-groupe fermé connexe de G, tel que $T \cap H$ soit un tore maximal S de H. Soit $\lambda \in R(H, S)$; on note $R(\lambda)$ l'ensemble des racines de R(G, T) dont la restriction à S est égale à λ.
a) Montrer que $R(\lambda)$ n'est pas vide.
b) Soit $w \in W_H(S)$; montrer qu'il existe un élément $\overline{w}$ de $W_G(T)$ tel que $R(w\lambda) = \overline{w}R(\lambda)$ (utiliser l'exerc. 4 du § 2).
c) Soit $P(\lambda)$ l'intersection avec R(G, T) du sous-groupe de X(T) engendré par $R(\lambda)$. Montrer qu'il existe un sous-groupe fermé G_λ de G contenant T tel que $P(\lambda) = R(G_\lambda, T)$. En déduire que la réflexion $s_\lambda \in W_H(S)$ est la restriction à S d'un produit de réflexions s_α avec $\alpha \in P(\lambda)$.
d) Montrer que le vecteur nodal $K_\lambda \in L(S)$ associé à λ est combinaison linéaire à coefficients entiers des K_α pour $\alpha \in R(\lambda)$.
e) Soit B_H une base de R(H, S). Montrer que $R(\lambda)$ est contenu dans le sous-groupe de X(T) engendré par la réunion des $R(\mu)$ pour $\mu \in B_H$ (prouver que l'ensemble des $\lambda \in R(H, S)$ possédant la propriété énoncée est stable par s_μ pour $\mu \in B_H$, en utilisant *c*)).

¶ 17) On conserve les notations de l'exercice précédent ; on suppose de plus que le sous-groupe H est *net* (exerc. 15).
a) Montrer que R(G, T) est contenu dans le sous-groupe de X(T) engendré par la réunion des R(λ) pour $\lambda \in B_H$.
b) Soit Δ la composante neutre du sous-groupe de S formé des $s \in S$ tels que $\lambda(s) = \mu(s)$ pour tous λ, μ dans B_H. Montrer qu'il existe une base $\{\alpha_1, ..., \alpha_l\}$ de R(G, T) et un entier *k*, avec $0 \leqslant k \leqslant l - 1$, tels que Δ soit la composante neutre de l'ensemble des $t \in T$ satisfaisant à

$$\alpha_1(t) = \cdots = \alpha_k(t) = 1\,, \quad \alpha_{k+1}(t) = \cdots = \alpha_l(t)\,.$$

(Soit *x* l'élément de L(S) tel que $\delta(\lambda)(x) = 2\pi i$ pour tout $\lambda \in B_H$; déduire de *a*) qu'on a $\exp x \in C(G)$. Choisir $\{\alpha_1, ..., \alpha_l\}$ de façon que $i\delta(\alpha_j)(x)$ soit nul pour $1 \leqslant j \leqslant k$ et < 0 pour $k + 1 \leqslant j \leqslant l$; montrer alors que pour $\lambda \in B_H$, toute racine de R(λ) s'écrit

$$\alpha_j + n_1\alpha_1 + \cdots + n_k\alpha_k\,,$$

avec $j \geqslant k + 1$ et $n_i \in \mathbf{N}$. Conclure en utilisant *a*).)
c) Montrer que l'entier *k* ne dépend pas des choix des tores S, T et des bases B_H, $\{\alpha_1, ..., \alpha_l\}$; il est égal au rang du groupe dérivé de $Z_G(\Delta)$.

18) On conserve les notations des exerc. 16 et 17. On dit que le sous-groupe H est *principal* s'il est net et si le sous-tore Δ contient un élément régulier (autrement dit si $k = 0$).
a) Soit K un sous-groupe fermé connexe de H. Montrer que pour que K soit un sous-groupe principal de G, il faut et il suffit que K soit principal dans H et H principal dans G (utiliser l'exerc. 15, *c*) et *d*)).
b) On suppose désormais H principal. Montrer que la réunion des R(μ), pour $\mu \in B_H$, est une base de R(G, T).
c) Soit $\alpha \in R(G, T)$. Prouver que la restriction de α à S est un multiple entier non nul d'une racine $\lambda \in R(H, S)$; la racine α est une somme d'éléments de R(λ) (montrer que la trace sur L(S) de l'hyperplan $\delta(\alpha) = 0$ est un mur de L(S)).
d) Soient $\lambda \in R(H, S)$; montrer que le vecteur nodal K_λ est combinaison linéaire à coefficients entiers > 0 des K_α pour $\alpha \in R(\lambda)$ (*cf.* exerc. 16, *d*) et V, § 3, n° 5, lemme 6).

19) On garde les notations des exerc. 16 à 18 ; on suppose le sous-groupe H principal. On munit $X(T) \otimes \mathbf{R}$ (resp. $X(S) \otimes \mathbf{R}$) d'un produit scalaire invariant par $W_G(T)$ (resp. par $W_H(S)$). Soient λ, μ deux racines de B_H.
a) Si λ et μ sont orthogonales, montrer que les ensembles R(λ) et R(μ) sont orthogonaux. En déduire que si G est presque simple, il en est de même de H.
b) On suppose désormais $n(\lambda, \mu) = -1$. Montrer qu'il existe une application surjective $u : R(\lambda) \to R(\mu)$ telle que pour $\alpha \in R(\lambda)$, $u(\alpha)$ soit l'unique racine de R(μ) liée (c'est-à-dire non orthogonale) à α ; on a $K_\mu = \sum_{\beta \in R(\mu)} K_\beta$, et les racines de R(μ) sont deux à deux orthogonales (écrire K_μ et K_λ comme combinaison linéaire des K_α, puis identifier les coefficients).
c) Si $n(\mu, \lambda) = -1$, l'application *u* est bijective, et les seules paires de racines liées dans $R(\lambda) \cup R(\mu)$ sont les paires $(\alpha, u(\alpha))$ pour $\alpha \in R(\lambda)$.
d) On suppose $n(\mu, \lambda) = -2$; soit $\beta \in R(\mu)$. Montrer que $u^{-1}(\beta)$ contient un ou deux éléments ; si $u^{-1}(\beta) = \{\alpha_1, \alpha_2\}$, la racine α_i $(i = 1, 2)$ est orthogonale aux autres racines de R(λ), et a même longueur que β ; si $u^{-1}(\beta) = \{\alpha\}$ et $\|\alpha\| = \|\beta\|$, α est liée à une seule racine $\alpha' \in R(\lambda)$, de même longueur que α, et $\{\alpha, \alpha'\}$ est orthogonal au reste de R(λ) ; si $u^{-1}(\beta) = \{\alpha\}$ et $\|\alpha\| \neq \|\beta\|$, α est orthogonale aux autres racines de R(λ).
e) Étudier de même le cas $n(\mu, \lambda) = -3$.

20) On suppose le groupe G presque simple ; soit H un sous-groupe principal de G, de rang $\geqslant 2$.
a) Montrer que H est semi-simple de type B_h, C_h, F_4 ou G_2 (utiliser l'exerc. 19).
b) On suppose que H est de rang $\geqslant 3$. Montrer que G est de type A_l, D_l, E_6, E_7 ou E_8 (considérer les sommets terminaux du graphe de Dynkin de R(G, T), et appliquer l'exerc. 19).

c) Si rg H $\geqslant 3$, montrer qu'on est dans l'une des situations suivantes :

G est de type A_{2l} $(l \geqslant 3)$ et H de type B_l ;
G est de type A_{2l-1} $(l \geqslant 3)$ et H de type C_l ;
G est de type D_l $(l \geqslant 4)$ et H de type B_{l-1} ;
G est de type E_6 et H de type F_4.

d) Si H est de type B_2, montrer que G est de type A_3 ou A_4.
e) Si H est de type G_2, montrer que G est de type B_3, D_4 ou A_6.
(Pour une description plus explicite de ces situations, voir § 5, exerc. 5.)
f) Soit K un sous-groupe fermé connexe de G contenant H ; montrer qu'on a K = G ou K = H, ou bien que H est de type G_2, K de type B_3 et G de type D_4 ou A_6.

21) *a*) Soit H un sous-groupe fermé connexe de rang 1 de G. Montrer que les conditions suivantes sont équivalentes :
(i) H est principal ;
(ii) H est net et contient un élément régulier de G ;
(iii) il existe un $\mathfrak{sl}_2$-triplet principal (x, h, y) de $\mathfrak{g}_{\mathbf{C}}$ (VIII, § 11, n° 4) tel que

$$L(H)_{(\mathbf{C})} = \mathbf{C}x + \mathbf{C}h + \mathbf{C}y .$$

b) Montrer que G contient un sous-groupe principal de rang 1, et que deux tels sous-groupes sont conjugués (avec les notations de l'exerc. 17, remarquer qu'on a S = Δ).
c) Montrer qu'un sous-groupe fermé connexe de G est principal si et seulement s'il contient un sous-groupe de rang 1 principal dans G (utiliser l'exerc. 18, *a*)).

22) Soit H un sous-groupe principal de rang un de G ; soit Γ le sous-groupe de Aut(G) formé des automorphismes *u* tels que *u*(H) = H. Montrer que Aut(G) est produit semi-direct de Γ par Int(G).

§ 5

1) On suppose G simplement connexe ; on appelle *alcôves de* G les parties de G de la forme exp(A), où A est une alcôve d'une sous-algèbre de Cartan de $\mathfrak{g}$.
a) Montrer que les alcôves de G forment une partition de G_r.
b) Toute alcôve de G est contenue dans un unique tore maximal.
c) Montrer que les alcôves de G contenues dans T forment une partition de T_r, et que l'ensemble de ces alcôves est un ensemble principal homogène sous W.
d) Toute classe de conjugaison d'éléments réguliers de G a un point et un seul dans chaque alcôve.
e) Soit E une alcôve de G. Montrer que E est un espace contractile ; si $\mathfrak{g}$ est simple, E est homéomorphe à un simplexe ouvert d'un espace euclidien.

2) *a*) Soient E un espace topologique simplement connexe et $u : E \to G$ une application continue telle que $u(E) \subset G_r$. Montrer que *u* est homotope (TG, XI) à l'application constante de valeur *e* (considérer le revêtement $\varphi_r : (G/T) \times \mathfrak{t}_r \to G_r$; relever *u* en $\tilde{u} : E \to (G/T) \times \mathfrak{t}$, puis utiliser le fait que $\mathfrak{t}$ est contractile).
**b*) Prouver que le groupe $\pi_2(G)$ est nul.
(Soit $u : S_2 \to G$ une application de classe C^∞ ; en utilisant la prop. 1 et le théorème de transversalité, montrer que *u* est homotope à une application d'image contenue dans G_r, puis appliquer *a*).) *

3) Soient $f : \tilde{G} \to G$ le revêtement universel de G et π le noyau de *f* (isomorphe à $\pi_1(G)$) ; on pose $C = C(G)$ et $\tilde{C} = C(\tilde{G})$. Soient σ un automorphisme de G, $\tilde{\sigma}$ l'automorphisme de $\tilde{G}$ déduit de σ. On note G_σ, C_σ, $\tilde{G}_\sigma$, $\tilde{C}_\sigma$ l'ensemble des points de G, C, $\tilde{G}$, $\tilde{C}$ fixés respectivement par σ, σ, $\tilde{\sigma}$, $\tilde{\sigma}$.

a) Montrer que la composante neutre $(G_\sigma)_0$ de G_σ est $f(\tilde{G}_\sigma)$.
b) On note s l'endomorphisme du **Z**-module π induit par $\tilde{\sigma}$. Montrer que le groupe quotient $G_\sigma/(G_\sigma)_0$ est isomorphe à un sous-groupe de Coker$(1 - s)$, et en particulier est commutatif. Si $1 - s$ est surjectif, G_σ est connexe.
c) Soit $n \in \mathbf{N}$ tel que $s^n = \mathrm{Id}_\pi$. Montrer que le groupe $G_\sigma/(G_\sigma)_0$ s'identifie à un sous-groupe du quotient $\mathrm{Ker}(1 + s + \cdots + s^{n-1})/\mathrm{Im}(1 - s)$; en déduire qu'il est annulé par n. Si n est premier à l'ordre du sous-groupe de torsion de π, alors G_σ est connexe.
d) Retrouver les résultats de *b*) et *c*) en utilisant l'exerc. 23 de A, X, p. 194.
e) Montrer que G_σ est connexe dans chacun des cas suivants :
(i) G est semi-simple de type A_{2n} $(n \geqslant 1)$ et σ n'est pas intérieur.
(ii) G est semi-simple de type E_6 et σ n'est pas intérieur.
(iii) G est semi-simple de type D_4 et σ est *trialitaire* (c'est-à-dire d'ordre 3 modulo Int(G)).
f) Définir un isomorphisme de $C_\sigma/(C_\sigma \cap (G_\sigma)_0)$ sur $((1 - \tilde{\sigma})\,\tilde{C} \cap \pi)/(1 - \tilde{\sigma})\,\pi$. En déduire que si $1 - s$ n'est pas surjectif et $\pi \subset (1 - \tilde{\sigma})\,C$, alors C_σ n'est pas contenu dans $(G_\sigma)_0$. Pour $G = \mathbf{SO}(2n, \mathbf{R})$ et σ non intérieur, on a $-I_{2n} \notin (G_\sigma)_0$ et G_σ n'est pas connexe.

4) On suppose G semi-simple. Soient e un épinglage de G et Φ un groupe d'automorphismes de G respectant l'épinglage ; on désigne par H le sous-groupe de G formé des éléments fixes par Φ.
a) Montrer que H_0 est semi-simple ; si G est simplement connexe, H est connexe (se ramener au cas où G est presque simple et Φ cyclique, et appliquer le th. 1 (n° 3) et VIII, § 5, exerc. 13).
b) On suppose G presque simple. Montrer que
si G est de type A_{2l} $(l \geqslant 1)$ et Φ d'ordre 2, H_0 est de type B_l ;
si G est de type A_{2l-1} $(l \geqslant 2)$ et Φ d'ordre 2, H_0 est de type C_l ;
si G est de type D_l $(l \geqslant 4)$ et Φ d'ordre 2, H_0 est de type B_{l-1} ;
si G est de type D_4 et Φ d'ordre 3 ou 6, H_0 est de type G_2 ;
si G est de type E_6 et Φ d'ordre 2, H_0 est de type F_4.
Dans chaque cas, déterminer les groupes $\pi_i(H)$, $i = 0, 1$ (*cf.* exerc. 3).
c) Démontrer que le sous-groupe H_0 est principal (§ 4, exerc. 18).
d) Démontrer qu'un groupe semi-simple de type B_3 ou A_6 contient un sous-groupe principal de type G_2 (utiliser *b*) et l'exerc. 20 du § 4).

5) On suppose le groupe G presque simple ; soit H un sous-groupe fermé connexe principal de G (§ 4, exerc. 18). On désigne par Φ le groupe des automorphismes u de G qui fixent H, et par F le sous-groupe des éléments de G fixés par Φ.
a) Montrer qu'il existe un épinglage de G stable par Φ.
b) Montrer qu'on est dans l'une des situations suivantes :
(i) on a $H = F_0$;
(ii) G est de type B_3, H de type G_2 et Φ est réduit à l'identité ;
(iii) G est de type A_6, H de type G_2 et Φ d'ordre 2.
(Utiliser l'exerc. 4 et l'exerc. 20 du § 4.)

¶ 6) On suppose G simplement connexe. Soient p un nombre premier et g un élément de C(G) tel que $g^p = e$.
a) Montrer qu'il existe des éléments $u \in T$ et $w \in W$ tels que
(i) $w(u)\,u^{-1} = g$;
(ii) $w^p = 1$;
(iii) $u^p = e$ si $p \neq 2$, $u^p = e$ ou g si $p = 2$.
(Soit A une alcôve de $\mathfrak{t}$; pour $i = 0, 1, \ldots, p - 1$, soit $x_i \in \bar{A}$ tel que $\exp x_i = g^i$. Prendre pour u l'élément $\exp x$, où x est le barycentre de la facette de $\bar{A}$ dont les sommets sont les x_i, et pour w l'élément de W tel que $w(A) = A - x$.)
b) Prouver qu'il existe $u \in T$ et $v \in N_G(T)$ tels que
(i) $vuv^{-1}u^{-1} = g$;
(ii) $v^p = e$ si $p \neq 2$, $v^p = e$ ou g si $p = 2$;
(iii) $u^p = e$ si $p \neq 2$, $u^p = e$ ou g si $p = 2$.
(Utilisant la construction de *a*), relever w en n_w comme dans l'exerc. 12 du § 4 ; prendre $v = n_w^{p+1}$ si $p \neq 2$, $v = n_w$ si $p = 2$.)

7) Soit p un nombre premier. Montrer que les conditions suivantes sont équivalentes :
(i) p ne divise pas l'ordre du sous-groupe de torsion de $\pi_1(G)$;
(ii) pour tout élément g de G d'ordre p, le centralisateur de g dans G est connexe;
(iii) tout sous-groupe de G isomorphe à $(\mathbf{Z}/p\mathbf{Z})^2$ est contenu dans un tore maximal.
(Pour prouver (i) ⇒ (ii), utiliser l'exerc. 3, *c*); pour prouver (iii) ⇒ (i), utiliser l'exerc. 6.)

8) On prend $G = \mathbf{SO}(8, \mathbf{R})/\{\pm I_8\}$; on note $(\alpha_i)_{1\leqslant i\leqslant 4}$ une base de R(G, T) telle que α_1, α_3 et α_4 soient non orthogonales à α_2 (VI, planche IV). Soit A le sous-groupe de T formé des $t \in T$ tels que

$$\alpha_1(t) = \alpha_3(t) = \alpha_4(t)\,, \quad \alpha_1(t)^2 = \alpha_2(t)^2 = 1\,.$$

Démontrer que A est isomorphe à $(\mathbf{Z}/2\mathbf{Z})^2$ et que son centralisateur dans G est un groupe fini non commutatif.

9) Soient R un système de racines irréductible, $R^\vee$ le système inverse, B une base de R, α la plus grande racine de R (relativement à B). On pose

$$\alpha = \sum_{\beta\in B} n_\beta \beta \quad \text{et} \quad \alpha^\vee = \sum_{\beta\in B} n_\beta^\vee \beta^\vee \;;$$

soit $\nu(R) = \sup_{\beta\in B} n_\beta^\vee$.
a) Montrer que l'intervalle $[1, \nu(R)]$ de $\mathbf{N}$ est réunion de 1 et des $n_\beta^\vee$ pour $\beta \in B$ (posons $\alpha_0 = \alpha$; soit $(\alpha_1, ..., \alpha_q)$ une suite d'éléments distincts de B tels que α_i ne soit pas orthogonal à α_{i-1} pour $i = 1, ..., q$, qu'on ait $n_{\alpha_q}^\vee = \nu(R)$ et que q soit maximal pour ces propriétés; prouver que $n_{\alpha_i}^\vee = i + 1$ pour $i = 1, ..., q$).
b) Soit p un nombre premier. Montrer que les trois propriétés suivantes sont équivalentes :
(i) $p \leqslant \nu(R)$;
(ii) il existe $\beta \in B$ tel que $p = n_\beta^\vee$;
(iii) il existe $\beta \in B$ tel que p divise $n_\beta^\vee$.
On dit alors que p est un *nombre premier de torsion* de R.
c) Pour chaque type de système de racines irréductible, donner la valeur de $\nu(R)$ et des nombres premiers de torsion. Montrer que l'ensemble des n_β et celui des $n_\beta^\vee$ coïncident sauf dans le cas du type G_2.
d) Soit R′ une partie close symétrique de R, irréductible comme système de racines. Montrer qu'on a $\nu(R') \leqslant \nu(R)$.

10) Soient R un système de racines et p un nombre premier. Montrer que les propriétés suivantes sont équivalentes :
(i) p est un nombre premier de torsion pour un composant irréductible de R (exerc. 9, *b*));
(ii) il existe une partie close et symétrique R_1 de R, distincte de R et maximale pour ces propriétés, telle que $(Q(R^\vee):Q(R_1^\vee)) = p$ (on note $Q(R^\vee)$ le $\mathbf{Z}$-module engendré par les racines inverses de R et $Q(R_1^\vee)$ le sous-module engendré par les $\alpha^\vee$ pour $\alpha \in R_1$);
(iii) il existe une partie close et symétrique R_1 de R telle que le sous-module de p-torsion de $Q(R^\vee)/Q(R_1^\vee)$ soit non nul.
(Pour prouver (i) ⇒ (ii), utiliser l'exerc. 4 de VI, § 4 ; pour prouver (iii) ⇒ (i), utiliser l'exerc. 9, *d*).)
On dit alors que p est un *nombre premier de torsion* de R.

11) Soit p un nombre premier. On dit que p est un *nombre premier de torsion* de G s'il existe un sous-groupe fermé connexe H de G, de rang maximum, tel que le sous-groupe de p-torsion de $\pi_1(H)$ soit non nul. On pose R = R(G, T).
a) Les nombres premiers de torsion de G sont les nombres premiers de torsion de R (exerc. 10) et les nombres premiers qui divisent l'ordre du groupe de torsion de $\pi_1(G)$.
b) Montrer que tout nombre premier de torsion de G divise $w/l!$, où w est l'ordre de W et l le rang du groupe semi-simple D(G) (utiliser VI, § 2, nº 4, prop. 7).
c) Soient $t \in T$ et $n \in \mathbf{N}$ tels que $t^n \in C(G)$. Soient R_1 l'ensemble des $\alpha \in R$ telles que $\alpha(t) = 1$, et m l'ordre du groupe de torsion de $Q(R^\vee)/Q(R_1^\vee)$ (*cf.* exerc. 10). Démontrer que tout facteur premier de m divise n (se ramener au cas où G est simplement connexe et presque simple).

d) Supposons G simplement connexe. Soient $g \in G$, $n \in \mathbf{N}$ tels que g^n appartienne à C(G) et qu'aucun nombre premier de torsion de G ne divise *n*. Démontrer que le groupe dérivé du centralisateur de *g* est simplement connexe.
e) Soient *g* un élément de G et *p* un nombre premier, tels que $g^p = e$ et que *p* ne soit pas un nombre premier de torsion de G. Montrer que le centralisateur Z(*g*) est connexe et que *p* n'est pas un nombre premier de torsion de Z(*g*).
f) Supposons G simplement connexe, et soit *p* un nombre premier de torsion de G. Prouver qu'il existe un élément *g* de G d'ordre *p* tel que $\pi_1(Z(g))$ soit cyclique d'ordre *p* (utiliser l'exerc. 10 et l'exerc. 4 de VI, § 4).

12) Soit *p* un nombre premier. Montrer que les conditions suivantes sont équivalentes :
(i) *p* n'est pas un nombre premier de torsion de G ;
(ii) pour tout sous-groupe F de G isomorphe à $(\mathbf{Z}/p\mathbf{Z})^n$ (pour $n \in \mathbf{N}$), le centralisateur de F dans G est connexe ;
(ii') pour tout sous-groupe F de G isomorphe à $(\mathbf{Z}/p\mathbf{Z})^2$, le centralisateur de F dans G est connexe ;
(iii) tout sous-groupe de G isomorphe à $(\mathbf{Z}/p\mathbf{Z})^n$ pour un entier *n* est contenu dans un tore maximal ;
(iii') tout sous-groupe de G isomorphe à $(\mathbf{Z}/p\mathbf{Z})^3$ est contenu dans un tore maximal.
(Pour prouver (i) ⇒ (ii), utiliser l'exerc. 11, *e*) ; pour prouver (iii) ⇒ (i), utiliser l'exerc. 11, *f*) et l'exerc. 7.)

§ 6

1) Soit R un système de racines réduit dans un espace vectoriel réel V. On munit l'espace V d'un produit scalaire invariant par W(R), et l'espace **S**(V) du produit scalaire correspondant (EVT, V, p. 30) ; on a donc, pour $x_1, \ldots, x_n, y_1, \ldots, y_n$ dans V :

$$(x_1 \ldots x_n | y_1 \ldots y_n) = \sum_{\sigma \in \mathfrak{S}_n} (x_1 | y_{\sigma(1)}) \ldots (x_n | y_{\sigma(n)}) .$$

On choisit une chambre C de R ; on pose $N = \mathrm{Card}(R_+)$, $\rho = \frac{1}{2} \sum_{\alpha \in R_+} \alpha$ et $w(R) = \mathrm{Card}(W(R))$.

Soit P l'élément $\prod_{\alpha \in R_+} \alpha$ de $\mathbf{S}^N(V)$.

a) Montrer qu'on a $P = \dfrac{1}{N!} \sum_{w \in W(R)} \varepsilon(w)\,(w\rho)^N$ (*cf.* VI, § 3, nº 3, prop. 2).
b) En déduire l'égalité $(P|P) = w(R) \prod_{\alpha \in R_+} (\rho|\alpha)$.
c) Démontrer qu'on a $(P|P) = 2^{-N} w(R) \prod_{i=1}^{l} m_i! \prod_{\alpha \in R_+} (\alpha|\alpha) = 2^{-N} \prod_{i=1}^{l} (m_i + 1)! \prod_{\alpha \in R_+} (\alpha|\alpha)$,
où $m_1, \ldots, m_l$ sont les exposants de W(R) (utiliser l'exerc. 3 de VIII, § 9).

¶ 2) Soit V un espace hilbertien réel de dimension finie sur **R**. On munit l'espace $\mathbf{S}(V^*)$ des polynômes sur V du produit scalaire défini en EVT, V, p. 30 (*cf.* exerc. 1). On note γ la mesure gaussienne canonique sur V (INT, IX, § 6, nᵒˢ 4 à 6) ; si $(x_i)_{1 \leqslant i \leqslant n}$ est une base orthonormale de V*, on a donc $d\gamma(x) = (2\pi)^{-n/2} e^{-(x|x)/2} dx_1 \ldots dx_n$.
a) Soit *q* l'élément de $\mathbf{S}^2(V)$ qui définit le produit scalaire dans V*, et soit $\Delta : \mathbf{S}(V^*) \to \mathbf{S}(V^*)$ l'opérateur produit intérieur par *q* (A, III, p. 165). Montrer que pour toute base orthonormale $(x_i)_{1 \leqslant i \leqslant n}$ de V* et tout polynôme $P \in \mathbf{S}(V^*)$, on a $\Delta(P) = \frac{1}{2} \sum_{i=1}^{n} \dfrac{\partial^2 P}{\partial x_i^2}$.
b) Pour $P \in \mathbf{S}(V^*)$, on pose $P^* = P * \gamma$, de sorte qu'on a $P^*(x) = \int_V P(x - y)\, d\gamma(y)$ pour $x \in V$. Démontrer l'égalité $P^* = \sum_{n=1}^{\infty} \dfrac{\Delta^n(P)}{n!} = e^{\Delta}(P)$.
(Se ramener à prouver la formule analogue pour la fonction $x \mapsto e^{i(x|u)}$, pour $u \in V$.)

c) Démontrer la formule $\int \overline{P^*(ix)}\, Q^*(ix)\, d\gamma(x) = (P|Q)$ pour P et Q dans $\mathbf{S}(V^*)$ (identifié à un sous-espace de $\mathbf{S}_{\mathbf{C}}((V \otimes \mathbf{C})^*)$).

d) Si P est un polynôme homogène sur V tel que $\Delta(P) = 0$, on a $\int_V P(x)^2 d\gamma(x) = (P|P)$.

e) Soit W un groupe fini d'automorphismes de V, engendré par des réflexions ; notons H l'ensemble des réflexions de W. Pour $h \in H$, soient $e_h \in V$ et $f_h \in V^*$ tels que $h(x) = x + f_h(x)\, e_h$. Montrer que le polynôme $P = \prod_{h \in H} f_h$ satisfait à $\Delta(P) = 0$ (utiliser V, § 5, nº 4, prop. 5).

3) Soit μ une mesure de Haar sur le groupe additif $\mathfrak{g}$.

a) Il existe une unique mesure de Haar μ_G sur G possédant la propriété suivante : si ω_G et $\omega_{\mathfrak{g}}$ sont des formes différentielles invariantes de degré n, sur G et $\mathfrak{g}$ respectivement, telles que $\omega_G(e) = \omega_{\mathfrak{g}}(0)$ et $|\omega_{\mathfrak{g}}| = \mu$, on a $|\omega_G| = \mu_G$. L'application $\mu \mapsto \mu_G$ est une bijection de l'ensemble des mesures de Haar sur $\mathfrak{g}$ sur l'ensemble analogue pour G.

b) On choisit un produit scalaire $(\ |\ )$ invariant sur $\mathfrak{g}$, et une mesure de Haar τ sur $\mathfrak{t}$, tels que μ (resp. τ) corresponde à la mesure de Lebesgue lorsqu'on identifie $\mathfrak{g}$ à $\mathbf{R}^n$ (resp. $\mathfrak{t}$ à $\mathbf{R}^r$) au moyen d'une base orthonormale. Démontrer la formule

$$\int_{\mathfrak{t}} \pi_{\mathfrak{g}}(x)\, e^{-(x|x)/2}\, d\tau(x) = (2\pi)^{n/2} \frac{\tau_T(T)}{\mu_G(G)}\, w(G)\,.$$

c) On identifie X(T) à une partie de l'espace hilbertien $\mathfrak{t}^*$ par l'application $(2\pi i)^{-1}\delta$ (§ 4, nº 2), et on pose $P(x) = \prod_{\alpha \in R_+} \langle \alpha, x \rangle$ pour $x \in \mathfrak{t}$. Avec les notations des exerc. 1 et 2, montrer qu'on a

$$\frac{\tau_T(T)}{\mu_G(G)} = (2\pi)^N w(G)^{-1} (P|P) = \pi^N \prod_{\alpha \in R_+} (\alpha|\alpha) \prod_{i=1}^{l} m_i!$$

d) Avec les notations de l'exerc. 9 du § 3, soit $\mathfrak{g}_{\mathbf{Z}}$ la sous-$\mathbf{Z}$-algèbre de Lie de $\mathfrak{g}$ engendrée par $(2\pi)^{-1}\Gamma(T)$ et par les éléments u_α, v_α pour $\alpha \in R$. Démontrer l'égalité

$$\mu_G(G) = \mu(\mathfrak{g}/\mathfrak{g}_{\mathbf{Z}}) \frac{2^r \pi^{N+r}}{\prod_i m_i!}\,.$$

e) On suppose G simplement connexe. Montrer qu'on a $l = r$ et

$$\mu_G(G) = 2^{l/2} \pi^{-N} f^{1/2} \prod_{\alpha \in R_+} (\alpha|\alpha)^{-1} \prod_{i=1}^{l} (\alpha_i|\alpha_i)^{-1/2} \prod_i (m_i!)^{-1}\,,$$

où $\{\alpha_1, \ldots, \alpha_l\}$ est une base de R et où f est l'indice de connexion de R.

f) On suppose de plus que R est irréductible et que toutes ses racines ont même longueur ; on prend comme produit scalaire sur $\mathfrak{g}$ l'opposé de la forme de Killing. Démontrer qu'on a $\mu_G(G) = (2\pi)^{N+r} (2h)^{n/2} f^{1/2} \prod_i (m_i!)^{-1}$.

4) Soit X une variété différentielle de classe C^∞. Dans cet exercice et les suivants, on notera simplement H(X) le $\mathbf{R}$-espace gradué $H(\Omega(X))$.

a) Montrer que $\Omega(X)$ est une algèbre différentielle graduée associative et anticommutative (A, X, p. 183, exerc. 18). En déduire que H(X) possède une structure naturelle d'algèbre graduée, associative et anticommutative.

b) Si X est connexe de dimension p, on a $H^i(X) = 0$ pour $i > p$ et $\dim_{\mathbf{R}} H^0(X) = 1$. Si de plus X est compacte, l'espace $H^p(X)$ est de dimension un (utiliser VAR, R, 11.2.4).

c) Soient Y une autre variété de classe C^∞, et $f : X \to Y$ un morphisme de classe C^∞. L'application $f^* : \Omega(Y) \to \Omega(X)$ est un morphisme de complexes (VAR, R, 8.3.5) ; montrer que $H(f^*) : H(Y) \to H(X)$ est un morphisme d'algèbres.

d) On suppose donnée une loi d'opération de classe C^∞ de G sur X. Montrer que le sous-complexe $\Omega(X)^G$ des formes invariantes est une sous-algèbre de $\Omega(X)$. En déduire que l'application $H(i) : H(\Omega(X)^G) \to H(X)$ définie dans le th. 2 est un isomorphisme d'algèbres graduées.

e) Montrer que $(\mathrm{Alt}(\mathfrak{g}))^{\mathrm{G}}$ est une sous-algèbre de $\mathrm{Alt}(\mathfrak{g})$, et que l'algèbre graduée H(G) lui est isomorphe.

5) On note H(G) la **R**-algèbre graduée $\mathrm{H}(\Omega(\mathrm{G}))$ (*cf.* exerc. 4).
a) L'espace $\mathrm{H}^p(\mathrm{G})$ est nul pour $p > n$, de dimension un pour $p = n$ et $p = 0$. L'espace $\mathrm{H}^1(\mathrm{G})$ s'identifie canoniquement à $\mathfrak{c}^*$, avec $\mathfrak{c} = \mathrm{L}(\mathrm{C}(\mathrm{G}))$.
b) On suppose désormais G semi-simple. Montrer qu'on a $\mathrm{H}^1(\mathrm{G}) = \mathrm{H}^2(\mathrm{G}) = 0$ (*cf.* I, § 6, exerc. 1).
c) On note $\mathrm{B}(\mathfrak{g})$ l'espace des formes bilinéaires symétriques G-invariantes sur $\mathfrak{g}$; pour $b \in \mathrm{B}(\mathfrak{g})$ et x, y, z dans $\mathfrak{g}$, on pose $\tilde{b}(x, y, z) = b([x, y], z)$. Montrer que l'application $b \mapsto \tilde{b}$ définit un isomorphisme de $\mathrm{B}(\mathfrak{g})$ sur $\mathrm{H}^3(\mathrm{G})$ (soit $\omega \in \mathrm{H}^3(\mathrm{G})$; prouver que pour tout $x \in \mathfrak{g}$, il existe une unique forme linéaire $f(x)$ sur $\mathfrak{g}$ telle que $df(x) = i(x)\,\omega$, et considérer la forme $(x, y) \mapsto -\langle y, f(x)\rangle$).
d) Montrer que la dimension du **R**-espace vectoriel $\mathrm{H}^3(\mathrm{G})$ est égale au nombre des idéaux simples de $\mathfrak{g}$.

6) On pose $b_i(\mathrm{G}) = \dim_{\mathbf{R}} \mathrm{H}^i(\mathrm{G})$ pour $i \geqslant 0$, et, si X désigne une indéterminée, $\mathrm{P}_{\mathrm{G}}(\mathrm{X}) = \sum_{i \geqslant 0} b_i(\mathrm{G})\,\mathrm{X}^i$.
a) Démontrer qu'on a $b_i(\mathrm{G}) = \int_{\mathrm{G}} \mathrm{Tr}\,\mathsf{\Lambda}^i(\mathrm{Ad}\,g)\,dg$ et $\mathrm{P}_{\mathrm{G}}(\mathrm{X}) = \int_{\mathrm{G}} \det(1 + \mathrm{X}.\mathrm{Ad}\,g)\,dg$ (*cf.* Appendice II, lemme 1).
b) En déduire les égalités $\sum_i b_i(\mathrm{G}) = 2^r$, et $\sum_i (-1)^i b_i(\mathrm{G}) = 0$ si $\dim \mathrm{G} > 0$ (utiliser la formule de H. Weyl, ou l'exerc. 8 du § 2).
c) On prend $\mathrm{G} = \mathbf{U}(n, \mathbf{C})$. Montrer que $\mathrm{P}_{\mathrm{G}}(\mathrm{X})$ est le coefficient de $(\mathrm{X}_1 \dots \mathrm{X}_n)^{2n-2}$ dans le polynôme $\frac{1}{n!}(1 + \mathrm{X})^n \prod_{\substack{1 \leqslant i,j \leqslant n \\ i \neq j}} (\mathrm{X}\mathrm{X}_i + \mathrm{X}_j)(\mathrm{X}_i - \mathrm{X}_j)$ (à coefficients dans $\mathbf{Z}[\mathrm{X}]$).

7) Soit K un groupe de Lie compact connexe.
a) Soit $f : \mathrm{K} \to \mathrm{G}$ un homomorphisme surjectif de noyau fini. Montrer que l'homomorphisme $\mathrm{H}(f^*) : \mathrm{H}(\mathrm{G}) \to \mathrm{H}(\mathrm{K})$ est un isomorphisme.
b) Montrer que l'algèbre $\mathrm{H}(\mathrm{G} \times \mathrm{K})$ s'identifie canoniquement au produit tensoriel gauche $\mathrm{H}(\mathrm{G}) \,{}^g\!\otimes\, \mathrm{H}(\mathrm{K})$.
c) Déduire de *a*) et *b*) que l'algèbre H(G) est isomorphe à $\mathrm{H}(\mathrm{C}(\mathrm{G})_0) \,{}^g\!\otimes\, \mathrm{H}(\mathrm{D}(\mathrm{G}))$. Montrer que l'algèbre $\mathrm{H}(\mathrm{C}(\mathrm{G})_0)$ est isomorphe à $\mathsf{\Lambda}(\mathfrak{c}^*)$, avec $\mathfrak{c} = \mathrm{L}(\mathrm{C}(\mathrm{G}))$.

¶ 8) Soient k un corps de caractéristique nulle et E une bigèbre graduée gauche sur k (A, III, p. 148, déf. 3). On suppose que E est anticommutative et anticocommutative, et qu'on a $\mathrm{E}_m = 0$ pour m assez grand. On note P le sous-espace des éléments primitifs de E (*cf.* II, § 1).
a) Montrer que tout élément homogène de P est de degré impair (écrire $c(x^m)$ pour m grand). En déduire un morphisme canonique de bigèbres graduées gauches $\varphi : \mathsf{\Lambda}(\mathrm{P}) \to \mathrm{E}$ (la structure de bigèbre graduée gauche de $\mathsf{\Lambda}(\mathrm{P})$ étant celle définie dans A, III, p. 198, exerc. 6).
b) Montrer que φ est un isomorphisme (adapter la démonstration du th. 1 de II, § 1, nº 6).

9) On note $m : \mathrm{G} \times \mathrm{G} \to \mathrm{G}$ l'application telle que $m(g, h) = gh$ pour g, h dans G. On identifie $\mathrm{H}(\mathrm{G} \times \mathrm{G})$ à $\mathrm{H}(\mathrm{G}) \,{}^g\!\otimes\, \mathrm{H}(\mathrm{G})$ (exerc. 7, *b*)), de sorte que m^* définit un homomorphisme d'algèbres $c : \mathrm{H}(\mathrm{G}) \to \mathrm{H}(\mathrm{G}) \,{}^g\!\otimes\, \mathrm{H}(\mathrm{G})$.
a) Montrer que $(\mathrm{H}(\mathrm{G}), c)$ est une bigèbre graduée gauche, anticommutative et anticocommutative (observer que l'application $g \mapsto g^{-1}$ induit sur $\mathrm{H}^p(\mathrm{G})$ la multiplication par $(-1)^p$).
b) Soit P(G) le sous-espace gradué de H(G) formé des éléments primitifs ; déduire de l'exerc. 8 un isomorphisme de bigèbres graduées $\mathsf{\Lambda}(\mathrm{P}(\mathrm{G})) \to \mathrm{H}(\mathrm{G})$.
c) Montrer qu'on a $\dim_{\mathbf{R}} \mathrm{P}(\mathrm{G}) = r$ (utiliser l'exerc. 6, *b*)).
d) En déduire que le polynôme $\sum_{i \geqslant 0} b_i(\mathrm{G})\,\mathrm{X}^i$ est de la forme $(1 + \mathrm{X})^c \prod_{i=1}^{l} (1 + \mathrm{X}^{2k_i + 1})$, où c

est la dimension de C(G), l le rang de D(G), et les k_i des entiers $\geqslant 1$; on a $k_1 + \cdots + k_l = \frac{1}{2}$ Card R(G, T) [1].

10) Soit H un sous-groupe fermé de G ; on note dh la mesure de Haar sur H de masse totale 1. On pose $\chi(G/H) = \sum_{i \geqslant 0} (-1)^i \dim_{\mathbf{R}} H^i(G/H)$.

a) Démontrer l'égalité $\chi(G/H) = \int_H \det(1 - \mathrm{Ad}_{\mathfrak{g}/\mathfrak{h}} h)\, dh$ (utiliser A, X, p. 41, prop. 11, ainsi que le lemme 1 de l'Appendice II, n° 2).
b) Soit $\pi_0(H)$ le nombre de composantes connexes de H. Montrer qu'on a

$$\chi(G/H) = 0 \quad \text{si } H_0 \text{ n'est pas de rang maximum}$$
$$\chi(G/H) = w(G)/w(H_0)\, \pi_0(H) \quad \text{si } H_0 \text{ est de rang maximum}.$$

11) Soit u un automorphisme d'ordre deux de G ; on note K la composante neutre de l'ensemble des points fixes de u, $\mathfrak{k}$ son algèbre de Lie, et X l'espace symétrique G/K (§ 1, exerc. 8).
a) Montrer que toute forme différentielle G-invariante ω sur X vérifie $d\omega = 0$ (observer que u induit sur $\mathrm{Alt}^p(\mathfrak{g}/\mathfrak{k})$ la multiplication par $(-1)^p$).
b) En déduire un isomorphisme de l'algèbre graduée H(G/K) sur la sous-algèbre graduée de $\mathrm{Alt}(\mathfrak{g}/\mathfrak{k})$ formée des éléments K-invariants.
c) On pose $b_i(G/K) = \dim_{\mathbf{R}} H^i(G/K)$ pour $i \geqslant 0$; pour $k \in K$, on note $\mathrm{Ad}^- k$ la restriction de Ad k au sous-espace propre de $L(u)$ relatif à la valeur propre -1. Soit dk la mesure de Haar sur K de masse totale 1. Démontrer les formules $b_i(G/K) = \int_K \mathrm{Tr}\, \mathbf{\Lambda}^i(\mathrm{Ad}^- k)\, dk$ et $\sum_{i \geqslant 0} b_i(G/K)\, X^i = \int_K \det(1 + X\, \mathrm{Ad}^- k)\, dk$.
d) Si de plus K est de rang maximum, prouver que l'algèbre H(G/K) est nulle en degrés impairs (observer qu'on a $u = \mathrm{Int}\, k$, avec $k \in K$).
e) Calculer l'algèbre graduée $H(\mathbf{S}_n)$. En déduire que $\mathbf{S}_n$ admet une structure de groupe de Lie (compatible avec sa structure de variété) si et seulement si n est égal à 1 ou 3.

12) Soient H un sous-groupe fermé connexe de G et $\mathfrak{h}$ son algèbre de Lie.
a) Soit α un élément de $\mathfrak{h}^*$ invariant par H ; montrer qu'il existe un élément $\overline{\alpha}$ de $\mathfrak{g}^*$ invariant par H dont la restriction à $\mathfrak{h}$ est égale à α. Montrer que l'élément $d\overline{\alpha} \in \mathrm{Alt}^2(\mathfrak{g})$ est annulé par $i(\eta)$ et $\theta(\eta)$ pour tout $\eta \in \mathfrak{h}$, et que sa classe dans $H^2(G/H)$ ne dépend pas du choix de $\overline{\alpha}$. On définit ainsi un homomorphisme $\varphi : H^1(H) \to H^2(G/H)$.
b) On suppose désormais G semi-simple. Prouver que φ est un isomorphisme.
c) Démontrer que H est semi-simple si et seulement si $H^2(G/H) = 0$.
d) Sans supposer H connexe, définir un isomorphisme $(\mathfrak{h}^*)^H \to H^2(G/H)$ (appliquer *b*) à H_0).

13) Soit H un sous-groupe fermé de G ; on pose X = G/H et $n = \dim X$. Montrer que les conditions suivantes sont équivalentes :
(i) Il existe une 2-forme ω sur X telle qu'on ait $d\omega = 0$ et que pour tout $x \in X$, la forme alternée ω_x sur $T_x(X)$ soit séparante ;
(ii) n est pair, et il existe un élément ω de $H^2(G/H)$ tel que $\omega^{n/2} \neq 0$;
(iii) H est le centralisateur d'un tore de G ;
(iv) H est de rang maximum, et il existe une structure complexe G-invariante sur X ;
(v) il existe une structure complexe j et une 2-forme ω sur X telles qu'on ait $d\omega = 0$ et, quels que soient x dans X et u, v non nuls dans $T_x(X)$, $\omega_x(ju, jv) = \omega_x(u, v)$ et $\omega_x(u, ju) > 0$ (* autrement dit une *structure kählerienne* sur X $_*$) ;

[1] Les entiers k_i sont en fait les exposants de R(G, T). *Cf.* J. Leray, Sur l'homologie des groupes de Lie, des espaces homogènes et des espaces fibrés principaux, *Colloque de Topologie de Bruxelles* (1950), p. 101-115.

(vi) il existe une structure complexe j et une 2-forme ω sur X satisfaisant aux conditions de (v) et invariantes par G (* c'est-à-dire une structure kählerienne G-invariante sur X $_*$).
(Pour prouver (ii) $\Rightarrow$ (iii), poser $S = C(H)_0$ et $Z = Z_G(S)$; montrer en utilisant l'exerc. 12, *d*) que l'application canonique $H^2(G/Z) \to H^2(G/H)$ est surjective, et en déduire qu'on a $Z = H$. L'équivalence de (iii) et (iv) résulte de l'exerc. 8 du § 4. Pour prouver (iii) $\Rightarrow$ (vi), construire une forme hermitienne positive séparante H-invariante sur $\mathfrak{g}/L(H)$ et considérer sa partie imaginaire ; utiliser l'exerc. 11, *a*).)

§ 7

1) On prend pour G le groupe $\mathbf{U}(n, \mathbf{C})$, et pour T le sous-groupe formé des matrices diagonales ; pour $t = \operatorname{diag}(t_1, \ldots, t_n)$ dans T et $1 \leqslant i \leqslant n$, on pose $\varepsilon_i(t) = t_i$. On note σ la représentation identique de G dans $\mathbf{C}^n$.
a) Le groupe X(T) admet pour base $\varepsilon_1, \ldots, \varepsilon_n$; montrer que tout élément de $\mathbf{Z}[X(T)]^W$ est de la forme $e^{k(\varepsilon_1 + \cdots + \varepsilon_n)} P(e^{\varepsilon_1}, \ldots, e^{\varepsilon_n})$, où k est un entier relatif et P un polynôme symétrique en n variables à coefficients entiers.
b) Montrer que les représentations $\mathsf{\Lambda}^r\sigma$ $(1 \leqslant r \leqslant n)$ sont irréductibles.
c) Montrer que l'homomorphisme $u : \mathbf{Z}[X_1, X_2, \ldots, X_n][X_n^{-1}] \to R(G)$ tel que $u(X_i) = [\mathsf{\Lambda}^i\sigma]$ est un isomorphisme.

2) Soit $G = \mathbf{SO}(2l + 1, \mathbf{R})$, avec $l \geqslant 1$; on prend les notations de l'exercice 2 du § 4. On note σ la représentation de G dans $\mathbf{C}^{2l+1}$ obtenue par extension des scalaires à partir de la représentation identique.
a) Le $\mathbf{Z}$-module X(T) admet pour base $\varpi_1, \ldots, \varpi_{l-1}, 2\varpi_l$, ainsi que $\varepsilon_1, \ldots, \varepsilon_l$.
b) On note η_i l'élément $e^{\varepsilon_i} + e^{-\varepsilon_i}$ de $\mathbf{Z}[X(T)]$. Montrer que tout élément de $\mathbf{Z}[X(T)]^W$ s'écrit $P(\eta_1, \ldots, \eta_l)$ où P est un polynôme symétrique en l variables, à coefficients entiers.
c) Montrer que les représentations $\mathsf{\Lambda}^r\sigma$ $(r \leqslant 2l + 1)$ sont irréductibles. Démontrer pour $r \leqslant l$ l'égalité

$$\operatorname{Ch}(\mathsf{\Lambda}^r\sigma) = s_r(\eta_1, \ldots, \eta_l) + (l - r + 2)\, s_{r-2}(\eta_1, \ldots, \eta_l) + \cdots + \binom{l - r + 2k}{k} s_{r-2k}(\eta_1, \ldots, \eta_l) + \cdots,$$

où les s_k sont les polynômes symétriques élémentaires en l variables.
d) Montrer que l'homomorphisme $u : \mathbf{Z}[X_1, \ldots, X_l] \to R(G)$ tel que $u(X_i) = [\mathsf{\Lambda}^i\sigma]$ est un isomorphisme.

3) Soit $G = \mathbf{SO}(2l, \mathbf{R})$, avec $l \geqslant 2$; on utilise les notations de l'exerc. 2 du § 4. On note σ la représentation de G dans $\mathbf{C}^{2l}$ obtenue par extension des scalaires à partir de la représentation identique.
a) Le $\mathbf{Z}$-module X(T) admet pour base $\varepsilon_1, \ldots, \varepsilon_l$.
b) On note η_i l'élément $e^{\varepsilon_i} + e^{-\varepsilon_i}$ de $\mathbf{Z}[X(T)]$, et δ l'élément $\prod_{i=1}^{l} (e^{\varepsilon_i} - e^{-\varepsilon_i})$. Montrer que tout élément de $\mathbf{Z}[X(T)]^W$ s'écrit $P(\eta_1, \ldots, \eta_l) + Q(\eta_1, \ldots, \eta_l)\,\delta$, où P et Q sont des polynômes symétriques en l variables, à coefficients dans $\frac{1}{2}\mathbf{Z}$.
c) Montrer que les représentations $\mathsf{\Lambda}^r\sigma$ sont irréductibles pour $r \neq l$; la représentation $\mathsf{\Lambda}^l\sigma$ est somme directe de deux sous-représentations τ^+ et τ^-, de plus grands poids $2\varpi_l$ et $2\varpi_{l-1}$ respectivement (voir VIII, § 13, exerc. 10).
d) Montrer que pour $r \leqslant l$ l'élément $\operatorname{Ch}(\mathsf{\Lambda}^r\sigma)$ est donné par la formule de l'exerc. 2, *c*), et qu'on a

$$\operatorname{Ch}(\tau^+) = \tfrac{1}{2}(\delta + \operatorname{Ch}(\mathsf{\Lambda}^l\sigma)) \quad \operatorname{Ch}(\tau^-) = \tfrac{1}{2}(-\delta + \operatorname{Ch}(\mathsf{\Lambda}^l\sigma)).$$

e) Montrer que l'homomorphisme $u : \mathbf{Z}[X_1, \ldots, X_l ; Y] \to R(G)$ tel que $u(X_i) = [\mathsf{\Lambda}^i\sigma]$ et $u(Y) = [\tau^+]$ est surjectif, et que son noyau est engendré par $Y^2 - YX_l + A$, avec $A \in \mathbf{Z}[X_1, \ldots, X_l]$.

4) Soit E un espace vectoriel complexe, et soit $\mathbf{T}_q^p(\mathrm{E})$ l'espace des tenseurs de type (p, q) sur E (A, III, p. 63). On note $\mathrm{H}_q^p(\mathrm{E})$ le sous-espace de $\mathbf{T}_q^p(\mathrm{E})$ formé des tenseurs symétriques (c'est-à-dire appartenant à l'image dans $\mathbf{T}_q^p(\mathrm{E})$ de $\mathbf{TS}^p(\mathrm{E}) \otimes \mathbf{TS}^q(\mathrm{E}^*)$) et annulés par les contractions c_j^i pour $i \in [1, p]$ et $j \in [p+1, p+q]$ (A, III, p. 64).
a) Montrer que $\mathrm{H}_q^p(\mathbf{C}^n)$ est stable par $\mathbf{GL}(n, \mathbf{C})$, et par conséquent par $\mathbf{SU}(n, \mathbf{C})$; on note τ_q^p la représentation de $\mathbf{SU}(n, \mathbf{C})$ ainsi obtenue.
b) Montrer que τ_q^p est une représentation irréductible, dont le plus grand poids (avec les notations de l'exerc. 1 du § 4) est $p\varpi_1 + q\varpi_{n-1}$.
c) Toute représentation irréductible de $\mathbf{SU}(3, \mathbf{C})$ est isomorphe à une représentation τ_q^p.
d) Soient $(x_i)_{1 \leqslant i \leqslant n}$ la base canonique de $\mathbf{C}^n$, $(y_j)_{1 \leqslant j \leqslant n}$ la base duale. Montrer que $\mathrm{H}_q^p(\mathbf{C}^n)$ s'identifie à l'espace des polynômes $\mathrm{P} \in \mathbf{C}[x_1, \ldots, x_n, y_1, \ldots, y_n]$, homogènes de degré p en les x_i et de degré q en les y_i, tels que $\sum_{i=1}^{n} \frac{\partial^2 \mathrm{P}}{\partial x_i \partial y_i} = 0$.

5) Soient k un corps commutatif de caractéristique zéro, V un espace vectoriel sur k, et Ψ une forme quadratique séparante sur V. On associe à Ψ (resp. à la forme inverse de Ψ) un élément $\Gamma \in \mathbf{S}^2(\mathrm{V}^*)$ (resp. $\Gamma^* \in \mathbf{S}^2(\mathrm{V})$). On note Q l'endomorphisme de $\mathbf{S}(\mathrm{V})$ produit par Γ^*, Δ l'endomorphisme de $\mathbf{S}(\mathrm{V})$ produit intérieur par Γ, et h l'endomorphisme de $\mathbf{S}(\mathrm{V})$ qui se réduit sur $\mathbf{S}^r(\mathrm{V})$ à la multiplication par $-\frac{n}{2} - r$.
a) Si $(x_i)_{1 \leqslant i \leqslant n}$ est une base orthonormale de V, on a $\mathrm{Q}(\mathrm{P}) = \frac{1}{2}(\sum x_i^2).\mathrm{P}$ et $\Delta(\mathrm{P}) = \frac{1}{2} \sum \frac{\partial^2 \mathrm{P}}{\partial x_i^2}$ pour $\mathrm{P} \in \mathbf{S}(\mathrm{V})$.
b) Démontrer les formules $[\Delta, \mathrm{Q}] = -h$, $[h, \Delta] = 2\Delta$, $[h, \mathrm{Q}] = -2\mathrm{Q}$.
c) Soit H_r l'espace des éléments de $\mathbf{S}^r(\mathrm{V})$ annulés par Δ (« polynômes harmoniques homogènes de degré r »). Déduire de *b*) une décomposition en somme directe, stable sous $\mathbf{O}(\Psi)$:

$$\mathbf{S}^r(\mathrm{V}) = \mathrm{H}_r \oplus \mathrm{QH}_{r-2} \oplus \mathrm{Q}^2\mathrm{H}_{r-4} \oplus \ldots$$

d) Montrer que la représentation H_r est irréductible (*cf.* VIII, § 13, n° 3, (IV)).
e) On prend $k = \mathbf{C}$, $\mathrm{V} = \mathbf{C}^n$ muni de la forme quadratique usuelle ($n \geqslant 3$). On obtient ainsi des représentations irréductibles τ_r de $\mathbf{SO}(n, \mathbf{R})$; montrer qu'avec les notations de l'exerc. 2 du § 4, le plus grand poids de τ_r est $r\varpi_1$.
f) Soit Γ l'élément de Casimir de G obtenu à partir de la forme de Killing. Démontrer la formule $\Gamma_{\mathbf{S}(\mathrm{V})} = \frac{1}{2n-4}\left(-4\mathrm{Q}\Delta + \left(\mathrm{H} + \frac{n}{2}\mathrm{I}\right)\left(\mathrm{H} + \left(2 - \frac{n}{2}\right)\mathrm{I}\right)\right)$. Calculer $\tilde{\Gamma}(\tau_r)$ et en déduire la valeur de la forme Q_Γ (prop. 4).

6) On suppose G presque simple. Montrer que G admet une représentation irréductible fidèle si et seulement s'il n'est pas isomorphe à $\mathbf{Spin}(4k, \mathbf{R})$ pour $k \geqslant 2$.

7) Soit $\tau : \mathrm{G} \to \mathbf{SO}(n, \mathbf{R})$ une représentation unitaire *réelle* de G ; notons $\varphi : \mathbf{Spin}(n, \mathbf{R}) \to \mathbf{SO}(n, \mathbf{R})$ le revêtement double canonique. On dit que τ est *spinorielle* s'il existe un morphisme $\tilde{\tau} : \mathrm{G} \to \mathbf{Spin}(n, \mathbf{R})$ tel que $\varphi \circ \tilde{\tau} = \tau$.
a) Soit Σ une partie de $\mathrm{P}(\mathrm{T}, \tau)$ telle que $\Sigma \cup (-\Sigma) = \mathrm{P}(\mathrm{T}, \tau)$ et $\Sigma \cap (-\Sigma) = \varnothing$; on note ω_Σ la somme des éléments de Σ. La classe ϖ de ω_Σ dans $\mathrm{X}(\mathrm{T})/2\mathrm{X}(\mathrm{T})$ est indépendante du choix de Σ. Démontrer que τ est spinorielle si et seulement si $\varpi = 0$.
b) Démontrer qu'on a $\rho \in \mathrm{X}(\mathrm{T})$ si et seulement si la représentation adjointe est spinorielle.

8) Soit G un groupe de Lie d'algèbre de Lie compacte, ayant un nombre fini de composantes connexes. Montrer que G possède une représentation linéaire fidèle dans un espace vectoriel de dimension finie (écrire G comme produit semi-direct d'un groupe compact K par un groupe vectoriel N ; choisir une représentation fidèle de K dans un espace vectoriel de dimension finie W et représenter G comme sous-groupe du groupe affine de $\mathrm{W} \oplus \mathrm{N}$).

§ 8

1) Soit $G = \mathbf{SU}(2, \mathbf{C})$, et soit σ la représentation identique de G dans $\mathbf{C}^2$.

a) Les représentations irréductibles de G sont les représentations $\tau^n = \mathbf{S}^n\sigma$ pour $n \geqslant 0$.

b) Soit e_1, e_2 la base canonique de $\mathbf{C}^2$; montrer que les coefficients de τ^n dans la base $(e_1^i e_2^{n-i})_{0 \leqslant i \leqslant n}$ sont les fonctions τ_{ij}^n telles que, pour $g = \begin{pmatrix} \alpha & \beta \\ -\bar\beta & \bar\alpha \end{pmatrix} \in G$, on ait $\tau_{ij}^n(g) = \frac{(-1)^i}{j!}\alpha^{i+j-n}\beta^{j-i}P_{ij}^n(|\alpha|^2)$, avec $P_{ij}^n(t) = \frac{d^j}{dt^j}[t^{n-i}(1-t)^i]$ (« polynômes de Jacobi »).

c) Déduire de *b*) que les fonctions $(n+1)^{1/2}\left(\frac{j!(n-j)!}{i!(n-i)!}\right)^{1/2}\tau_{ij}^n$ pour i, j, n entiers avec $0 \leqslant i \leqslant n$, $0 \leqslant j \leqslant n$, forment une base orthonormale de $L^2(G)$.

d) Pour $g = \begin{pmatrix} \alpha & \beta \\ -\bar\beta & \bar\alpha \end{pmatrix} \in G$, on pose $\alpha = t^{1/2}e^{-i(\varphi+\psi)/2}$, $\beta = (1-t)^{1/2}e^{i(\varphi+\psi)/2}$, avec $0 \leqslant t \leqslant 1$, $0 \leqslant \varphi < 2\pi$, $-2\pi \leqslant \psi < 2\pi$. Montrer que la mesure de Haar normalisée dg sur G est alors égale à $(8\pi^2)^{-1}dt\,d\varphi\,d\psi$.

e) Soient a, b dans $\frac{1}{2}\mathbf{Z}$, tels que $a - b \in \mathbf{Z}$. Déduire de *d*) que les polynômes $P_{n/2-a,n/2-b}^n(t)$, pour n entier de même parité que $2a$, $n \geqslant \max(2a, 2b)$, forment une base orthogonale de $L^2([0, 1])$ pour la mesure $t^{-a-b}(1-t)^{a-b}dt$.

2) Soit f une fonction de classe C^∞ sur G, à valeurs complexes. Démontrer qu'il existe deux fonctions g et φ sur G, de classe C^∞, à valeurs complexes, telles que φ soit centrale et qu'on ait $f = g * \varphi$.

3) Soit u une représentation irréductible de G, et soit λ son plus grand poids. Pour $x \in \mathfrak{g}$, on note $\bar x$ l'unique élément de $\bar C$ qui est conjugué à x sous Ad(G). Démontrer l'égalité $\|u(x)\|_\infty = |\delta(\lambda)(\bar x)|$.

4) On choisit une forme quadratique positive séparante Q sur $\mathfrak{g}$ invariante par Ad(G). Pour $x \in \mathfrak{t}$, on pose $\vartheta_0(x) = \sum_{u\in\Gamma(T)} e^{-Q(x+u)}$.

a) Montrer que ϑ_0 est une fonction de classe C^∞ sur $\mathfrak{t}$, et qu'il existe une fonction ϑ_1 de classe C^∞ sur T telle que $\vartheta_1 \circ \exp_T = \vartheta_0$.

b) Montrer qu'il existe une unique fonction centrale ϑ sur G, de classe C^∞, dont la restriction à T est égale à ϑ_1. Pour tout tore maximal S de G et tout $x \in L(S)$, on a

$$\vartheta(\exp x) = \sum_{u\in\Gamma(S)} e^{-Q(x+u)}.$$

c) Soient A une alcôve de $\mathfrak{t}$, dx une mesure de Haar sur $\mathfrak{t}$, et h une fonction intégrable sur $\mathfrak{t}$, invariante sous le groupe de Weyl affine W'_a (§ 5, n° 2). Démontrer l'égalité

$$\int_A h(x)\,dx = \frac{1}{w(G)}\int_{\mathfrak{t}} h(x)\,e^{-Q(x)}(\vartheta_0(x))^{-1}dx.$$

d) Pour $x \in \mathfrak{g}$, on pose $\xi(x) = \lambda_{\mathfrak{g}}(x)\,e^{-Q(x)}(\vartheta(\exp x))^{-1}$, avec $\lambda_{\mathfrak{g}}(x) = \det\frac{e^{\operatorname{ad}x}-1}{\operatorname{ad}x}$ (§ 6, n° 3). Montrer que ξ est une fonction de classe C^∞ sur $\mathfrak{g}$ et que si μ est une mesure de Haar sur $\mathfrak{g}$, l'image par $\exp_G$ de la mesure $\xi\mu$ est une mesure de Haar sur G (utiliser *c*) ainsi que le cor. 2 du th. 1 et la prop. 4 (§ 6, n°s 2 et 3)).

e) Démontrer la formule $\vartheta_0(x) = m\sum_{\lambda\in X(T)}\exp(\delta(\lambda)(x) - \frac{1}{4}Q'(\delta(\lambda)))$ pour $x \in \mathfrak{t}$, où Q' est la forme quadratique sur $\mathfrak{t}_{\mathbf{C}}^*$ inverse de la forme quadratique sur $\mathfrak{t}_{\mathbf{C}}$ déduite de Q et où m est une constante qu'on calculera (utiliser la formule de Poisson, *cf.* TS, II, § 1, n° 8). En déduire l'égalité $\vartheta(t) = m\sum_{\lambda\in X(T)} e^{-Q'(\delta(\lambda))/4}\,t^\lambda$ pour $t \in T$.

5) *a*) Soient V un espace vectoriel réel, f une forme linéaire non nulle sur V, H le noyau de f. Pour qu'une fonction φ de classe C^∞ sur V s'annule sur H, il faut et il suffit qu'elle s'écrive $f\varphi'$, où φ' est une fonction de classe C^∞ sur V.
b) Soient V un espace vectoriel réel, $(f_i)_{i\in I}$ une famille finie de formes linéaires non nulles, telle que les $H_i = \operatorname{Ker} f_i$ soient deux à deux distincts. Pour qu'une fonction φ de classe C^∞ sur V s'annule sur la réunion des H_i, il faut et il suffit qu'elle s'écrive $\psi \prod_{i\in I} f_i$, où ψ est une fonction de classe C^∞ sur V.
c) Soient T un tore, $(\alpha_i)_{i\in I}$ une famille finie de caractères de T distincts de 1, telle que les $K_i = \operatorname{Ker} \alpha_i$ soient deux à deux distincts. Pour qu'une fonction φ de classe C^∞ sur T s'annule sur la réunion des K_i, il faut et il suffit qu'elle s'écrive $\psi.\prod_{i\in I}(\alpha_i - 1)$, où ψ est une fonction de classe C^∞ sur T (raisonner localement sur T et se ramener à *b*)).
d) Avec les notations du n° 4, démontrer que l'application $b_\infty : \mathscr{C}^\infty(T)^W \to \mathscr{C}^\infty(T)^{-W}$ est bijective.

6) On suppose que G n'est pas commutatif. Montrer que la fonction continue $J(\rho)^{1/3}$ sur T est anti-invariante par W, mais n'appartient pas à l'image de l'application $b_c : \mathscr{C}(T)^W \to \mathscr{C}(T)^{-W}$.

§ 9

1) Soit A la partie compacte de **R** formée de 0 et des réels $1/n$, n entier $\geqslant 1$. Montrer que lorsqu'on munit $\mathscr{C}^r(\mathbf{R}; \mathbf{R})$ de la topologie de la C^r-convergence uniforme sur A, l'ensemble des morphismes qui sont des plongements au voisinage de A n'est pas ouvert dans $\mathscr{C}^r(\mathbf{R}; \mathbf{R})$ (considérer une suite de fonctions $(f_n)_{n\geqslant 1}$ telle que $f_n(x) = x$ pour $x \leqslant \frac{1}{n+1}$, $f_n(x) = x - \frac{1}{n}$ pour $x \geqslant \frac{1}{n}$).

2) Soit X une variété séparée de classe C^r ($1 \leqslant r \leqslant \infty$), dénombrable à l'infini, pure de dimension n.
a) On suppose qu'il existe un plongement φ de X dans un espace vectoriel V de dimension finie. Montrer qu'il existe un plongement de X dans $\mathbf{R}^{2n+1}$ (si $\dim V > 2n + 1$, démontrer qu'il existe un point p de V tel que pour tout $x \in X$, la droite joignant p à $\varphi(x)$ rencontre $\varphi(V)$ uniquement en $\varphi(x)$, et transversalement en ce point ; en déduire un plongement de X dans un espace de dimension égale à $\dim V - 1$).
b) Montrer qu'il existe un plongement de X dans $\mathbf{R}^{2n+1}$. (Soient $\mathcal{O}$ l'ensemble des ouverts de X, $\mathcal{U}$ la partie de $\mathcal{O}$ formée des ouverts U tels qu'il existe un morphisme $\varphi : X \to \mathbf{R}^{2n+1}$ dont la restriction à U est un plongement ; montrer en utilisant *a*) que $\mathcal{U}$ est une partie quasi-pleine (TG, IX, p. 107, exerc. 27) de $\mathcal{O}$, donc égale à $\mathcal{O}$.)
c) Montrer qu'il existe un plongement propre de X dans $\mathbf{R}^{2n+1}$. (A l'aide d'une fonction propre sur X, construire un plongement propre de X dans $\mathbf{R}^{2n+2}$.)

¶ 3) Soient G un groupe de Lie, H un sous-groupe compact de G. On suppose que G admet une représentation linéaire *fidèle* (de dimension finie).
a) Soient $\Theta_H(G)$ la sous-algèbre de $\mathscr{C}(H; \mathbf{R})$ formée des restrictions à H des fonctions représentatives (continues) sur G. Montrer que $\Theta_H(G)$ est dense dans $\mathscr{C}(H; \mathbf{R})$ pour la topologie de la convergence uniforme.
b) Soit $f \in \Theta_H(G)$. Montrer qu'il existe une représentation σ de G dans un espace vectoriel réel de dimension finie telle que le caractère de la représentation $\sigma|H$ ne soit pas orthogonal à f (TS, à paraître).
c) Soit $\rho : H \to \mathbf{GL}(V)$ une représentation de H dans un espace vectoriel réel de dimension finie. Montrer qu'il existe un espace vectoriel réel W de dimension finie, une représentation $\sigma : G \to \mathbf{GL}(W)$ et un homomorphisme injectif $u : V \to W$, tels que $u(\rho(h)\,v) = \sigma(h)\,u(v)$ pour $h \in H$, $v \in V$.
(Se ramener au cas où ρ est irréductible, et utiliser *b*).)

4) Soient G un groupe de Lie, H un sous-groupe compact de G, ρ une représentation unitaire de H dans un espace hilbertien réel V. Démontrer qu'il existe un espace hilbertien réel W, une représentation unitaire σ de G dans W et une injection isométrique d'image fermée $u : V \to W$, tels que $u(\rho(h)\, v) = \sigma(h)\, u(v)$ pour $h \in H$, $v \in V$ (même méthode que pour l'exerc. 3).

5) Soient G un groupe de Lie, H un sous-groupe compact de G. On suppose qu'il existe une représentation linéaire fidèle $\rho : G \to \mathbf{GL}(V)$ de G dans un espace vectoriel réel de dimension finie.
a) Montrer qu'il existe une représentation σ de **GL**(V) dans un espace vectoriel réel W de dimension finie, une forme quadratique positive séparante q sur V et un vecteur w de W tels qu'on ait $\rho(H) = \mathbf{O}(q) \cap F_w$, où F_w est le fixateur de w dans **GL**(V) (choisir une forme quadratique q invariante par H et une représentation de $\mathbf{O}(q)$ telle que ρ(H) soit le fixateur d'un point (cor. 2 du nº 2), puis appliquer l'exerc. 3, *c*)).
b) Déduire de *a*) qu'il existe un espace vectoriel réel E de dimension finie, une représentation de G dans E et un vecteur $e \in E$ de fixateur H (prendre $E = W \oplus Q$, où Q est l'espace des formes quadratiques sur V, et $e = (w, q)$).

6) Soient G un groupe de Lie, H un sous-groupe compact de G. Montrer qu'il existe une représentation unitaire de G dans un espace hilbertien réel E et un vecteur $e \in E$ de fixateur H (prendre $E = L^2(G)$).

7) Soient G un groupe de Lie, H un sous-groupe compact de G, ρ une représentation unitaire de H dans un espace réel hilbertien W. On note X la variété $G \times^H W$ (nº 3).
a) Montrer qu'il existe un espace hilbertien V, une représentation unitaire σ de G dans V et un plongement (analytique) $\varphi : X \to V$ tels que $\varphi(gx) = \sigma(g)\, \varphi(x)$ pour $g \in G$, $x \in X$ (utiliser l'exerc. 4 et l'exerc. 6).
b) Si W est de dimension finie et si G admet une représentation linéaire fidèle de dimension finie, démontrer qu'on peut choisir V de dimension finie (utiliser l'exerc. 3 et l'exerc. 5).

¶ 8) Soient X une variété paracompacte de classe C^r ($1 \leqslant r \leqslant \infty$), G un groupe de Lie opérant proprement sur X, de façon que la loi d'opération $(g, x) \mapsto gx$ soit de classe C^r.
a) Montrer qu'il existe une représentation unitaire ρ de G dans un espace hilbertien V et un plongement φ (de classe C^r) de X dans V, tels que $\varphi(gx) = \sigma(g)\, \varphi(x)$ pour $g \in G$, $x \in X$. (Utiliser la prop. 6, l'exerc. 7, et raisonner comme dans la démonstration de la prop. 4.)
b) On fait de plus les hypothèses suivantes :
(i) G admet une représentation linéaire de dimension finie ;
(ii) X est dénombrable à l'infini, de dimension bornée ;
(iii) X n'a qu'un nombre fini de types d'orbite pour l'action de G.
Démontrer qu'il existe un recouvrement fini de X par des ouverts $(U_i)_{i \in I}$ stables par G, des sous-groupes compacts $(H_i)_{i \in I}$ de G, et pour tout $i \in I$ une sous-variété fermée S_i de U_i, stable par H_i, telle que l'application $(g, s) \mapsto gs$ induise par passage au quotient un isomorphisme de $G \times^{H_i} S_i$ sur U_i (montrer que les ouverts de X/G dont l'image réciproque dans X admet un tel recouvrement forment une partie quasi-pleine de l'ensemble des ouverts de X/G, *cf.* TG, IX, p. 107, exerc. 27).
c) Sous les hypothèses de *b*), démontrer qu'il existe une représentation de G dans un espace vectoriel réel V de dimension finie et un plongement de classe C^r de X dans V, compatible aux opérations de G (raisonner par récurrence sur l'ensemble des sous-groupes de G, en utilisant *b*), l'exerc. 2 et l'exerc. 7).

9) Soit G un groupe de Lie opérant proprement sur la variété X. On fait l'une des deux hypothèses suivantes :
(i) X/G est compact, X est dénombrable à l'infini, de dimension bornée ;
(ii) X est un espace vectoriel de dimension finie dans lequel G opère linéairement.
Démontrer que l'ensemble des types d'orbite des éléments de X est *fini* (traiter simultanément les deux cas par récurrence sur dim X, en utilisant la prop. 6).

10) Soit G le sous-groupe de Lie de $\mathbf{GL}(3, \mathbf{R})$ formé des matrices $\begin{pmatrix} 1 & a & b \\ 0 & 1 & 0 \\ 0 & 0 & 1 \end{pmatrix}$, $a, b \in \mathbf{R}$. Montrer que pour la représentation identique de G dans $\mathbf{R}^3$, l'ensemble des types d'orbite est infini.

¶ 11) Pour n entier $\geqslant 1$, on définit une application φ_n de $[0, \frac{1}{2}[\times \mathbf{T}^2$ dans $\mathbf{R}^3$ en posant $\varphi_n(r, \alpha, \beta) = ((n + r\cos 2\pi\beta)\cos 2\pi\alpha, (n + r\cos 2\pi\beta)\sin 2\pi\alpha, r\sin 2\pi\beta)$. On pose

$$\mathrm{T}_n = \varphi_n([0, \tfrac{1}{2}[\times \mathbf{T}^2), \quad \mathrm{S}_n = \varphi_n(\{0\} \times \mathbf{T}^2).$$

a) Montrer que la restriction de φ_n à $[0, \frac{1}{2}[\times \mathbf{T}^2$ est un isomorphisme (de classe C^ω) de $]0, \frac{1}{2}[\times \mathbf{T}^2$ sur $\mathrm{T}_n - \mathrm{S}_n$.
b) Soit $f_n : \mathrm{T}_n \to \mathrm{T}_n$ l'application qui coïncide avec l'identité sur S_n, et telle que

$$f_n(\varphi_n(r; \alpha, \beta)) = \varphi_n(r; \alpha - (n-1)\beta, -\alpha + n\beta)$$

pour $r > 0$. Montrer que f_n induit un automorphisme de $\mathrm{T}_n - \mathrm{S}_n$.
c) Montrer qu'il existe sur l'ensemble $\mathbf{R}^3$ une structure de variété analytique réelle telle que les applications $f_n : \mathrm{T}_n \to \mathbf{R}^3$ et l'injection canonique $\mathbf{R}^3 - \bigcup_n \mathrm{S}_n \to \mathbf{R}^3$ soient analytiques. On note X la variété analytique réelle ainsi définie.
d) Pour $\vartheta \in \mathbf{T}$, on note R_ϑ la rotation

$$(x, y, z) \mapsto (x\cos 2\pi\vartheta - y\sin 2\pi\vartheta, x\sin 2\pi\vartheta + y\cos 2\pi\vartheta, z)$$

de $\mathbf{R}^3$. Démontrer qu'on définit une loi d'opération analytique de $\mathbf{T}$ dans X en posant, pour $\vartheta \in \mathbf{T}$ et $u \in \mathrm{X}$:

$$\vartheta . u = \mathrm{R}_\vartheta(u) \quad \text{si} \quad u \in \mathrm{X} - \bigcup_n \mathrm{S}_n\,;$$

$$\vartheta . u = \mathrm{R}_{n\vartheta}(u) \quad \text{si} \quad u \in \mathrm{S}_n \quad \text{pour} \quad n \text{ entier} \geqslant 1\,.$$

e) Montrer que l'ensemble des types d'orbite de X (pour l'action de $\mathbf{T}$ définie en *d*)) est *infini*.
f) Montrer qu'il n'existe pas de plongement compatible avec l'action de $\mathbf{T}$ de X dans un espace vectoriel de dimension finie sur lequel $\mathbf{T}$ opère linéairement (utiliser l'exerc. 9).

12) Soit G un groupe de Lie compact.
a) Démontrer que l'ensemble des classes de conjugaison des normalisateurs de sous-groupes intégraux de G est fini (considérer l'action de G sur la grassmannienne des sous-espaces de L(G), et appliquer l'exerc. 9).
b) L'ensemble des classes de conjugaison des sous-groupes semi-simples (compacts) de G est fini (observer qu'une algèbre de Lie ne contient qu'un nombre fini d'idéaux semi-simples (I, § 6, exerc. 7) et utiliser *a*)).

13) Soient G un groupe de Lie, H et K deux sous-groupes compacts de G. On suppose que G admet une représentation linéaire fidèle de dimension finie. Montrer qu'il existe un ensemble fini F de sous-groupes de H tel que pour tout $g \in \mathrm{G}$ le sous-groupe $\mathrm{H} \cap g\mathrm{K}g^{-1}$ soit conjugué dans H à un sous-groupe de F (utiliser les exerc. 5 et 9).

14) On suppose que la variété X est paracompacte, et localement de dimension finie. Soient G un groupe de Lie opérant proprement sur X, H un sous-groupe compact de G, t la classe de conjugaison de H.
a) Montrer que l'ensemble X_H des points de X dont le fixateur est égal à H est une sous-variété localement fermée de X.
b) Montrer que l'application $(g, x) \mapsto gx$ de $\mathrm{G} \times \mathrm{X}_\mathrm{H}$ dans X induit un isomorphisme (de classe C^r) de $\mathrm{G} \times^{\mathrm{N(H)}} \mathrm{X}_\mathrm{H}$ sur $\mathrm{X}_{(t)}$.

¶ 15) Soit G un groupe topologique localement compact, opérant proprement dans un espace topologique E ; soit ρ une représentation de G dans un espace vectoriel réel de dimension finie V. On note dg une mesure de Haar à droite sur G.

a) Soit $\mathscr{P}$ l'ensemble des parties A de E possédant la propriété suivante : il existe un recouvrement ouvert $(U_\alpha)_{\alpha\in I}$ de E tel que pour tout $\alpha \in I$, l'ensemble des $g \in G$ tels que $gA \cap U_\alpha \neq \varnothing$ est relativement compact dans G.
Démontrer que pour toute fonction continue $f: E \to V$ dont le support appartient à $\mathscr{P}$, l'application $x \mapsto \int_G \rho(g)^{-1} f(gx)\, dg$ est une application continue de E dans V, compatible aux opérations de G.
b) On fait l'une des hypothèses suivantes :
(i) l'espace E/G est régulier ;
(ii) il existe un ouvert U de E et un compact K de G tels qu'on ait $E = GU$ et $gU \cap U = \varnothing$ pour $g \notin K$.
Montrer que tout point x de E possède un voisinage qui appartient à $\mathscr{P}$ (dans le cas (i), prendre $A = V \cap W$, où V est un voisinage de x tel que $gV \cap V = \varnothing$ pour g en dehors d'un compact de G, et W un voisinage fermé de Gx, stable par G et contenu dans GV).
Tout point de E possède un voisinage ouvert stable par G et satisfaisant à (ii).
c) On suppose de plus que E est complètement régulier. Soient $x \in E$, $v \in V$ tels que le fixateur de x soit contenu dans celui de v. Prouver qu'il existe une application continue $F: E \to V$, compatible aux opérations de G, telle que $F(x) = v$. (Soit $\mathscr{F}$ l'espace des fonctions numériques continues sur E dont le support appartient à $\mathscr{P}$, et soit $u: \mathscr{F} \to V$ l'application $\alpha \mapsto \int_G \alpha(gx)\, \rho(g^{-1}).v\,dg$. Soit C un voisinage convexe de v dans V ; construire un voisinage A de x appartenant à $\mathscr{P}$, tel que $gx \in A$ entraîne $\rho(g^{-1}).v \in C$, et une fonction α sur E, à support dans A, telle que $\alpha(x) \neq 0$ et $\int_G \alpha(gx)\, dg = 1$. Montrer que $u(\alpha)$ appartient à C et en déduire que $v \in \operatorname{Im} u$.)

16) Soit G un groupe topologique opérant proprement sur un espace topologique séparé E. Soient x un point de E, H son fixateur dans G, S une partie de E contenant x, stable par H. Le groupe H opère à droite dans $G \times S$ par la formule $(g, s).h = (gh, h^{-1}s)$ pour $g \in G$, $h \in H$, $s \in S$; l'application $(g, s) \mapsto gs$ induit par passage au quotient une application de $(G \times S)/H$ dans X. On dit que S est une *transversale en* x si cette application est un homéomorphisme sur un ouvert de X.
a) Si G est discret, montrer qu'il existe une transversale en x.
b) Soit F un espace topologique séparé sur lequel G opère proprement, et soit $f: E \to F$ une application continue, compatible aux opérations de G, telle que le fixateur de $f(x)$ dans G soit égal à H. Si S est une transversale en $f(x)$, montrer que $f^{-1}(S)$ est une transversale en x.
c) Soient N un sous-groupe fermé distingué de G, $\pi: E \to E/N$ la projection canonique, T une transversale en $\pi(x)$ pour l'action de G/N sur E/N, et $S \subset \pi^{-1}(T)$ une transversale en x pour l'action de HN sur $\pi^{-1}(T)$. Montrer que S est une transversale en x dans E (pour l'action de G).

17) Soit G un groupe de Lie. On se propose de montrer que G possède la propriété suivante :
(T) Pour tout espace topologique complètement régulier E sur lequel G opère proprement, et tout point x de E, il existe une transversale en x (exerc. 16).
a) Montrer qu'un groupe de Lie possédant une représentation linéaire fidèle de dimension finie satisfait à (T) (utiliser les exerc. 15 et 16, *b*), ainsi que la prop. 6).
b) Si G admet un sous-groupe fermé distingué N tel que G/N satisfasse à (T) et que KN satisfasse à (T) pour tout sous-groupe compact K de G, démontrer que G satisfait à (T) (appliquer l'exerc. 16, *c*)).
c) Si G_0 est compact, G satisfait à (T).
d) Si G admet un sous-groupe discret distingué N tel que G/N satisfasse à (T), montrer que G satisfait à (T).
e) Montrer que G satisfait à (T) (soit N le noyau de la représentation adjointe ; prouver que G/N_0 satisfait à (T), puis appliquer *a*), *b*) et l'exerc. 9 du § 1).

18) Soit G un groupe de Lie opérant proprement sur un espace topologique complètement régulier E.
a) Soit $x \in E$, et soit t son type d'orbite ; montrer qu'il existe un voisinage ouvert U de x, stable par G, tel que pour tout $u \in U$, le type de u soit $\geqslant t$.
b) On suppose que G opère librement dans E ; soit $\pi : E \to E/G$ la projection canonique. Montrer que pour tout point z de E/G, il existe un voisinage ouvert U de z et une application continue $s : U \to E$ telle que $\pi \circ s(u) = u$ pour tout $u \in U$.

19) Soient G un groupe de Lie, H un sous-groupe compact de G. Démontrer qu'il existe un voisinage V de H tel que tout sous-groupe de G contenu dans V soit conjugué à un sous-groupe de H (appliquer l'exerc. 18, *a*) à l'espace des parties compactes de G, *cf.* INT, VIII, § 5, nº 6).

¶ 20) Soient G un groupe de Lie compact, m un entier positif.
a) Montrer que l'ensemble des classes de conjugaison de sous-groupes de G d'ordre $\leqslant m$ est fini (supposant l'assertion fausse, construire un groupe fini F et une suite d'homomorphismes $\varphi_n : F \to G$ telle que $\varphi_i(F)$ ne soit pas conjugué à $\varphi_j(F)$ pour $i \neq j$, et que $\varphi_n(f)$ tende vers une limite $\varphi(f)$ pour tout $f \in F$; montrer que φ est un homomorphisme, et déduire une contradiction de l'exerc. 19).
b) Montrer que l'ensemble des classes de conjugaison des sous-groupes F de G dont tous les éléments sont d'ordre $\leqslant m$ est fini (soit μ une mesure de Haar sur G, et soit U un voisinage symétrique de l'élément neutre tel que U^2 ne contienne pas d'élément d'ordre $\leqslant m$; prouver qu'on a $\mathrm{Card}(F) \leqslant \mu(G)/\mu(U)$).

¶ 21) Soient G un groupe de Lie compact, T un tore maximal de G.
a) Soit $\mathscr{S}$ un ensemble de sous-groupes fermés de G, stable par conjugaison, tel que la famille des sous-groupes $(S \cap T)_{S \in \mathscr{S}}$ soit finie. Montrer que l'ensemble des classes de conjugaison des sous-groupes S_0, pour $S \in \mathscr{S}$, est fini (se ramener à l'aide de l'exerc. 12, *a*) au cas où les sous-groupes S_0 sont distingués ; considérer les groupes $C(S_0)_0$ et $D(S_0)$, et appliquer l'exerc. 12, *b*)).
b) Montrer que $\mathscr{S}$ est réunion d'un nombre fini de classes de conjugaison de sous-groupes de G (se ramener à l'aide de *a*) au cas où tous les sous-groupes $S \in \mathscr{S}$ ont la même composante neutre Σ, distinguée dans G ; borner alors les ordres des éléments des groupes S/Σ, et appliquer l'exerc. 20, *b*)).
c) Soit E un espace topologique séparé sur lequel G opère continûment. Montrer que si les éléments de E ont un nombre fini de types d'orbite pour l'action de T, il en est de même pour l'action de G.

APPENDICE I

1) Soit G un groupe compact connexe. On note $d(G)$ la borne supérieure des dimensions des quotients de G qui sont des groupes de Lie. On suppose $d(G) < \infty$.
a) Soit K un sous-groupe fermé distingué de G ; montrer qu'on a $d(G/K) \leqslant d(G)$, et $d(G/K) = d(G)$ si K est totalement discontinu.
b) Montrer que D(G) est un groupe de Lie, et que le noyau de l'homomorphisme $(x, y) \mapsto xy$ de $C(G)_0 \times D(G)$ dans G est fini.
c) Soit $p = d(C(G)_0)$. On a $p < \infty$; démontrer qu'il existe un groupe compact totalement discontinu D et un homomorphisme $i : \mathbf{Z}^p \to D$ d'image dense, tels que $C(G)_0$ soit isomorphe à $(\mathbf{R}^p \times D)/\Gamma$, où Γ est l'image de $\mathbf{Z}^p$ par l'homomorphisme $x \mapsto (x, i(x))$ (écrire $C(G)_0$ comme limite projective de tores de dimension p).
d) On suppose G localement connexe ; montrer que G est alors un groupe de Lie.

Index des notations

Index terminologique

Table des matières

CPSIA information can be obtained
at www.ICGtesting.com
Printed in the USA
LVOW09s1023280518
578636LV00004B/43/P